精准化妆术

李慧伦 著

青岛出版集团 | 青岛出版社

图书在版编目（CIP）数据

精准化妆术 / 李慧伦著. -- 青岛 : 青岛出版社,2019.7
ISBN 978-7-5552-8306-5

Ⅰ. ①精… Ⅱ. ①李… Ⅲ. ①化妆—基本知识 Ⅳ. ①TS974.1

中国版本图书馆CIP数据核字(2019)第087291号

书　　名　**精　准　化　妆　术**
JINGZHUN HUAZHUANGSHU

著　　者　李慧伦
出版发行　青岛出版社
社　　址　青岛市崂山区海尔路182号（266061）
本社网址　http://www.qdpub.com
邮购电话　13335059110　0532-68068026
策划编辑　刘海波　王　宁
责任编辑　王　韵
封面设计　林丽工作室
版式设计　光合时代工作室
照　　排　李晓铭　青岛乐道视觉创意设计有限公司
印　　刷　青岛名扬数码印刷有限责任公司
出版日期　2024年3月第2版　2025年4月第10次印刷
开　　本　16开（787 mm × 1092 mm）
印　　张　18
字　　数　270千
书　　号　ISBN 978-7-5552-8306-5
定　　价　79.00元

编校印装质量、盗版监督服务电话：4006532017　0532-68068050

比起拥有一张完美复制的脸，我相信你会更希望拥有让别人印象深刻的独家气质。Ellen的精准化妆术，从教你探索脸部密码开始，带你认识自己，发现自己，成为自己。

那是只属于你的美，它能打败时间。

——十点读书创始人　林少

我认识 Ellen 老师超过十年了，她为我做过很多造型，每次她都会先充分了解我要出席的场合的属性再开始为我做造型，这让我们既能培养出默契，又能做出许多新的尝试。我一直认为这就是所谓的“专业判断能力”。

如今，Ellen 不藏私地把她的经验做了系统化的整理，写成了连我这种门外汉都能看得懂的彩妆宝典。相信这本书将造福许多有心学习化妆但一直不得要领的彩妆初学者，以及所有渴望自己的外在能变得跟内在一样美的女性朋友！

——作家　刘轩

我和 Ellen 有过电影方面的合作。在我看来，她在电影造型方面的专业性，让她更了解如何展现每一个人的特色和优点。她并不会用化妆来改变一个人，而是帮助一个人呈现出最好的自己，这让我很佩服。同时我觉得，在现在这个时代，每个人都需要根据场合的不同，来调整自己的装扮，因此“精准化妆”这个概念显得尤为重要。

我很为 Ellen 出版了新书而开心，我相信这本书可以帮助更多的人找到自己最适合的装扮，从而更自信地面对未来的工作和生活。

——华影国际执行长　邹介中

Preface

自序

我是本书的作者 Ellen 李慧伦，这是我的第一本美妆书。

作为一个从事化妆和造型行业二十多年的造型师，我接触过很多企业家，也跟很多明星合作过，这份工作引发了我的许多思考。

这些年里，我一次又一次地看到，有许多女生因为妆容的改变而过得更精彩，也有很多女生虽然对化妆十分热衷，希望通过化妆变得更美，但常常事与愿违。她们有些是买回大量的美妆产品却不知如何使用，只能闲置，白白浪费了钱财；还有一些虽然化了妆，但是妆效并不尽如人意，不但没有达到想要的脱胎换骨的惊艳效果，还降低了自己的魅力值。

在开设公众号的过程中，我与普通女生交流的机会越来越多，也为很多女生解决了她们在护肤、化妆、造型等方面的困惑。我逐渐萌生了一个想法，那就是写一本教大家如何运用彩妆，让人生蜕变的书。我不想简单地告诉大家当下的美妆流行趋势是什么，或是当下什么美妆产品最好用，而是希望能帮助更多的女生，通过一系列小的变化，最终实现巨大的改变。我希望阅读了这本书的读者，都能运用本书所讲述的方法，找到自己的优点，过好魅力四射的每一天。

为什么大家普遍觉得变美很难？

曾经有很多女生问我，为什么自己明明已经在化妆这件事上花费了足够多的时间、精力和金钱，却还是没有达到想要的效果呢？为什么网络上、街拍中的女生看起来都那么美，而对自己来说，变美这么难？

我每次都会对这些女生说：“这是因为你对化妆这件事的认识有一些偏差。”

不知道为什么，很多女生对流行的事物总是没有任何抵抗能力。无论是流行的妆容还是爆款化妆品，总觉得只要紧跟流行趋势，就能变得更美。

试想一下，如果一个长相复古、爱追流行的女生，刚好赶上了高挑眉的盛行，那么，无论这个女生画的高挑眉有多标准，都只能拉低她的颜值。但是，如果她刚好赶上了平粗眉的盛行，就会美出新高度。

为什么会有这么大的差别呢?

因为每个人的长相不同，优缺点也就不同。同一款妆容，放在不同人的脸上会呈现不同的效果。如果我们看到别人的妆容很美，就盲目地去模仿，那么很容易遇到上面我们说的状况，这也就是为什么我常说要配合时间（time）、场合（occasion）、地点（place）来化妆，才可以拥有很 top（顶尖）的妆容。

当我们学会了精准化妆术，知道如何根据自身脸型的特点，化出专属于自己的妆容，变美就会更容易。

好的妆容可以改变我们的生活

很多女生都感受过好妆容的力量。

当我们化了一个得体、恰当的妆容，出门时，不仅会觉得脚步变得更加轻盈，笑容更加自信，还会觉得整个世界都在对我们微笑，莫名其妙地感觉这一天过得很幸福。

更有趣的是，研究表明，好的妆容不仅会让人在面试中更容易成功，而且会让人在做错事时更容易被大家原谅。

在化妆的过程中，找到自己的特质，挖掘自己的美，更自信地去做自己，最终，我们将改变自己的人生。

好的妆容能让我们遇见更好的自己

人的脸各有特点，也都有一些小缺陷，这再正常不过，因为没有人是完美的。但当我们找到一种正确的化妆方法，就可以通过化妆修饰自己的缺点，成为更好的自己。

美妆最神奇的地方在于，我们在化妆的过程中可以不断地寻找自己最迷人的特质，不断地解读、分析自己的面部密码，把自己装扮成最想成为的样子，慢慢地就会发现，我们正在成为自己最想成为的模样。

我想告诉所有女生，化妆不仅是为了让自己看起来更美、让别人看到我们的美，还是一种愉悦自我的方式，是一种积极的生活态度。希望我的这本书，能帮助更多女生，遇见更好的自己，拥有更精彩的人生。

Ellen（李慧伦）

2019 年 1 月 31 日

Contents

目录

第一章

化妆前的准备工作

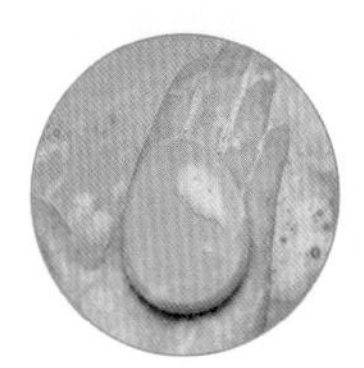

第二章

养护皮肤，让妆容更服帖

第三章

标准妆容画法与妆容变化

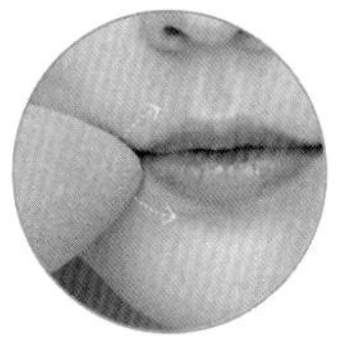   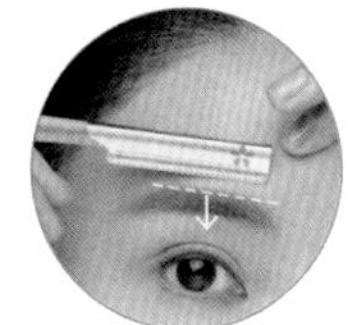

第四章

找对三角区，化好立体妆容

 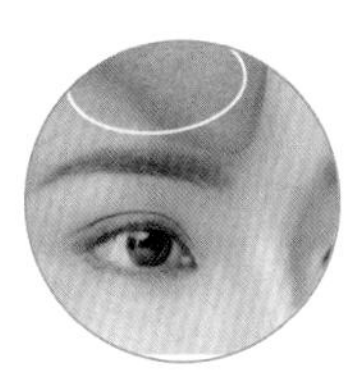  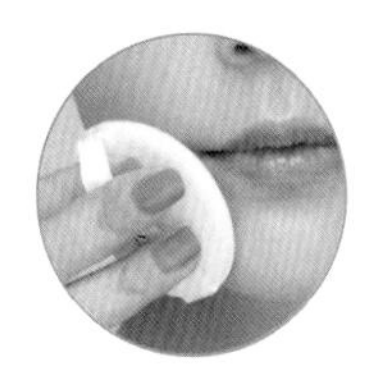

第五章

最 TOP 的完美妆容

第六章

分区卸洗方法论

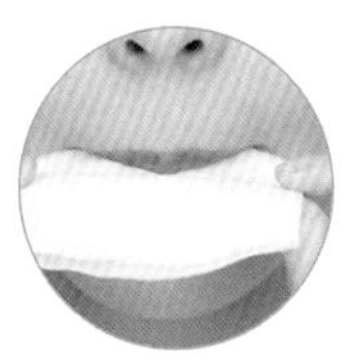
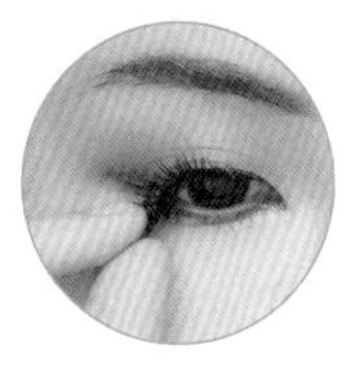
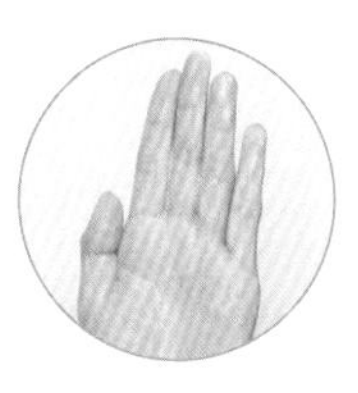
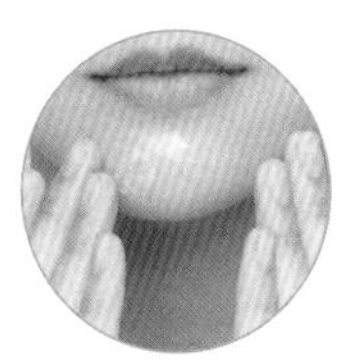

第七章

Ellen 老师独家化妆秘籍大公开

致同学们的一封信

我希望打造不露痕迹、真实自然的完美妆容。

——MAKE UP FOR EVER（玫珂菲）品牌创始人　丹妮·桑斯

Chapter

01

第一章

化妆前的准备工作

在上妆之前，我们需要先彻底地了解自己。

得益于这个时代科学技术的快速发展，很多同学都喜欢在各大网络平台上关注一些美妆博主，并热衷于向这些博主学习化妆，但往往效果都不尽如人意。这是为什么呢？

第一，美妆博主们每次上传到网络的图片，角度都是经过精心设计的，色彩都是经过修图软件处理的，更有甚者，照片中的五官已经被修得和现实生活中本人的五官相差了十万八千里。

第二，这个世界上绝不存在两张完全相同的脸。每个人的脸形、眉眼、肤色都不相同，左右脸都不是完全对称的，鼻梁的高低也不一样。网络平台上的美妆博主都特别了解自己五官的特点，也很了解自己适合的妆容风格，但这些风格不一定就适合你。所以，别人的妆容只能作为一个参考，如果一味生搬硬套，得到的结果往往和预期相差甚远。

第三，由于激素的分泌、紫外线的照射等因素，我们肌肤的状态每日每夜都会有细微的变化，这也会导致妆容的效果有差异。因此在化妆前，我们需要调整好肌肤的状态，根据肌肤的状态上妆。

善用自身的优势，加上彩妆的魔力，你会塑造出更耀眼的自己。

因此，正确认识自己非常重要。下面，就跟随老师做好妆前准备工作，开始散发你的魅力吧！

在化妆之前，先确定自己的脸型

在这个世界上，不同的人脸部的形状差别很大，不同的人适合的妆容以及需要修饰的部位也完全不一样。

脸型是指脸的类型。本书中，老师按脸的形状为脸部分类。

每个人的老化速度、咀嚼方式、呼吸方法以及睡眠习惯等都会影响并改变脸的形状。之前被广泛使用的面部美学标准“三庭五眼”，只能说明人的脸长与脸宽的一般标准比例，并不能帮助我们判断脸型，测量方法也存在很大的误区。

老师总结了自己二十多年造型生涯的经验，首创“四线八点测量法”来帮助大家判断脸型，让大家可以更直观、更准确，也更简便地知道自己是什么脸型。

在这里，老师会用虹膜和瞳孔作为基准，因为每个人虹膜和瞳孔的大小、颜色深浅以及瞳距（两个瞳孔之间的距离）都不一样，这也是每个人的标志。

四线八点测量法

脸长线

眼睛正视前方，从双瞳距离的1/2处作垂直线，得到的从发际线到下巴的连线就是脸长线。脸长线的长短决定了面部的长短。

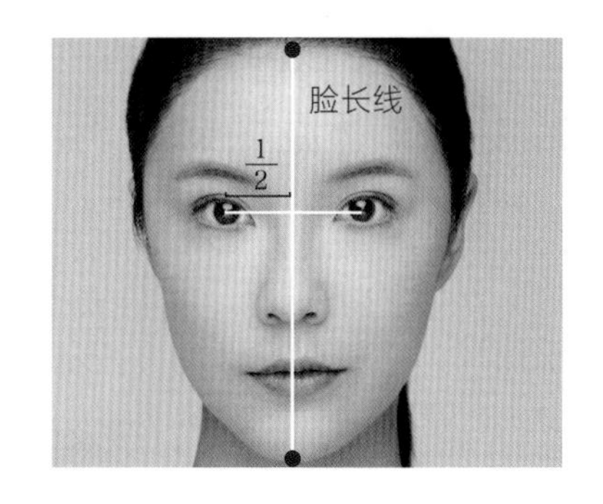

额宽线

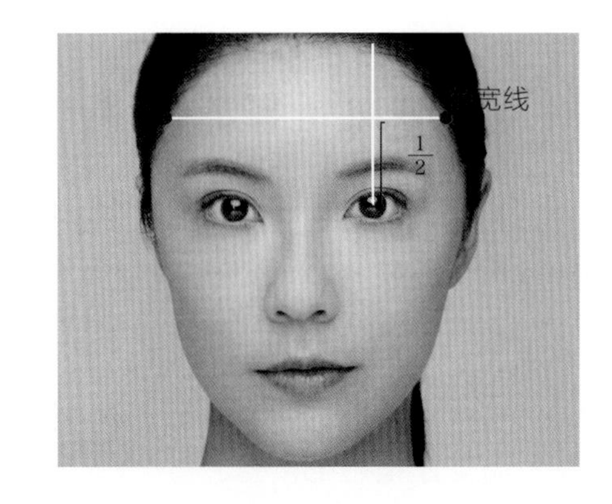

眼睛正视前方，从瞳孔中心的位置向上延伸至发际线，取连线的1/2处作垂线，向左右延伸至两侧发际线，得到的线段就是额宽线。在判断是倒三角形脸、正三角形脸还是菱形脸时，额宽线的作用很大。

脸宽线

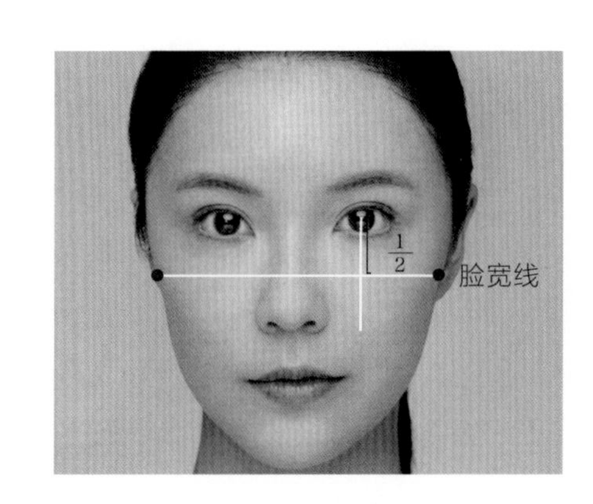

眼睛正视前方，从瞳孔中心的位置向下延伸至鼻底延长线，取这条连线的1/2处作垂线，向水平方向延伸至脸颊边缘，得到的线段就是脸宽线。脸宽线的长短决定了脸部的宽窄。

下腮线

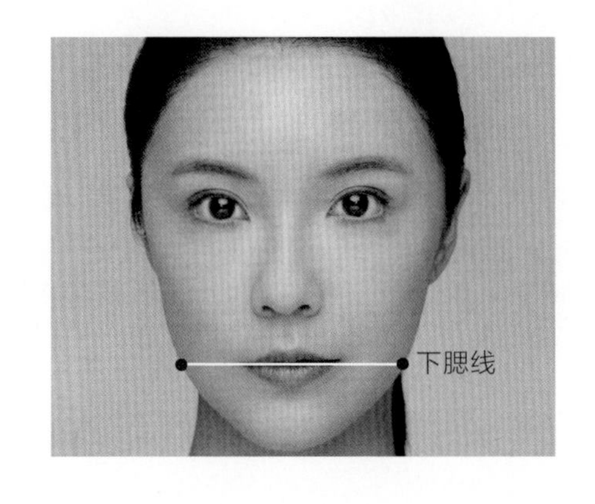

下腮线指的是连接两个嘴角并向左右两侧延长至面部边缘得到的线段。每个人的左右脸都不是完全对称的，所以画出的线略有歪斜是很正常的。下腮线的长短对于脸型的影响非常大，你是方形脸还是瓜子脸，就看下腮线的长短了。

确定脸型

将头发全部绑于脑后，露出额头，正视前方，用手机（勿用任何美颜工具）拍一张脸部的照片，再根据上述方法测量，就能明确自己的脸型。

我们的脸型大致分为以下几种：

椭圆形脸

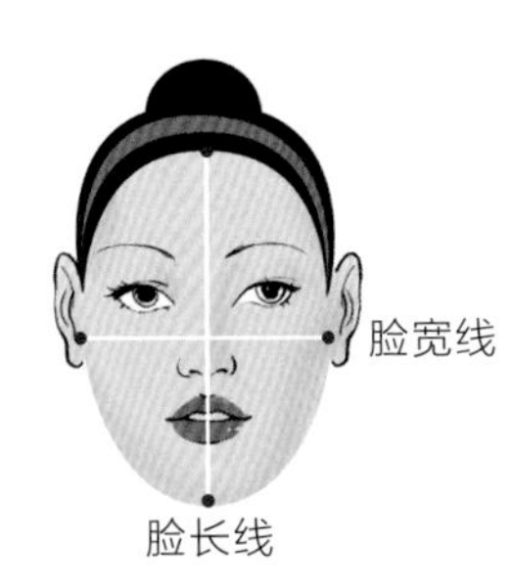

脸长线和脸宽线长度的比例接近 1.5 ： 1，且面部轮廓的线条较为圆润，没有明显的棱角。需要注意的是，在实际生活中，椭圆形脸脸长线和脸宽线的长度比看起来会在 2 ： 1 左右，因为人的脸是立体的，宽度会显得窄一些。

圆形脸

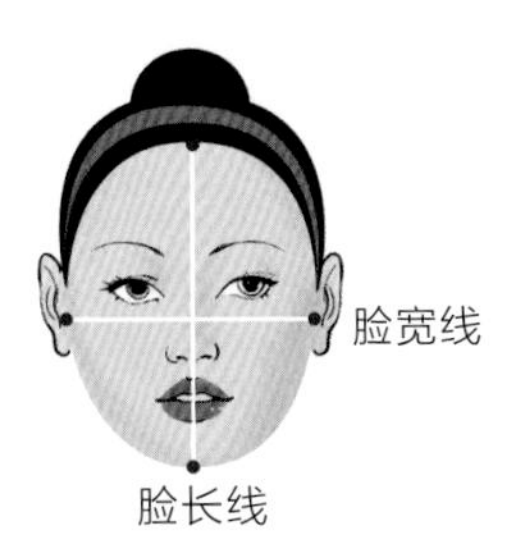

脸长线和脸宽线的长度比接近 1 ： 1，且面部没有明显的棱角，通常下巴较短。

方形脸

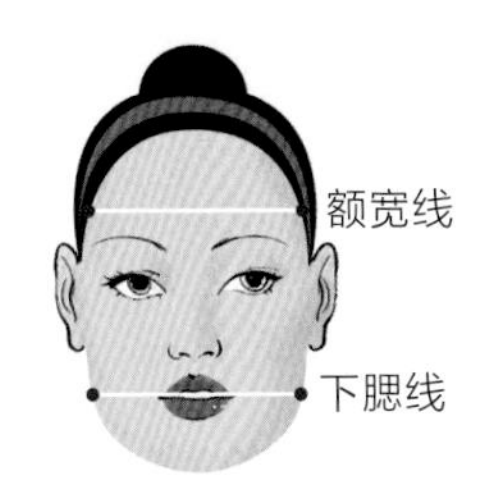

额宽线和下腮线的长度比约为 1 ： 1，额头和下颌角都有明显的棱角。

长形脸

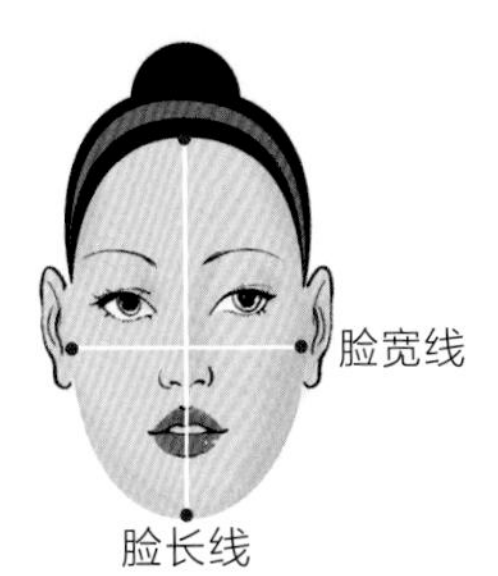

脸长线和脸宽线的长度比在 2 ： 1 以上，脸看起来偏瘦长。在实际生活中，长形脸脸长线和脸宽线的长度比看起来约为 2.5 ： 1。

倒三角形脸

下腮线的长度是额宽线的 3/4 左右，且下巴很明显。

菱形脸

脸宽线明显比额宽线、下腮线长，且颧骨较为明显。

正三角形脸

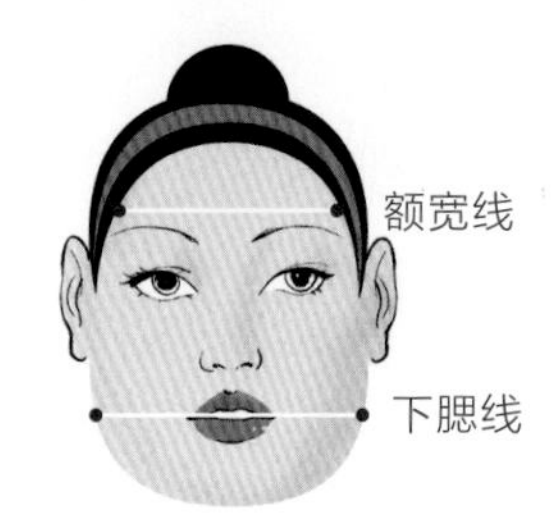

额宽线明显比下腮线短，且额头较为窄小。

小贴士

人的脸不可能是完全标准的圆形、菱形或其他形状，只能接近某一种形状。脸型还会随着时间的流逝而发生改变，有些人的脸型也可能具有两种及以上脸型的特点。所以在分辨的时候，找一个最接近的脸型，或者集合两种脸型的特点就好。

确定肤色和肤质是化妆的基础

化妆前，我们首先需要挑选适合自己的底妆产品，这是打造完美妆容的基础。

挑选底妆产品时，首先要注意它们的颜色。一定要依据自己的肤色来选择合适的色号，这样才能让底妆产品与自身肤色融为一体。而一旦挑到不适合自己的色号，就很难打造好看的妆容。例如，很多人挑选了过白色号的底妆产品，化完妆后脸看起来就像戴了面具一样，非常假，自己却没有发现，自以为白就是好看。

其次是看遮瑕效果。大家要依据自身的皮肤状况选择底妆产品。面部瑕疵多，就可以选择质地厚重、遮瑕效果好的产品；面部瑕疵少，就可以选择清透型的产品。

还有，要根据自己想呈现的妆感，选择底妆产品的质地。例如，先确定自己是想要雾面亚光的妆感还是水润光泽的妆感，再选择相对应的质地的产品。

最后，要根据自己的肤质来挑选底妆产品。每种肤质的特点不同，面临的问题也不一样。敏感肌肤大多有红血丝，上妆后妆面容易显得很脏；干性肌肤则大多容易起皮，底妆容易浮粉、不服帖；油性肌肤油脂分泌旺盛，容易晕妆。因此，挑选底妆产品时，大家最好先试用并带妆 1 ~ 2 小时，以便确定这种底妆产品是否适合自己，并更好地观察产品各方面的效果。

如何挑选适合自己的粉底颜色

肤色的冷暖和深浅主要由遗传因素决定，也会受到紫外线照射、作息、饮食等因素的影响。为了满足更多女性的需求，彩妆品品牌研发出不同的色号来照顾更广大的人群。

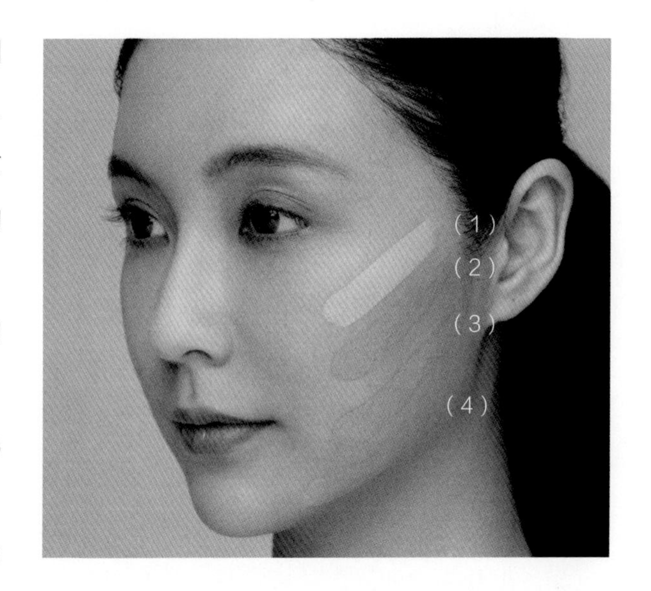

挑选粉底时，将粉底以长条状的方式涂抹在脸部（位置如图所示），观察粉底与肤色的贴合度。粉底颜色与肤色越接近，说明颜色越适合自己，妆感越自然。粉底最大的功效是均匀肤色，而不是改变肤色。

随堂小考

大家看一下，上面这幅图中，模特脸上有几个色号的粉底？其实有四个，但是，第一眼大家是不是都以为只有三个？因为第四个已经和肤色融为一体，不仔细看还真看不出来，这个色号就是最适合模特的粉底颜色。

有些粉底产品的色号分为冷色调、暖色调两大类，有些分为冷色调、暖色调和中性色调三大类。每一类色调又分为很多色号。很多同学面对各种色号时会很困惑，不知道该如何选择。除了上面讲的色号要贴合肤色外，还要考虑肤色的色调。

大家可以通过观察手腕血管的颜色判断自己是冷皮还是暖皮。一般来讲，血管颜色呈蓝色的为冷皮，适合冷色调的粉底；呈绿色的为暖皮，适合暖色调的粉底；蓝绿交错的为中性色调皮肤，适合中性色调的粉底，也可根据色号选择其他色调的粉底。不过现在粉底的校色功能都很强，大多都能修饰皮肤偏黄或没有血色的问题，所以，同学们别太较真。

小贴士

很多同学在柜台购买粉底时，都习惯在手上试用，其实这种方法是错误的。手部皮肤和脸部皮肤的肤色、油脂分泌量、肌肤纹理都不一样，这也是很多人在试用时觉得已经买到了适合自己的粉底，回到家涂到脸上之后却发现效果并不理想的主要原因。因此，大家在试色时，最好保持素颜，并将粉底涂到脸上试一试。

很多刚开始学习化妆的同学问老师："既然要选和肤色一致的粉底，那么为什么还要化妆呢？"

均匀肤色、隐藏瑕疵是呈现干净妆感的第一步，只有这样的妆容才能提升化妆者的颜值。化妆并不是单纯地将脸涂白，因为作为普通人，我们不可能像明星上镜时一样，把全身的外露肌肤都涂白。如果只是把脸涂白了，那么脖子怎么办，手臂、腿怎么办？

不同颜色的妆前乳与肤色的匹配

首先老师要说明，妆前乳不是必备品，如果没有特别的需求或者肌肤没有特别需要修饰的地方，就不需要买。

妆前乳的主要功效有修饰肤色，使肌肤看起来更细致、平滑等。妆前乳的类型有保湿型、控油型、毛孔遮盖型等很多种。平时大家所购买的彩妆品，其中有很多都将妆前乳和底妆产品融合在一起了。

随着科技的发展，有些品牌还研制出了颜色校正型的妆前乳。下面老师带大家一起了解妆前乳色彩与肤色的关系，以及如何利用妆前乳调整肤色。

米黄色

肤色暗沉的同学可以选择米黄色的妆前乳。米黄色的妆前乳能提亮肤色，改善皮肤蜡黄的情况。

粉红色

肤色有些“惨白”的同学适合用粉红色的妆前乳。这种色调的妆前乳能使肌肤看起来较为红润，可改善脸色苍白、缺少血色等问题，也可以用在苹果肌的位置，起到腮红的效果。

紫色

肤色蜡黄的同学适合选择紫色的妆前乳。紫色能中和暗沉，改善皮肤暗黄的情况，但是用量要适当，避免出现妆效惨白、不自然的情况。

绿色

脸部皮肤有些发红的同学适合选择绿色的妆前乳。绿色能够修饰泛红肌肤，例如红血丝、泛红的痘痘等（如非必要，过敏和长痘痘时不要化妆）。

蓝色

蓝色的妆前乳可以提亮亚洲人偏黄的肤色，淡化大面积斑点。

小贴士

饰底乳、隔离霜、BB霜、CC霜都属于妆前用品，并不是底妆必需品，老师建议没有特别需求的同学选择具有防晒指数的产品或者防晒霜就好。一些有控油效果的妆前乳可以让油性肌肤的妆容更持久，而有滋润效果的妆前乳可以使干性肌肤的妆容更服帖，同学们可以根据自身需要来选择。

有些厂商声称隔离霜能隔离脏空气、隔离污染、隔离彩妆，其实都是噱头而已，并没有这么神奇。素颜霜也是厂商制造出来的噱头，人涂上素颜霜后就不是真的素颜了，而且卸不干净还会堵塞毛孔。

根据皮肤状况选择底妆产品

不同的底妆产品，遮瑕效果也不一样。一般来说，质地较厚重的产品，如粉底霜、粉底膏等，适合面部瑕疵较多的同学；质地较轻薄的产品，如粉底液、气垫粉底液等，适合面部瑕疵较少的同学。如果面部瑕疵较多，难以单纯用粉底遮盖，还需要用专门的遮瑕产品。

遮瑕产品除了质地有区别，颜色也有区别。针对不同部位的瑕疵，应用不同颜色的遮瑕产品，这样遮瑕效果能更胜一筹。所以，了解自身肌肤问题并找到遮瑕产品合适的颜色非常重要。

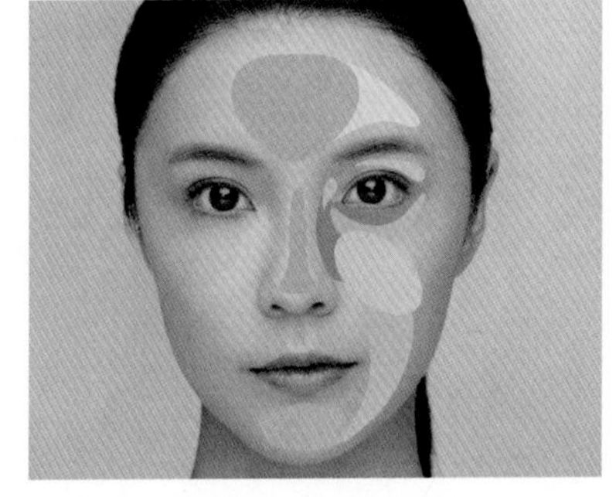

粉色遮瑕能够起到均匀、提亮肤色的作用，可以用于打底。

紫色的遮瑕产品也有均匀和提亮肤色的作用，适合肤色偏黄的女生使用，也可以用在额头、鼻梁和下巴上。

桃色和橘色遮瑕可以用于遮盖黑眼圈及暗沉色斑，桃色适合偏浅和偏黄肤色，橘色适合偏深的肤色。橘色能够中和蓝紫色，因此橘色遮瑕非常适合用于遮盖血管型黑眼圈。

绿色能有效中和红色，减轻肌肤泛红状态，因此脸颊泛红、有红血丝及长痘痘的地方适合用绿色遮瑕遮盖。

黄色可以修饰暗沉和色素沉着，适合用在皮肤暗沉处，也适合用于遮盖不太深的黑眼圈。

根据肤质选择底妆产品的质感

很多刚入门的同学在选购底妆产品时，都会因为这样那样的原因买一堆不适合自己的产品，或者把产品买回家后根本没用几次，白白浪费掉自己辛苦挣来的钱。同学们可能会问，为什么自己所买的产品在明星或者美妆博主的脸上呈现的效果特别好，自己用的效果却完全不一样呢？

首先，我们看到的明星代言的海报和广告视频，都是经过美颜滤镜修饰的，因此妆效看起来都很好。其次，明星和美妆博主的肤质和皮肤状态与我们的不见得一样，用同样的产品，呈现的效果也不见得一样。还有，这些明星和美妆博主的“安利”大多是商业行为，为了刺激消费者的购买欲，他们都会夸大产品的使用效果。这些原因都会导致大家头脑一热，买下不适合自己的产品。

底妆是我们的第二层肌肤，想要底妆与肌肤自然贴合，就需要弄清楚自己的肤质，再根据肤质选择适合的产品。

肤质的划分

一般来说，我们根据油脂分泌的多寡划分肤质。

肤质有油性、干性、中性、混合性和敏感性之分，每种肤质都有每种肤质的特性。例如，油皮耐受性高，但毛孔较大且容易长痘痘；干性肌肤肤质细腻光滑，毛孔较小，但皮肤薄，容易干燥起皮以及敏感。只有弄懂自己的肤质，才能找到适合自己的彩妆产品，让妆效更自然，妆容更持久。

判断肤质的方式：正常洁面后，不涂抹任何护肤品，等待 3 ~ 5 分钟，观察皮肤状态。

油性皮肤

特点：

正常洁面且不涂抹任何护肤品，3 ~ 5 分钟后并不觉得皮肤干燥紧绷，并且随着时间的推移，脸上会逐渐泛出油光。平日皮肤角质层较厚，油脂分泌旺盛，T 区一直处于有油光的状态。常见肌肤问题有易长痘痘、黑头、粉刺，有痘疤，肤色暗沉，毛孔粗大。

底妆选择：

油性肌肤比较适合偏亚光妆效的底妆产品，而对于近几年较为流行的韩式光泽感底妆则要慎重选择，因为一旦稍微出油，面部就会变成大花脸，呈现出一种不干净的油腻感。

中性皮肤

特点：

正常洁面且不涂抹任何护肤品，3 ~ 5 分钟后面部皮肤会略有紧绷感，但随着皮肤分泌油脂，情况会有所改善。平日 T 区不会有过多的油光，脸颊也不会有红血丝等问题，整体肤色均匀。季节、温度、湿度以及护肤品的改变，对皮肤状态不会有太大的影响。

底妆选择：

中性皮肤对于底妆的包容度非常高，夏季可选用清爽型、控油型底妆，冬季选用滋润型就好。

干性皮肤

特点：

正常洁面且不涂抹任何护肤品，3 ~ 5 分钟后皮肤非常干燥、紧绷，即使在夏季，脸上的油脂分泌也很少。换季时面部容易干痒、泛红，如果没有做好保湿，就容易起皮。因为油脂分泌不多，不会吸附太多的污垢、粉尘到毛孔内从而堵塞毛孔，所以干皮不常长痘痘。面部毛孔较小，肤质细腻，但因为缺少油脂的滋润和保护，容易产生细纹。

底妆选择：

干皮在选择底妆时，一定要选滋润度高、油脂含量高、水润度高的产品。如果选择的底妆滋润度不够，上妆之后就会很容易浮粉、卡粉、起皮等。

▶ 混合性皮肤

特点：

正常洁面且不涂抹任何护肤品，3 ~ 5 分钟后 T 区会出油、泛油光，而脸颊会有很明显的紧绷感。平日 T 区的毛孔偏大，脸颊毛孔比较小。擦滋润度高的护肤品时，会觉得适合脸颊，但对于 T 区来说偏油；擦清爽的护肤品时，会觉得对于脸颊来说较干、保湿度不够，但适合 T 区。脸部肤色不均，T 区较为暗沉，脸颊较白皙。

底妆选择：

混合性肌肤的同学，可以在脸颊上用滋润型的底妆产品，其他部位用持久型或者亚光型的底妆产品。

▶ 敏感性皮肤

特点：

正常洁面且不涂抹任何护肤品，3 ~ 5 分钟后面部会有紧绷感、瘙痒和刺痛感，严重的时候还会出现局部红肿。脸颊常年有红血丝，换季时红血丝加重。更换护肤品时需要的适应期长，对于含酒精、果酸的产品反应较大。

底妆选择：

敏感性肌肤要注意选择温和无刺激的底妆产品，搞清楚所选择的产品的成分，尽量不要选用易导致过敏和刺激性较强的产品，如含酒精的产品。

彩妆品选购知识

在之前的章节中，老师带大家认识了自己的脸型和肤质。下面，老师就为大家介绍一下各类彩妆品的特点，大家可以根据彩妆品的特点来选择适合自己的产品。

粉底产品

涂粉底的目的是均匀肤色，打造干净的底妆，最大限度地放大个人特质，同时为后续的彩妆打下好的基础。底妆化得好，妆容就已经成功了80%，正所谓“底妆决定胜负”。用不同粉底打造出的妆感不同，总体来说，底妆产品质地越稀，妆感越轻；质地越厚重，妆感也就越重。

粉底液

粉底液为液体，水分含量高，油脂含量适中，延展性强，流动性强，因此妆感较为清透自然。粉底液是底妆产品中使用率较高的产品，对于使用技巧和使用手法没有太高的要求。

小贴士

很多专业的彩妆品牌会针对不同肤质的人群生产不同功效的粉底液，同学们可以根据自己的肤质挑选不同特点的粉底液。油性肌肤就挑选油脂含量低、持久性强的粉底液；干性肌肤就挑油脂含量高、滋润度高的粉底液；面部皮肤没有明显瑕疵的女生可以选质地较为薄透的粉底液以及水粉霜，妆感会比较清透。

如果购买的粉底液和自身肤质不太匹配，那么干性皮肤人群可以将粉底液和精华调和，然后再上妆；油性皮肤人群则可以搭配使用控油的妆前产品。

粉底霜

粉底霜为固体，质地较为浓稠，油脂含量较高，和粉底液相比延展性较差，但遮瑕效果较好，适合面部瑕疵较为明显以及需要整脸遮瑕的肌肤。同学们在使用的时候要适当控制用量，如果用量太多，妆感会较为厚重，显得不自然。

由于粉底霜油脂含量高且比较滋润，因此适合干皮和混合性肌肤人群使用。各品牌的粉底霜的配方不尽相同，妆效也会略有差别，所以一定要先试用再决定是否购买。

粉底膏

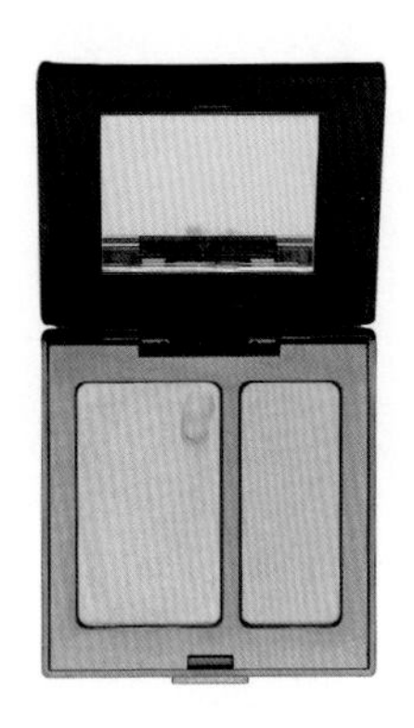

粉底膏偏粉质，油脂含量高，水分较少，和粉底霜比起来，质地更厚重，不容易推开，老师不建议化妆新手使用。粉底膏更多的时候用于化舞台妆、影棚妆、新娘妆等浓妆。皮肤比较干燥的同学使用粉底膏，或在气候干燥的季节使用粉底膏都容易使皮肤更加干燥，因此需要做好保湿工作。

在日常生活中，若使用了粉底膏，那么卸妆时一定要非常仔细，不然很容易导致毛孔堵塞和长痘。

粉底棒

粉底棒的包装像口红，体积小，携带方便，适合外出时使用。粉底棒油脂含量较低，整体质感略干，如果肤质较干或保养不到位的话，使用时容易卡粉和浮粉，影响整体妆感，但用于局部遮瑕效果很好。随身携带时，要注意高温可能会使粉底棒融化。

气垫粉底液

气垫粉底液便于携带，使用方法简单，最近几年非常流行，深受很多女性朋友的喜爱。

用气垫粉底液可以打造出具有微微光泽感的“陶瓷肌”，妆感清透水润。但气垫粉底液遮瑕力较弱，对于化妆者本身的皮肤状态要求非常高。如果肌肤瑕疵过于明显，妆效就会大打折扣。

小贴士

老师建议同学们去专柜试用，亲身体会气垫粉底液的妆感，不要幻想用了气垫粉底液就会化身为韩剧女主角。根据老师的经验，气垫粉底液不适合有细纹、毛孔粗大、有痘坑和痘印的肌肤。此外，要去有 LED 灯的地方时也不要使用气垫粉底液，否则脸会反蓝光。

遮瑕产品

在我们成长的过程中，风吹日晒、青少年时期激素分泌不平衡、油脂分泌旺盛等，都容易导致肌肤产生痘印、黑眼圈、斑点等瑕疵。一些轻微的面部瑕疵可以用粉底修饰，而面积偏大或颜色偏深的瑕疵就需要用专门的遮瑕产品修饰。

遮瑕的本质在于覆盖瑕疵部位的皮肤，让其与周围的肌肤融为一体，达到视觉上的无瑕。如果是痘痘、闭口等凸起的瑕疵，虽然可以进行遮盖，但从侧面看时依旧能看出肌肤凹凸不平。还要注意，千万不能将遮瑕产品用于全脸，否则会让底妆变得厚重，加重肌肤负担。

遮瑕液

遮瑕液质地较为水润，适合用于遮盖面积较小的瑕疵，同时也适合中干性肌肤的女生。

遮瑕膏

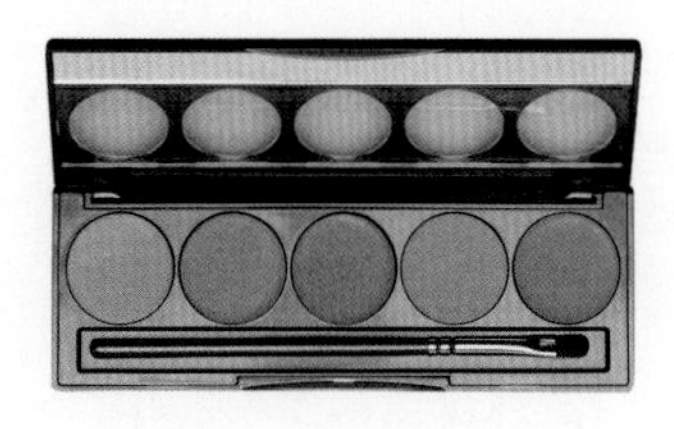

遮瑕膏质地厚重且油脂含量高，具有非常强的遮盖力，适合面部瑕疵比较明显的女生。

遮瑕膏一般装在小盒子里，一盒中有一种或多种颜色。老师建议同学们购买有 2 ~ 3 色的遮瑕膏产品，这样除了可以自行调出最适合自己的颜色，还可以遮盖不同部位和类型的瑕疵。

遮瑕棒

遮瑕棒易于携带，有些厂商还生产出眼部遮瑕棒、唇部遮瑕棒、法令纹遮瑕棒等各类产品，同学们要根据需要，慎重选择。

气垫遮瑕

气垫遮瑕其实就是给遮瑕液换了一种包装形式而已，从成分和质地上来说并没有太大的区别，只是使用起来更方便。

小贴士

如果出差、旅行的时候忘记带遮瑕产品，可以取一小部分粉底液放在小罐子里，敞开盖子放一晚上，让水分略微蒸发，第二天就可以作为遮瑕膏使用了。而且，这样做出来的遮瑕膏颜色和粉底的颜色最接近，完全不用担心色号不合适的问题。

如果觉得遮瑕产品的遮瑕效果不理想，可以把遮瑕产品挤到手背上晾几分钟，让其中的水分适当蒸发，提升遮瑕的效果。如果遮瑕产品水润度不够，可以加入适量的保湿产品进行调和，能改善其滋润度。

腮红产品

亚洲女性肤色大多偏暗、偏黄，但又想追求少女般粉嫩的容颜，所以需要在上完粉底之后涂抹腮红，才能使妆容呈现白里透红的效果。

腮红的使用顺序可以根据自己的使用习惯进行调整，定妆前后都可以使用腮红，这些方法在后面的妆容示范中都有讲到。

偏黄肤色

肤色偏黄的同学可以选择橘色系的腮红，这样可以有效提亮肤色，但是要避开紫色系、粉色系腮红。

白皙肤色

相对来说，白皙肤色人群可选择的范围会更广，可以大胆尝试一般人不敢轻易尝试的粉色系、桃色系腮红。

健康肤色

健康肤色更适合偏古铜色、棕色、褐色、咖啡色等色系的腮红，应尽量避开过于粉嫩的色系。

定妆产品

定妆产品比较专业的叫法是“定妆粉”，用在底妆之后、彩妆之前，有吸收面部多余油脂、减少面部油光、固定妆容、增强妆容持久力的作用。此外，定妆粉还可以弱化脸上的瑕疵，令妆容更柔和。

定妆粉从功能上来看，可以分为控油型、保湿型两种，从妆效来看则可以分亚光、珠光两种。

散粉

散粉也叫蜜粉，每个品牌的命名会有所不同。

散粉的粉质较为松散，外包装较大，放在家里用的情况比较多，使用者更适合用大号化妆刷或者大号粉扑取粉，然后轻扑在底妆上。油性肌肤的同学可以在油脂分泌旺盛的 T 区多次叠加按压散粉，加强定妆效果。

散粉在颜色和质地上有很多区别。油性肌肤的同学需要避开添加了珠光的散粉，因为时间长了，脸上的油光就会和珠光混合在一起，加重油腻程度，使妆面看起来更脏。

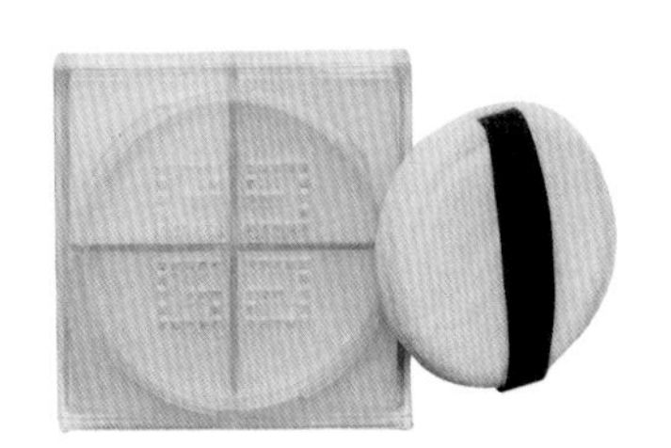

挑选颜色时，可以依旧遵循暗黄肌肤选择紫色、泛红肌肤选择绿色、健康肤色选择自然色的原则来选择。如果同学们实在不知道如何挑选颜色，选透明色就可以。

粉饼

粉饼是将散粉压制后呈现出的饼状产品。因为粉质之间的距离被压缩，所以同等重量下粉饼的外包装比散粉的小很多，放在包里不会太占地方，适合外出时携带。在补擦防晒时，可以用防晒指数够高的粉饼代替防晒霜。

还有一些粉饼是干湿两用粉饼，除了和散粉一样可以用于定妆，还可以作为粉底使用。使用时，用温水或者喷雾均匀打湿海绵，然后将海绵中的大部分水拧出，再蘸取适量粉饼，均匀按压在全脸就好。

由于粉饼属于干粉，且油脂含量非常低，干性皮肤使用时很可能出现浮粉、卡粉、不服帖等情况，因此干性皮肤要避免单独使用粉饼，仅在外出时用其补妆就好。

湿蜜粉

湿蜜粉和散粉无论是外包装还是质地，相似度都非常高。但是湿蜜粉中含有保湿成分，比普通蜜粉更为滋润，上脸后人会有微微的清凉感与水润感，适合干性肌肤以及眼下细纹较明显的肌肤。如果用了湿蜜粉后依旧觉得眼下细纹明显，那么老师建议大家在上蜜粉的时候避开眼下的位置。

粉凝霜

粉凝霜是最近几年开始兴起的产品，它将底妆和定妆一体化，上脸后会自动成膜，使用者可以省略涂抹定妆粉的环节。各品牌的粉凝霜在包装上会略有差异。

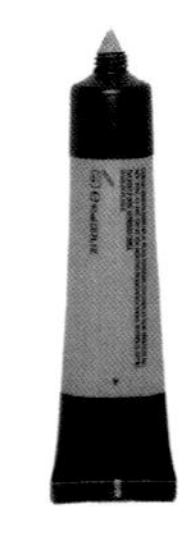

小贴士

整体来说，油性皮肤适合亚光控油型定妆粉，干皮适合滋润型定妆粉。

面部瑕疵较少、皮肤细腻的中干性肌肤适合带有珠光的定妆粉。如果面部瑕疵比较明显或毛孔较大，要尽量避开带珠光的定妆粉，因为珠光颗粒会放大面部瑕疵，使毛孔更明显。如果想要珠光效果，就需要把毛孔和瑕疵都遮掉。

油皮也不适合带珠光的定妆粉，因为面部出油后，珠光颗粒和油光混合在一起会让妆面显脏。

全脸定妆时，先用大粉扑拍压，再用余粉刷将浮粉刷掉，妆面更容易变得均匀。

在补妆之前，需要用纸巾将脸上的油脂粘掉，否则容易让妆容变得斑驳。

眉妆产品

眉毛作为五官之一，对于容貌有着举足轻重的影响。眉毛的形状和颜色都能影响一个人的气场。了解每种眉妆产品的特性，为自己选择最适合的工具，为自己画一对好看的眉毛是一件很幸福的事。

眉粉

眉粉一般会以深浅色搭配的形式出售。亮色适合用来提亮眉部轮廓；中间色适合用来打底，画出眉毛的大致轮廓；深色适合用来加强眉毛的立体感与真实感。眉粉盘一般会自带小眉刷。眉粉适合化妆新手，但用眉粉无法画出根根分明的眉毛效果。

眉笔

用眉笔可以画出相对细致、硬朗的眉毛轮廓。

眉笔的笔芯有软硬之分，材料是色料加上油蜡，色料负责着色，油蜡负责调节笔芯的硬度。

通常来说，笔芯偏硬的眉笔，笔尖可以削得相对尖些，能画出根根分明的眉毛效果，同时因为色料的比例小，适合多次叠加，也更防晕染。而笔芯偏软的眉笔除了容易折断，笔尖也无法被削得很尖，并且由于色料添加比例大，画眉的时候不仅着色很重，也容易晕开。

同学们在选购眉笔的时候一定要先试用，挑出适合自己的那一款。也可以将眉笔和眉粉搭配使用。

液体眉笔

液体眉笔笔尖细小，能画出与真实毛发相似度极高的眉毛线条。它还有速干、不易修改的特点，因此对化妆者的技术要求相对较高，适合有足够化妆经验的女孩。

如果眉毛比较稀疏，又觉得用其他眉妆产品画出来的眉毛真实感不够，就可以尝试使用液体眉笔。如果使用不熟练，可以先在纸上练习，画顺手之后再画眉毛。还可以先用眉粉打底，再用液体眉笔画出根根分明的眉毛。

染眉膏

亚洲人的毛发颜色大多偏向青黑色，当染发或者改变妆容风格之后，青黑色的眉毛会很突兀。如果想要让整体风格一致且色调和谐，就需要用染眉膏使眉毛的颜色和发色相近。染眉膏除了能将眉毛染色外，还可以给眉毛定形，固定眉毛的走向和形状。

撕拉眉胶

最近几年，市面上出现了一种适合懒人的画眉神器 —— 撕拉式的染眉胶。

使用撕拉眉胶时，要先在眉毛上面按照想要的眉形厚敷一层眉胶，然后等待 15 ~ 20 小时，最后将眉胶撕除即可。染眉胶的颜色可以维持 3 ~ 5 天，效果类似于半永久眉毛，并且不会对肌肤造成创伤，颜色褪掉后就可以换其他眉形。

眼线产品

完整的、适合自己的眼线，不但能提升妆容的整体质感，使眼部轮廓更清晰，使眼睛更有神，还可以修饰眼形的缺陷。用不同的眼线产品画出来的眼线风格也大不相同。

眼线胶笔

眼线胶笔的形状像铅笔，常见的开口方式有刀削和旋转两种。在没有眼影时，还可以将其在眼皮上晕染开来替代眼影。

眼线液笔

眼线液笔的笔头通常比较细长，笔杆内有墨囊，可以长时间不间断出墨，适合用于勾勒细节以及外出时携带。如果保存得当，一支眼线液笔的使用寿命是 1 ~ 2 年。

如果刚买没多久的眼线液笔出现断墨情况，可能是因为笔尖吸附的灰尘、彩妆残留物等杂质过多，阻碍了出水。这时，用一张卸妆棉或者纸巾轻轻地将笔尖上的尘垢去除就可以了。

眼线膏

眼线膏质地厚重，色彩浓郁，防脱妆效果好，表现力强，适用于设计感很强的妆容。使用时需要用到眼线刷。老师会用眼线膏作为烟熏妆的打底，因为它防水又防油。但眼线膏自身油脂和水分含量低，膏体很容易因为水分的蒸发而凝固，变得不易被蘸取，失去顺滑感。同学们每次使用完眼线膏之后要立即盖上盖子。

小贴士

选择眼线产品时，不一定要选千篇一律的黑色，有时选择其他颜色的眼线产品能带来意想不到的效果。瞳孔、毛发颜色比较浅的同学更适合灰色或者棕色；而瞳孔、毛发颜色偏深的同学，用黑色和深棕色更合适。

面对眼线产品，干性皮肤的选择空间会大一些，普通款或者防水的眼线产品都可以；油性皮肤的同学容易被脱妆困扰，不能选用普通防水眼线产品，而需要选择防油的眼线产品。外包装上写有“防油”“温水卸除”等字样的眼线产品适合容易出油的女生。

从持久度、浓郁度、流畅性、易上手这四个角度来看，可以对三种眼线产品的效果进行如下排序：

持久度：眼线膏＞眼线液笔＞眼线胶笔

浓郁度：眼线膏＞眼线液笔＞眼线胶笔

流畅性：眼线膏＞眼线液笔＞眼线胶笔

易上手：眼线胶笔＞眼线液笔＞眼线膏

眼影产品

合适的眼影能让眼睛的轮廓变得立体，和眼线搭配起来，让眼线不显得突兀，同时能放大双眼，让眼神更有魅力。

眼影的样式非常多，有粉状眼影、膏状眼影、眼影棒和液体眼影等，且颜色也很丰富。

粉状眼影

粉状眼影多以多色组合的形式出现。使用时，通常先用浅色打底，再用中间色晕染，最后用深色点缀。眼影盘非常适合化妆新手，化妆新手用一盒眼影盘就可以化完整个眼妆。粉状眼影的质地分为亚光和珠光两种，同学们可以根据自己的喜好挑选。

膏状眼影

膏状眼影通常都是单色单独包装，较为显色，常用于特效妆或舞台妆。膏状眼影难以被卸除和修改，所以同学们在使用膏状眼影前一定要先掌握使用技巧。

眼影棒

眼影棒的质地介于粉状眼影和膏状眼影之间，方便携带，老师尤其喜欢用香槟色的眼影棒打底或画卧蚕。

液体眼影

液体眼影的质地非常轻透，延展性好，包装和唇釉相似。使用的时候需要注意用量，建议先抹在手背上，再用手指蘸取，然后将其在眼皮上涂抹开。

小贴士

如果同学们不知道该选择什么颜色的眼影，那么老师建议大家从最适合亚洲人肤色且使用范围最广的大地色系入手。

大地色系眼影的质地也分为珠光和亚光两种。单眼皮的同学可以选择有微微珠光的眼影，这样眼皮看起来才不会浮肿。但老师不建议单眼皮的同学选择珠光效果非常明显、亮片太大的眼影。

眼影产品的优劣由粉质细腻程度、显色度、附着力决定。

粉质的细腻程度对于妆效有很大的影响，原材料越好，色料越充足，制作工艺越精湛，眼影的显色度和附着力就越强。一般大品牌的眼影，眼见即所得，产品在包装盒里是什么颜色，涂在眼皮上时颜色也八九不离十。而一些看似划算的眼影产品，添加的色料品质没有保障，涂上之后不显色，卸妆之后色素还在，得不偿失，所以老师建议大家选择质量有保证的产品。

睫毛膏产品

拥有一对和芭比娃娃一样的纤长、卷翘的睫毛是每位女孩的梦想，这样每次眨眼时，眼睛都仿佛在说话。睫毛膏就是为了满足女孩子们的梦想而诞生的。

用睫毛膏能制造出浓密、纤长的睫毛效果，不同功能的睫毛膏能让双眼释放不同的电力。睫毛膏的颜色以黑色、深灰色为主，也有别的颜色，同学们可以根据自己的发色、瞳孔颜色、眉色选择。

睫毛纤维

很多睫毛膏配有白色的纤维。利用睫毛膏的黏性和静电将纤维粘在睫毛上，能使睫毛变得更纤长和浓密。涂抹的顺序为：睫毛膏→睫毛纤维→睫毛膏。

藏在睫毛膏刷头里的大学问

四角形刷头

这种刷头的刷毛整体呈圆柱形，使用时，在拉长中间的睫毛的同时，也能照顾到眼头和眼尾的睫毛，让睫毛根根分明，无论从什么角度看都是完美的。

锥形刷头

这种刷头能有效加强睫毛丰盈的效果，刷出浓密且不结块的睫毛。较长一端的刷毛可以自然地包裹住眼尾的睫毛，让眼尾的睫毛卷翘度更出众。

梭形刷头

梭形刷头的一大特点就是中间的刷毛较长，长度逐渐向两头递减。这种刷头可以让眼睛中间部分的睫毛更有纤长、卷翘感。

弯曲形刷头

这种刷头是根据眼睛的轮廓以及睫毛的生长曲线设计而成的，使用起来很便利，可以照顾到每根睫毛。

精细型刷头

精细型睫毛膏刷头很小，刷毛也很短，容易上手。这种小刷头的睫毛刷很适合用来刷下睫毛，使用时无论是竖向刷还是横向刷都很容易把握。

小贴士

爱美的女孩子们经常遇到刷完睫毛膏之后睫毛变成了“苍蝇腿”的问题，但卸妆重新刷睫毛膏又太过于麻烦，这时用睫毛梳就能很好地解决这个问题。

睫毛膏可分为普通睫毛膏、防水睫毛膏、防油睫毛膏三种。在日常生活中，选择防油的睫毛膏有利于防止晕妆；面对会接触到水的场合，则可以选择防水的睫毛膏。还可以叠涂防水睫毛膏和防油睫毛膏，保证妆效的持久度。

唇妆产品

从 1844 年前后，娇兰公司发明第一支管状口红开始到现在，口红已经渗透到大多数女人的生活中。

如果只能带一件彩妆品出门，那么大多数女人可能会毫不犹豫地选择口红，说口红是女人的武器也不为过。很多时候，就算不化妆，只要涂上口红，就能提亮整个面部。大部分人的嘴唇色调都偏向于肤色，难免会显得憔悴。选择一支合适的口红不但能提升整个人的精气神，还能修饰唇形，在一些特殊的场合让自身气场加倍。

到了 21 世纪，口红的样式更加丰富，衍生出了唇彩、唇蜜、唇釉、唇膏笔等产品，适合更多的人群和场合。

管状口红

管状口红的打开方式以旋转和推开为主。质地也多种多样，有亚光的、滋润的、珠光的、奶油的、缎面的等。有些口红含有润唇膏的成分，使用者在涂口红的同时还能滋润双唇。

口红盘

口红盘中包含多种颜色，方便使用者蘸取和根据自己的喜好调色。早期的专业化妆师用口红盘的次数比较多，使用时需要用唇刷蘸取上色。

唇膏笔

唇膏笔的特点是笔头小，适合化细致的唇妆。市面上的唇膏笔一般分为螺旋式和刀削式两种。唇膏笔的质地较软，在削的过程中，一定要注意力度，不然很容易断裂。

唇彩、唇蜜

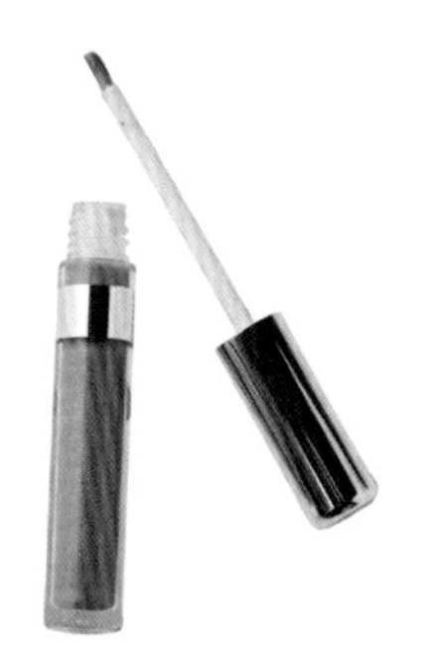

唇彩和唇蜜呈啫喱状，唇彩颜色较浓郁，能单独使用；唇蜜颜色较浅，其中有一些是透明的，通常会搭配口红一起使用，打造水润、丰满的果冻唇效果。但唇蜜使用得过多，会给人一种吃完饭没擦嘴的油腻感。

唇釉

唇釉的质地更多，并且比其他口红多了漆光镜面的效果，且色彩饱和度高，滋润度好，遮盖唇纹能力强。很多唇釉在上嘴后十秒左右会成膜，颜色持久度非常高。唇釉的缺点是较黏稠，容易导致发丝黏在嘴唇上。

染唇液

染唇液的优点是色素附着力强，不容易掉色，但老师建议除非有特殊情况，否则应避免长时间使用染唇液。使用撕拉型的染唇液时，撕下薄膜的时候嘴唇很容易受伤，还容易留下色素，同学们要谨慎选择。

气垫口红

气垫口红其实是液体的口红，只是增加了气垫海绵的特殊包装，使用时的触感很亲肤。

唇线笔

唇线笔的主要功能是确定唇妆边界，防止化妆者将口红涂到嘴唇以外的地方。唇线笔的色号非常多，可以与口红搭配，关键时刻还可以充当口红。如果不想唇线过于明显，也可以选择无色的唇线笔。

小贴士

唇部彩妆产品非常多，如果预算有限，老师建议大家买两支就够了，一支是豆沙色、裸粉色等日常色的，另外一支是正红色的，适用于重要场合。化妆技术较好的同学选择口红时没有太多限制，可以选择口红盘及一些特殊色进行混色。

修容产品

几乎所有的女孩在照镜子的时候都觉得自己的脸大，想要让脸显小。除了削骨外，还有一种更简单的办法，就是修容。修容不只能让五官变得立体，还能修饰各种缺陷，比如鼻梁较塌、下颌角过方等。

市面上的修容产品主要有修容粉饼、修容棒等，不同的产品之间有很大差异。

▶ 修容粉饼

修容粉饼呈粉状，便于携带，使用者取粉时也更容易控制用量。

修容粉饼中一般包含 2 ~ 3 个色号，浅色为高光色，多用在眉骨、鼻梁、眼下三角区等位置，起到提亮作用；深色为阴影色，多用在发际线、鼻梁两侧、侧脸等位置；中间色为过渡色。

▶ 修容棒

和修容粉饼相比，修容棒的质地更润。我们使用修容棒时，可以先将其在目标位置涂两下，然后用刷子、海绵或手指将其晕开。有一些修容棒有两头，一头是高光，用于提亮；一头是阴影，一般用在侧面颧骨或其他应该稍微往里凹的地方。

常见化妆工具

“工欲善其事，必先利其器。”选到了适合自己的彩妆品后，接下来肯定要有一套称手的化妆工具，才能让妆容更好地呈现，好的工具也能让化妆过程更加顺利。

市面上的化妆工具琳琅满目，很多化妆初学者都挑花了眼。如果买下一整套化妆工具，不仅花费大，而且很多工具的功能都是重复的，闲置和浪费的情况非常严重。

所以接下来，老师就化繁为简，带大家认识常见的化妆工具，大家可以根据自身需要和实际情况来选择。

小贴士

化妆刷刷毛的材质有貂毛、羊毛、鬃毛、尼龙毛等几种。

貂毛稀少，且弹性佳，抓粉力好，但价格比较高昂，适合用来制作眼影刷和唇刷；羊毛毛质柔软蓬松，价格适中，适合用来制作蜜粉刷、腮红刷；鬃毛毛质较硬，适合用来制作眉刷、睫毛刷。总的来说，用动物毛制作的刷具使用感较好。尼龙毛属于人造毛，没有天然毛发的毛鳞片等肌理，因此抓粉能力适中，容易变形，一般价格较为便宜，适合用来制作粉底刷。

同学们在选购刷具时，可以将刷毛往一侧压，然后迅速松手。如果刷毛的形状恢复得快，证明弹性佳；如果恢复得慢，说明弹性略逊一筹。刷具保养得好，寿命可达二十几年，因此一套顺手且优质的刷具值得投资。

不同的用途和操作范围对刷具的要求也不同。操作面积大时，要求刷具的刷毛长，弹性好，例如余粉刷；面积小时，要求刷具的刷毛较短，对弹性则没有太高要求，例如眉刷。

粉底刷

粉底刷的刷头一般是用尼龙毛制成的。比起动物毛，尼龙毛的弹性和硬度刚刚好，抓粉能力适中，用尼龙毛制作的粉底刷上粉底能节省粉底液的用量，且尼龙毛没有天然毛发的毛鳞片，方便使用者保养。

粉底刷有扁头刷、斜头刷、平头刷之分。

扁头刷的使用手法

使用扁头刷时，一般会用刷具的前半段刷毛均匀蘸取粉底，从额头开始上粉底，然后是 T 区和脸颊，最后用刷具上的余粉扫过脸部边缘，让粉底自然地过渡。

斜头刷的使用手法

斜头刷的刷毛比较密集，在往脸上扑粉之前，需要让刷毛均匀沾上粉底。斜头粉底刷适合大面积刷粉底时使用，很难照顾到一些细小的部位，如鼻翼、眼角等位置。

平头刷的使用手法

使用平头刷时，让刷头垂直于脸部皮肤，使刷头平面接触肌肤，用打圈的方式由内往外画圈，让粉底均匀地分布在全脸。

散粉刷

散粉刷的作用和粉扑类似，都用于蘸取散粉定妆。由于要覆盖全脸，因此散粉刷是化妆刷中较大、较柔软的刷具，多用柔软、蓬松的羊毛制成。

修容刷

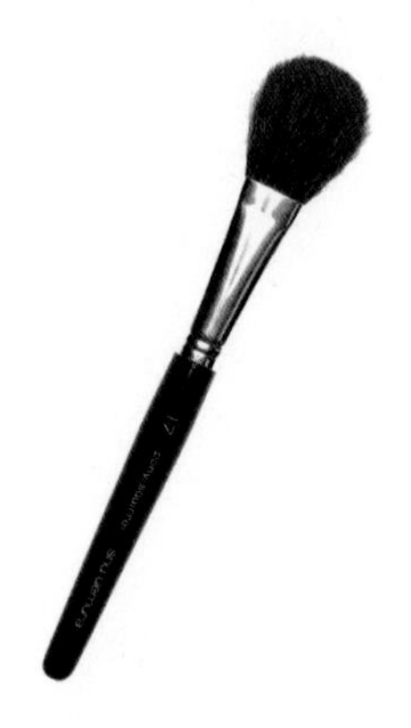

修容刷用于修饰脸部轮廓，让面部线条和五官看起来更立体。

化妆者可以准备两支修容刷，一支用于全脸修容，一支用于局部修容。修饰面部轮廓时，宜选择覆盖面积较大的刷具，因为刷头过小，容易使妆容斑驳；修饰鼻梁等部位时，需要选用小号的修容刷进行精确的修容。老师也经常将这两支修容刷当作腮红刷使用，只要做好刷具的清洁，就可以一刷两用。

对于初学者而言，修容时很容易把握不好力度，导致整个妆容前功尽弃。因此修容时应以少量多次的方式上妆，避免下手太重，无法补救。

腮红刷

腮红刷是用于晕染腮红的刷子，涂抹腮红可使脸颊红润，显得人气色好。针对不同种类的腮红，需要用不同的刷具。粉质腮红一般适合用锥形刷、斜角刷、圆头刷晕染，而膏状腮红则比较适合用尼龙刷晕染，当然也可以用手来晕染。

遮瑕刷

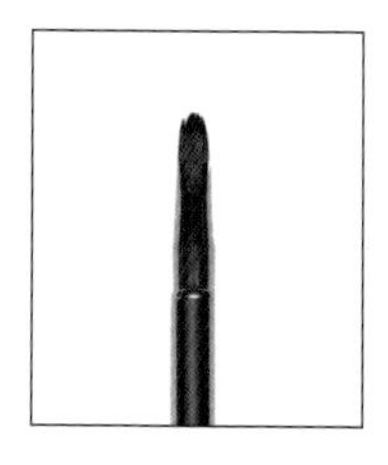

当皮肤上的小瑕疵无法被粉底遮盖时，同学们就需要针对瑕疵做更细致的修饰，这时就需要用到遮瑕刷。遮瑕刷的刷头一般是扁的，且宽度多在 0.5 ~ 1.5 厘米之间，以便精细地雕琢，细致地照顾到边边角角。

余粉刷

余粉刷用于将脸上多余的定妆粉、眼影等扫去，使妆容在不被破坏的前提下保持干净透亮。

眉刷

眉刷有多种刷头，刷毛短且密实。为了能精准地画出眉毛的轮廓，眉粉刷的刷毛通常较硬。

唇刷

唇刷是用于涂抹唇妆产品或精确勾勒嘴唇轮廓的一款刷子，能让唇妆产品上色更均匀、更显色。唇刷的刷毛需要具备一定的硬度和良好的弹性。

眼线刷

眼线刷的功能主要是蘸取眼线膏填满睫毛根部的空隙，一般分为扁头眼线刷、圆头眼线刷和折角眼线刷等几种，同学们可以根据自己的使用习惯及妆容需求试用后再选购。老师发现，折角眼线刷适合在帮别人化妆时使用。

眼影刷

这三支眼影刷均可用于涂抹、晕染打底色或中间色，为后续叠加深色眼影打基础。

这支眼影刷主要用于在睫毛根部和眼尾涂抹重点色彩的眼影，可以晕染出渐变效果。

海绵棒是海绵材质的，着色感比较重。老师建议大家在涂抹整个眼窝时用眼影刷，在给睫毛根部或面积较小的部位上色时用海绵棒，这样眼妆能呈现出立体且层次丰富的效果。

小贴士

每支笔刷都是有“心脏”的，“心脏”的位置就是这支笔刷的平衡点，利用力学的原理使用笔刷能让笔触运行得更顺畅。例如，使用腮红刷时，如果拿得太靠前，易导致施力过重，腮红着色不均匀；如果拿得太靠后，就容易画错地方；拿的位置刚刚好，画出来的腮红就会很匀、很柔。

化妆海绵

市面上的化妆海绵从最初的单一形状演变到现在，已经有了蛋形、葫芦形、菱形、圆形、三角形等多种形状。虽然可以在面部的不同区域用不同形状的化妆海绵上妆，但总体来说，只需要一个有棱角的化妆海绵就完全够用了。使用时，可以用化妆海绵接触面较大的位置涂两颊、额头等面积较大的区域，用接触面较小的位置涂鼻翼、眼角、嘴角等。

老师建议同学们选用较柔软的化妆海绵，这样既便于上妆又不会拉扯皮肤。化妆海绵要每天清洗，如果出现破损、掉屑、失去弹性的情况，就说明它的寿命已经到了，可以更换新的了。

粉扑

粉扑可用于蘸取粉底和修饰妆容。粉扑的材质各不相同，同学们在选购绒毛类的粉扑时，宜选择表面绒毛紧密、触感柔顺的粉扑。使用时，至少一周清洗一次。

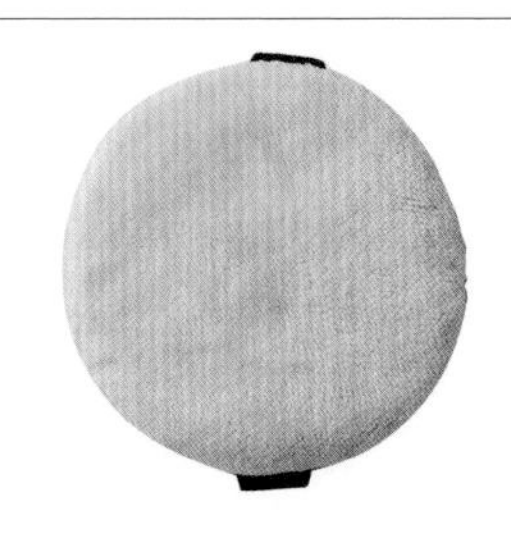

睫毛夹

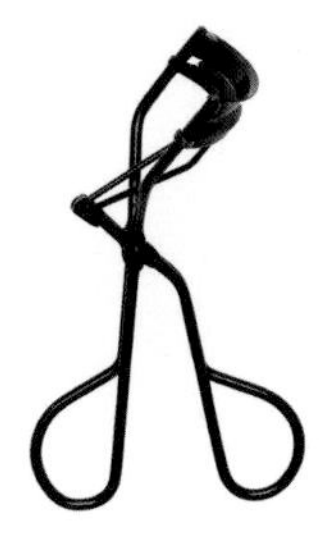

睫毛夹是让睫毛更卷翘的工具。不同人种的人眼睛的凹陷程度不同，每个人的眼形也不一样，同学们在购买的时候要根据自己的眼形选择。

相对而言，亚洲本土的彩妆品牌所生产的睫毛夹会更贴合亚洲人的眼形。另外，眼睛内凹得比较明显的同学可以选择局部睫毛夹，局部睫毛夹还可以使眼睛前后两头的睫毛卷翘起来。经常外出的同学可以选择便携式的睫毛夹，这种睫毛夹体积很小，放在包里也不会占用太多空间。

化妆工具的清洁方法

无论是化妆刷还是化妆海绵，都是直接接触皮肤的化妆工具，如果长时间不清洗，上面就会附着很多的彩妆残留物，这会影响刷具和化妆海绵的抓粉能力。而化妆工具上面残留的皮屑与油脂是细菌最爱的食物，因此，长时间没有清洗的化妆工具会成为细菌的温床。长期使用这样的工具，会造成肌肤敏感和过敏，甚至出现粉刺、黑头、闭口、痤疮等肌肤问题。如果留下痘疤和凹洞，那么就算用天价的护肤品也无济于事，所以清洁化妆工具刻不容缓。

化妆工具可以分为刷具、化妆海绵和粉扑、辅助工具三大类。根据使用方式的不同，化妆工具的养护要求也有所差别。

刷具的清洁方法

毛刷类的化妆工具一定要用专用的清洁剂来清理，因为专业的清洁剂有保养刷毛的功能和有效的杀菌成分。反之，则会损害刷毛，特别是动物毛的弹性和韧性，缩短刷具的寿命。

现在市面上有一些刷具清洁剂用完后可以自行挥发，无须再次用清水清洁，在购买前要注意阅读使用说明或者咨询卖家。

小贴士

有些同学问：“刷具是否需要每天清洗？”

只要用刷具化妆，刷具上就会有彩妆品残留，所以最好每次使用之后都清洗。

1

将专用的刷具清洁剂喷洒在纸巾或者洗脸巾上。老师建议同学们使用洗脸巾，因为洗脸巾的面料一般是棉布，可以多次循环使用，很环保，也避免了使用纸巾容易产生纸屑等问题。

2

先从散粉刷、高光刷、腮红刷等容易清洗且用色较浅的刷具开始。

3

将洗脸巾平铺摆放，用画圈的方式，将刷具上的彩妆残留物去除。

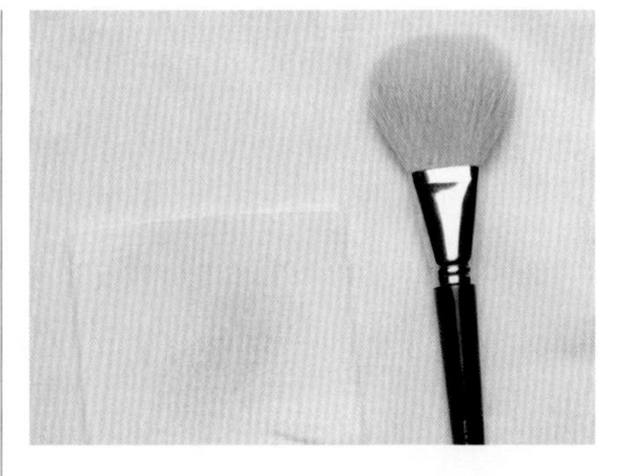

4

将清洁完的刷具平铺摆放，不太脏的洗脸巾可以继续用来清洁其他的刷具。

5

将洗脸巾翻面，继续使用。

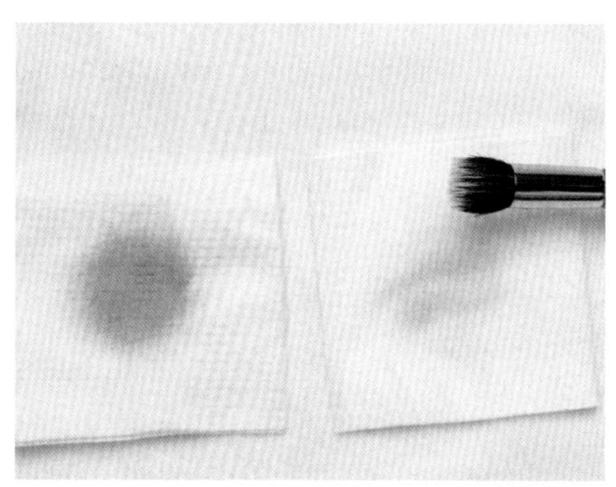

6

如果一张洗脸巾不足以将刷具中残留的彩妆清洁干净，则可以用第二张洗脸巾来清洁，直到刷具干净为止。

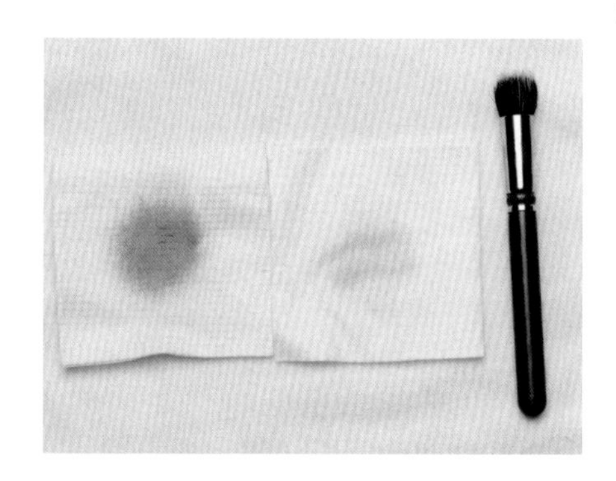

7

最好将洗完的刷具以刷毛向下的方式悬挂于阴凉通风处自然风干。如果没有晾挂工具，平放也可以，但千万不要让刷毛朝上，因为这样很容易让刷毛中残留的清洁剂倒流进笔杆中，影响刷毛和笔杆的黏合，甚至会引发木质笔杆霉变，影响使用寿命。

化妆海绵和粉扑的清洁方法

化妆海绵的清洁方法

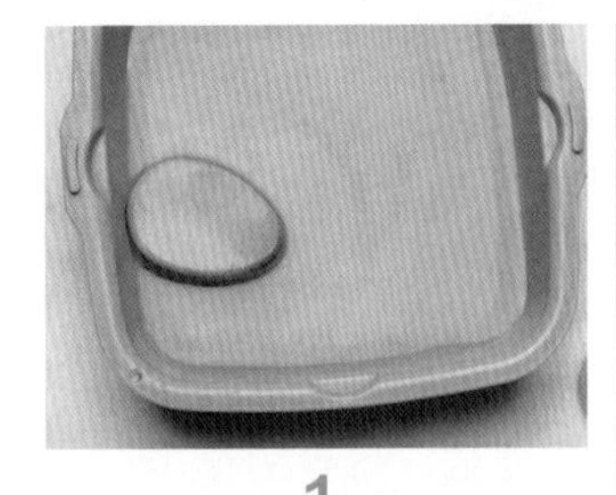

1

准备一盆清水，让海绵充分吸收水分。

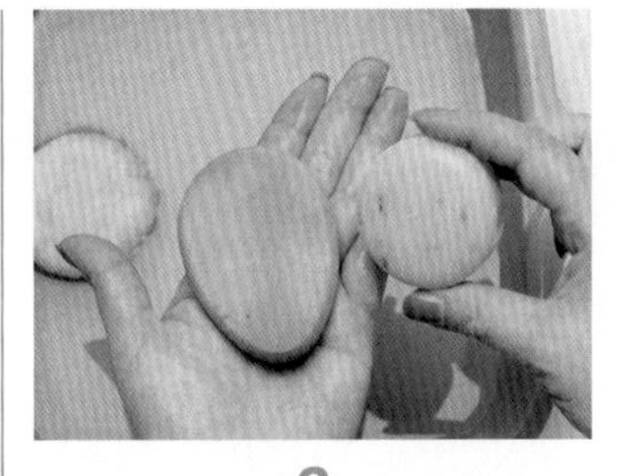

2

让粉扑充分吸收粉扑专用清洁剂（其实任何洁面产品都可以，但千万不要用卸妆产品）。

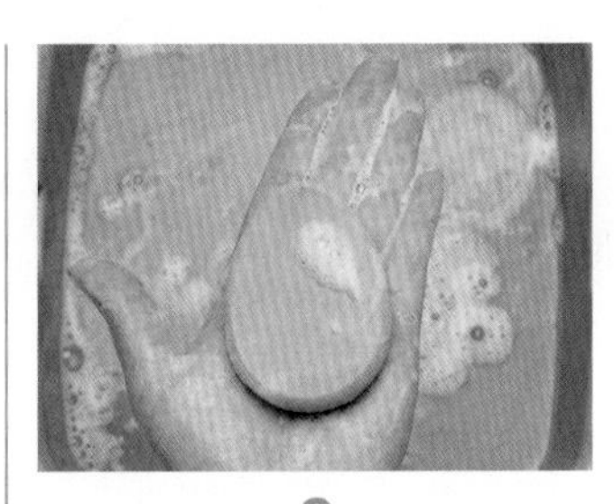

3

揉搓起泡，充分溶解海绵内的彩妆残留物，直到干净为止。

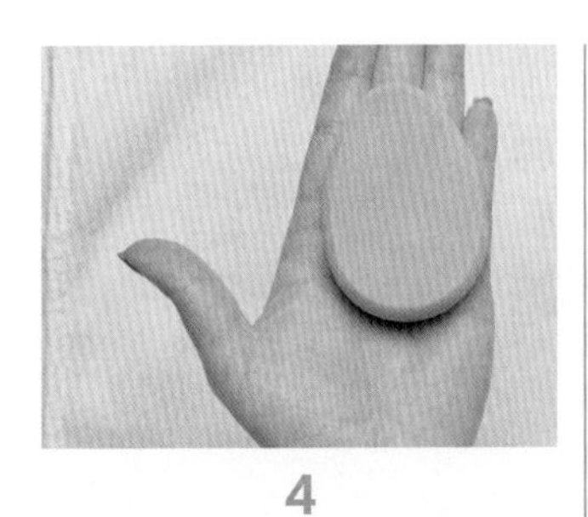

4

用清水将粉扑清洗干净，以盆中的水不再有泡沫和颜色为标准。

5

将粉扑放在阴凉处，平铺晾干。

绒面粉扑的清洁方法

1

让绒面粉扑充分吸收水分，之后打上适量的洁面皂。

2

用手指和手掌挤压绒面，让洁面皂充分溶解粉扑内的彩妆残留物，再用水清洗干净。注意不要揉搓粉扑，因为揉搓会让粉扑变形，影响后续使用。

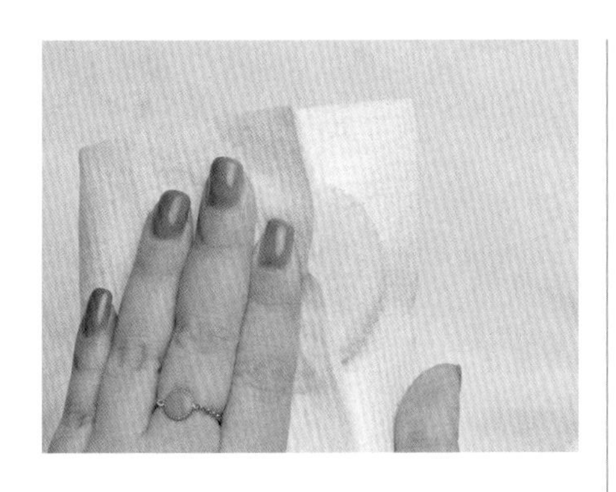

3

将粉扑平铺在毛巾或纸巾上，用按压的方式使其吸收粉扑中的水分。

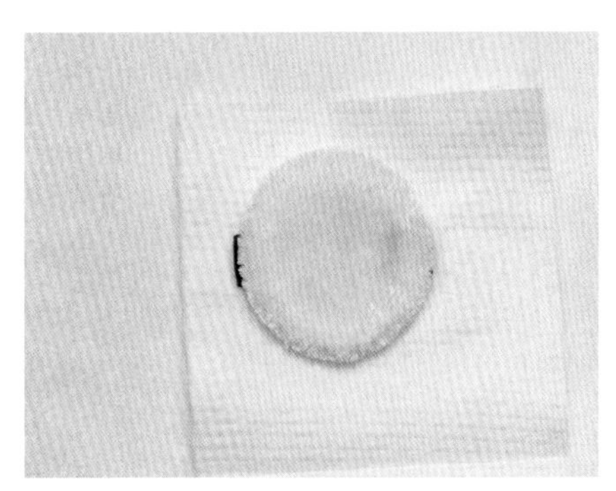

4

将粉扑置于阴凉处晾干。

辅助工具的清洁方法

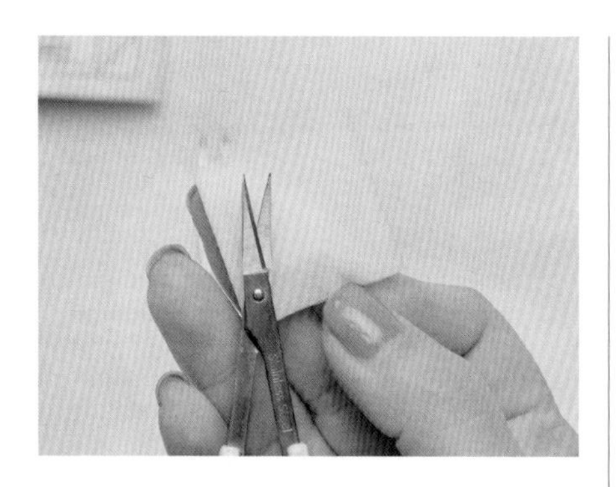

1

用卸妆水浸透化妆棉。

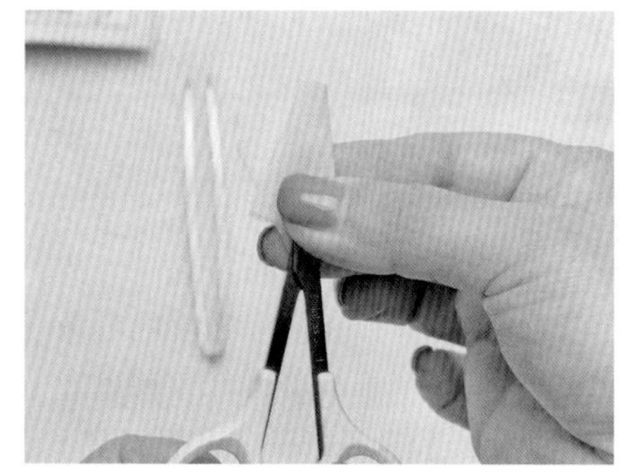

2

将需要清洁的化妆工具放在化妆棉上，用化妆棉包裹住需要清洁的部位，停留 1 ~ 2 分钟。

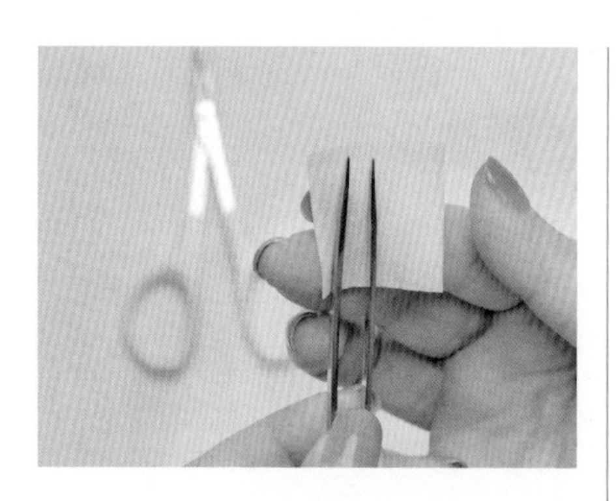

3

再轻轻揉搓，将化妆工具上残留的彩妆品清除干净。

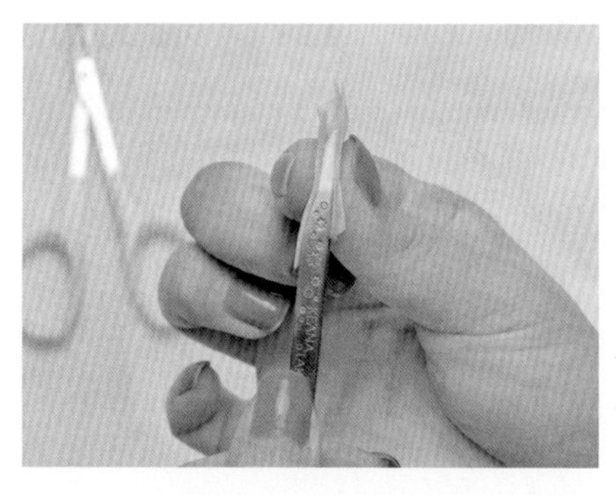

4

最后用干净的纸巾擦除化妆工具上残留的卸妆水，并用酒精消毒。

二十岁时的脸是大自然的馈赠，五十岁时的脸是你自己的功绩。

——PRADA（普拉达）设计师　缪西娅·普拉达

SEASIDE
PASTEL DE NATA
CUSTARD TART

Chapter

02

第二章

养护皮肤，让妆容更服帖

虽然化妆能改善肤色暗沉，提升气色，但这一切都只是短暂的。无论我们用了多么昂贵的彩妆品、掌握了多么娴熟的化妆手法，都不如拥有好状态的肌肤。

拥有好状态的肌肤后，不但真素颜无压力，在化妆时还能省略遮瑕步骤，节省处理起皮等问题所耗费的时间，整个妆面看起来也会更服帖、更自然，自带美肌模式。

市面上的护肤品牌和护肤品种类非常多，但真正彻底了解并挑到适合自己肤质的护肤品并不是一件容易的事。在这一章中，老师要教大家如何挑选适合自己的护肤品以及护肤品的基本使用方法，还会为大家介绍一些护肤品成分。

基础护肤

面膜

敷面膜时，面部暂时与空气隔离，这样可以提高肌肤的含水量和保水度，同时给身心一个放松的时间。有条件的同学可以在敷面膜前先涂化妆水和精华液，这样可以使效果加倍。

女人是水做的，这句话一点也不假。同学们在选购面膜时，可以选单纯具有保湿效果的面膜。皮肤水润就会透亮，细纹也会淡化。足够的水分能平衡油脂，改善假性油皮的状态。因此，想要皮肤保持健康，必须先让皮肤中的水分和油分保持在一个稳定的状态，再考虑美白、淡斑、抗衰老等，才会事半功倍。

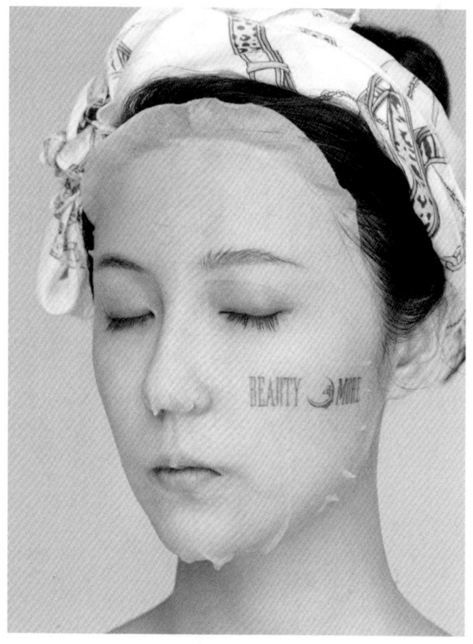

化妆水

化妆水一般为透明的液体，使用化妆水能为皮肤角质层补充适度的水分，有利于之后使用的精华液、乳、霜等更好地被皮肤吸收。

市面上的柔肤水、爽肤水、收敛水等等都属于化妆水，只是针对的人群不一样，添加的成分略有区别。

柔肤水一般为保湿型的化妆水，包含的水溶性保湿剂和保湿因子较多，最大的功能就是帮助肌肤补充充足的水分。爽肤水一般含有金缕梅、酒精等能抑制油脂分泌的成分，这些成分还可以加速清除皮肤的老化细胞。而敏感肌专用化妆水一般不含常见的容易使肌肤过敏的成分，尽可能地让大多数敏感肌的人使用后不会出现过敏现象，但并不代表某一种敏感肌专用化妆水适用于所有敏感肌。

正常情况下，老师建议干皮用柔肤水，油皮用爽肤水，敏感肌使用修复水或者敏感肌专用化妆水。

化妆水使用手法

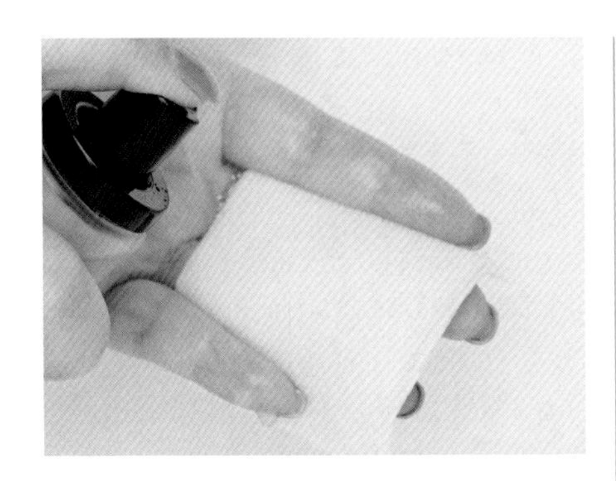

1

用化妆水将化妆棉浸透，并用手指夹住化妆棉。

2

按照肌肤的纹理，从面部的中间区域开始，向左右两侧擦拭。

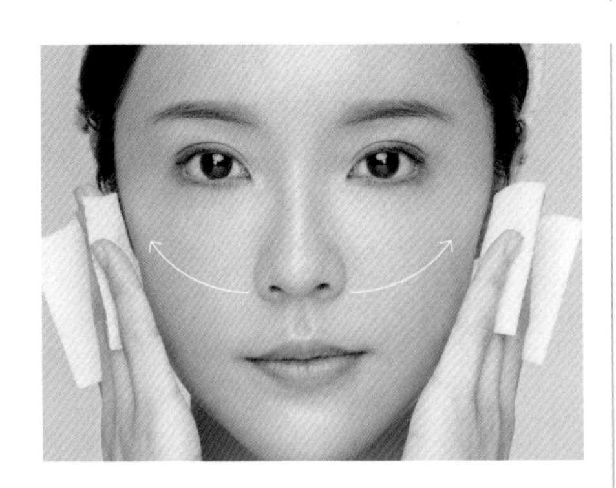

3

擦拭的时候，记得带过脸周、发际线等位置。

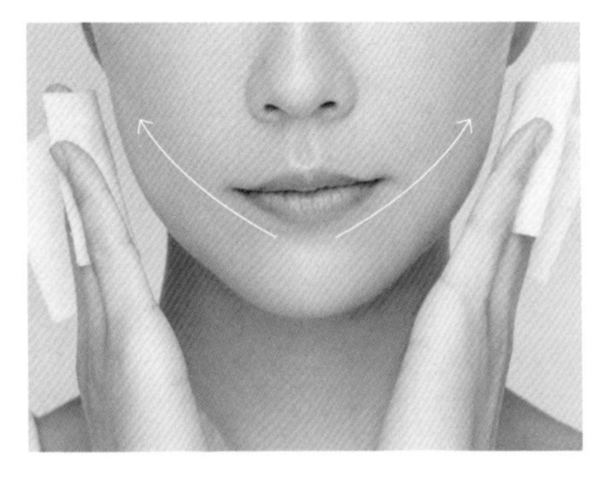

4

接着，从嘴巴下方开始，向腮的方向擦拭。

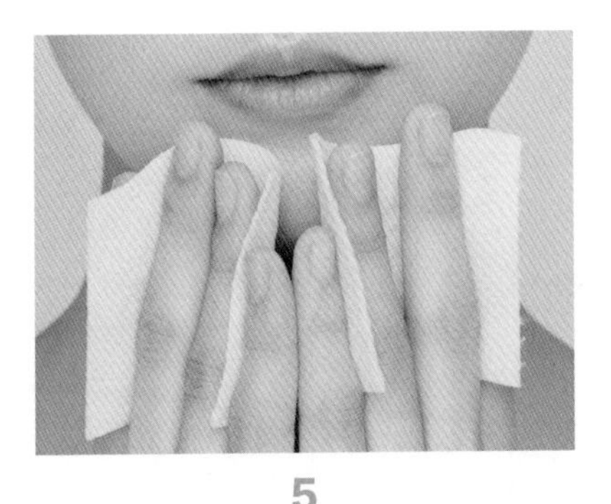

5

用化妆棉的反面擦拭下巴。

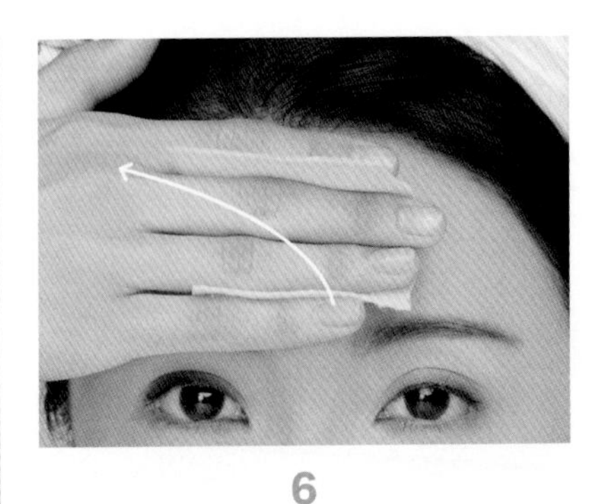

6

同样按照从中间向两侧的方式擦拭额头，先擦拭额头中间，再向两侧延伸，不要遗漏太阳穴。

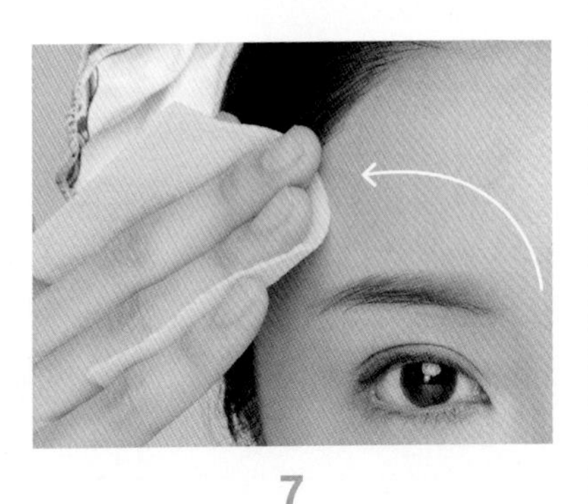

7

用右手擦拭右半边脸，左手擦拭左半边脸。

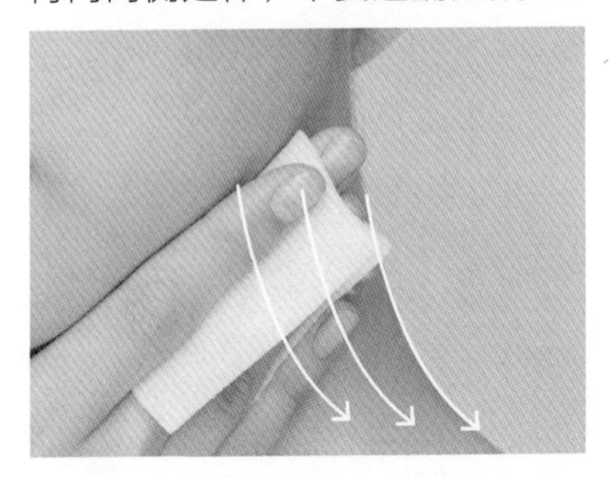

8

最后，护理脖颈。从下颌角开始，从上往下擦拭，包括锁骨等位置。

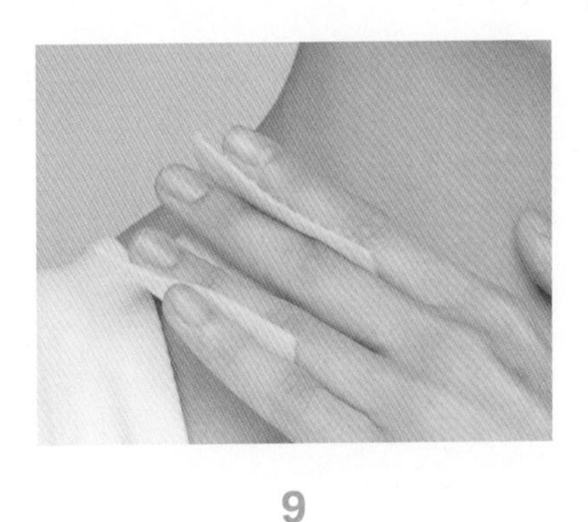

9

用右手擦拭左颈，左手擦拭右颈，让颈部肌肤得到滋润。

精华

精华的有效成分浓度高，一般以乳液、半固体的形态出现，能够缓解肌肤缺水状态，增强角质层屏障功能。

市面上精华的功能大致分为补水、美白、抗皱抗衰老等几种。从保养肌肤的角度来说，建议同学们首选保湿精华，其次是美白精华，最后是抗皱抗衰老精华。想要美白、抗皱，第一步不是使用美白和抗皱产品，而是使肌肤水分充足。水分足够之后，再美白和抗衰老，才能事半功倍。

精华使用手法

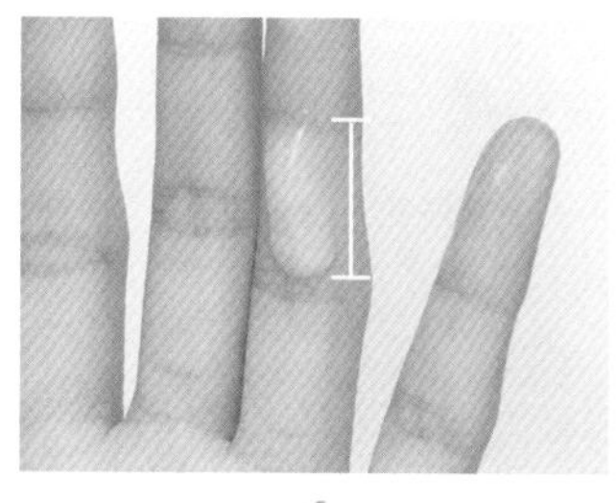

1

精华液一般用于化妆水后，乳、霜之前，每次的用量可以借助自己的手指节来计算，约用长度为一个指节的量。

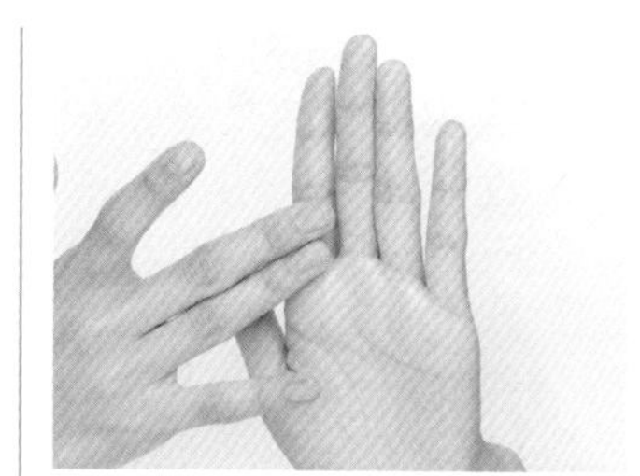

2

将精华在手心揉开，用手指均匀蘸取精华。

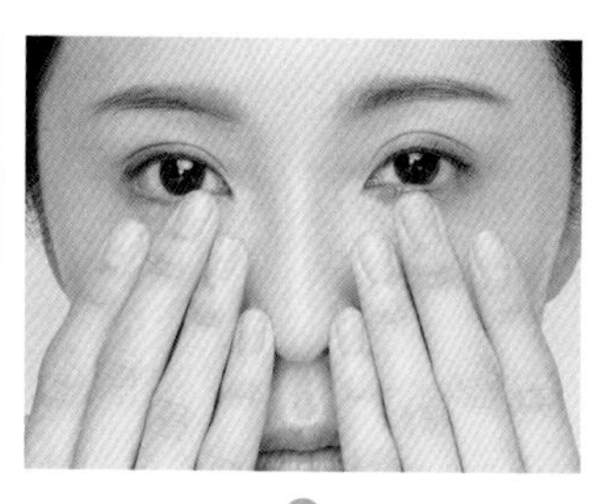

3

按照从内到外、从上到下的顺序轻轻地按摩面部，从面部中间开始，往脸颊边缘轻推。

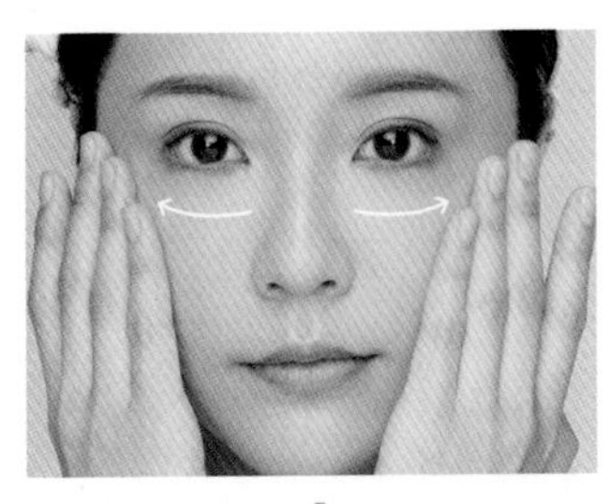

4

还要照顾到容易被忽略的眼尾和鼻翼等位置。

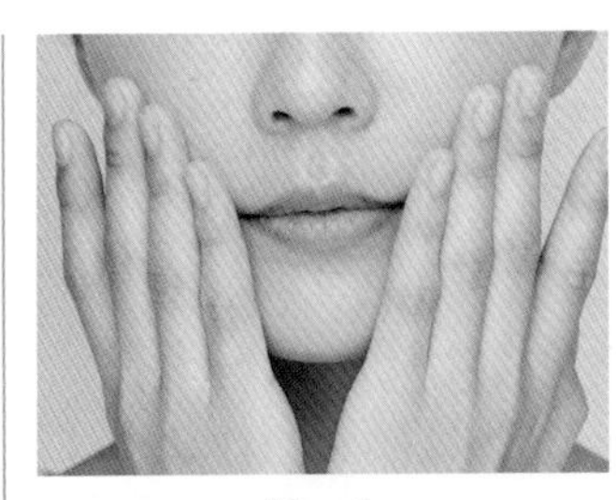

5-1

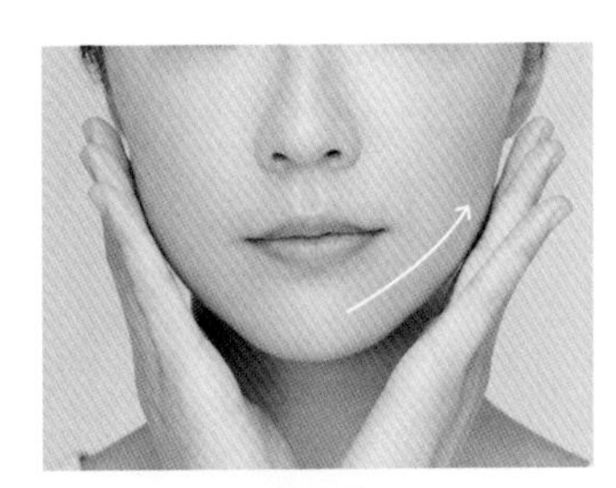

5-2

再从下巴、两侧嘴角开始，慢慢往腮的位置按摩。针对暗沉、干燥的部位，可以稍微加量并延长按摩时间。

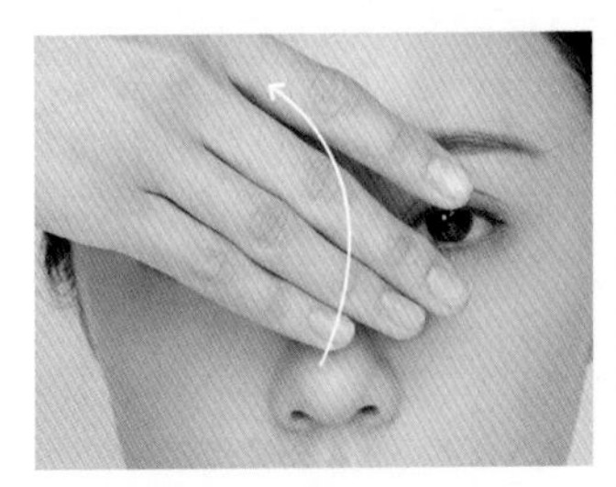

6

T 区油脂分泌旺盛，按摩时轻轻带过就好。

7-1

7-2

从额头中间开始，慢慢往四周按摩，直至精华被皮肤吸收。

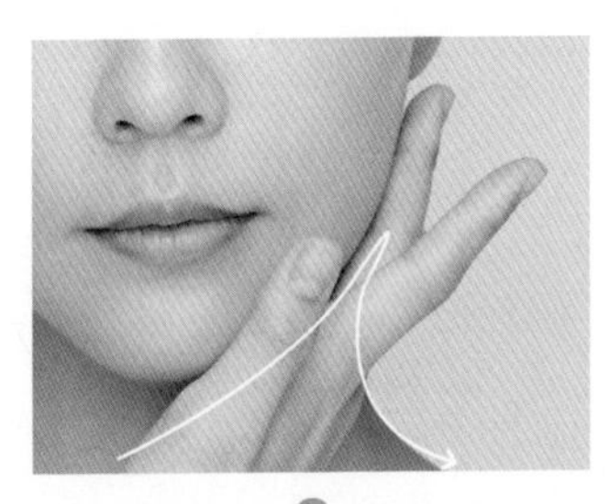

8

最后，可以用手上残留的精华继续按摩脖子，这样能有效避免脖子和脸部色差过大，还能让脖子的肌肤保持紧致，有效减少颈纹。

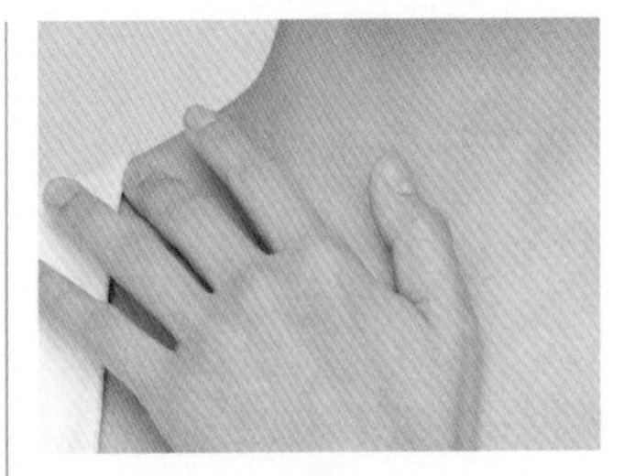

9

也不要忽略锁骨、前胸等位置。

乳液

乳液是一种液态的护肤品，颜色以乳白色居多，具有滋润肌肤、锁住肌肤水分的作用，可以让肌肤处于一种相对封闭的状态。

除了补水、美白等功能上的区别之外，根据含油量不同，乳液可分为滋润型和清爽型两种。干皮和中性肌肤适合使用滋润型乳液，油性肌肤适合使用清爽型乳液。同学们可以根据季节增加或减少乳液的使用量。

乳液使用手法

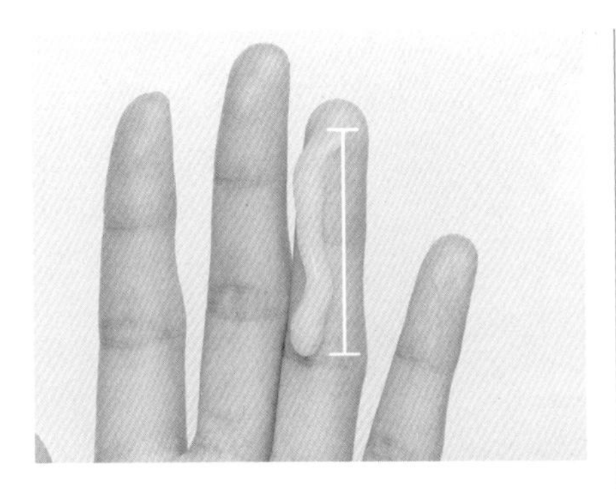

1

取适量的乳液，每次的用量可以借助自己的手指节来计算，约用长度为两个指节的量。涂抹乳液时，不是用指尖，而是用指腹，将乳液轻轻地推开，让肌肤更好地吸收乳液。

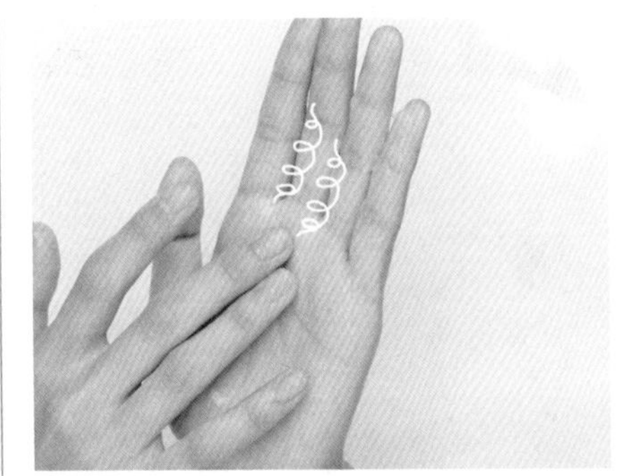

2

在手掌轻轻揉开乳液，如果是质地较厚的乳液，可以用手掌的温度进行软化，使其在脸上更容易被推开。

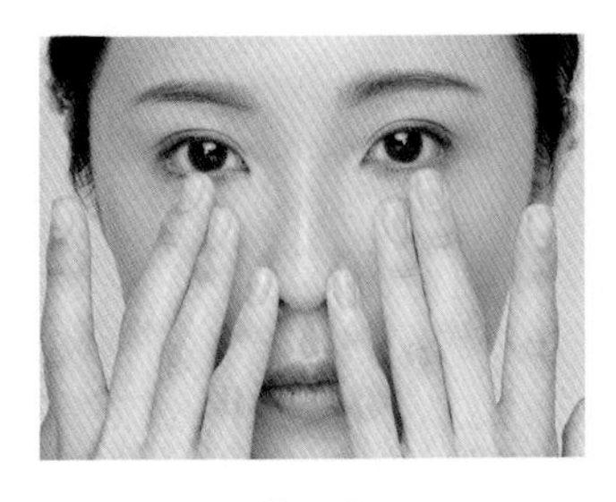

3-1

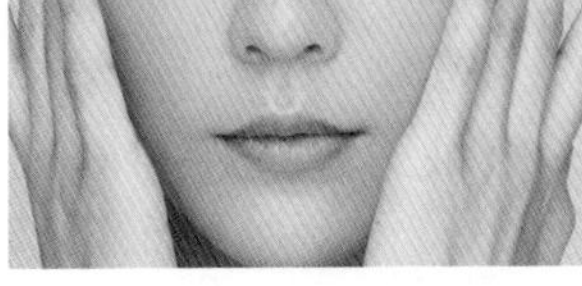

3-2

先从脸颊、眼下的肌肤开始，往鬓角的方向按摩。

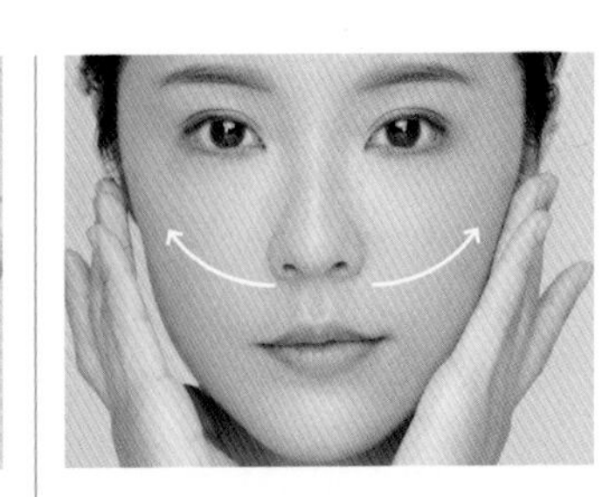

4

然后从鼻翼两侧开始，往腮的方向按摩。

5

接着从嘴角、下巴开始，分别往下颌角的方向按摩。

6

T 区轻轻带过就好。

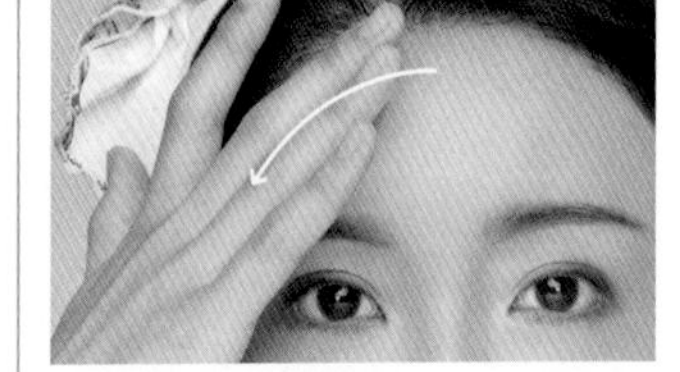

7

再从额头的中间往四周按摩。

8

发际线、太阳穴等位置也不要遗漏。

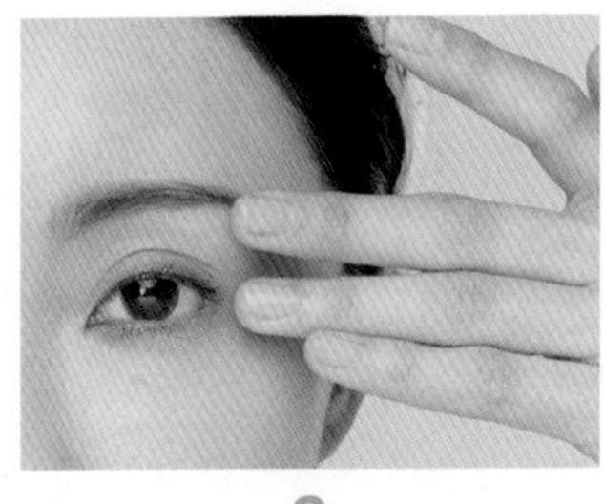

9

加强对眼头、眼尾、嘴角等位置肌肤的滋润。

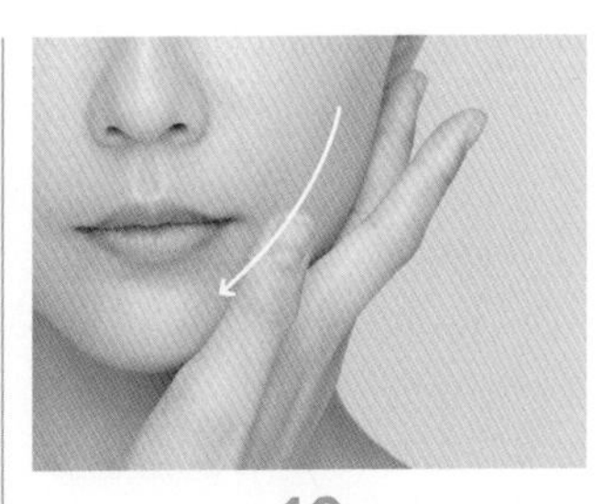

10

从下颌角开始往下巴和颈部的方向按摩，呵护下巴和颈部的肌肤。

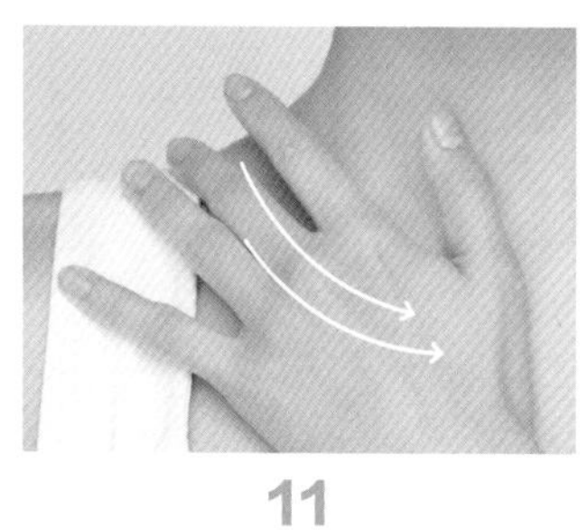

11

慢慢按摩至锁骨、前胸等位置。

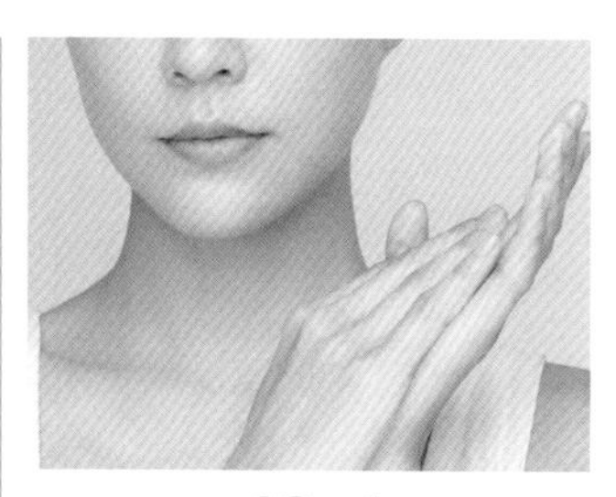

12-1

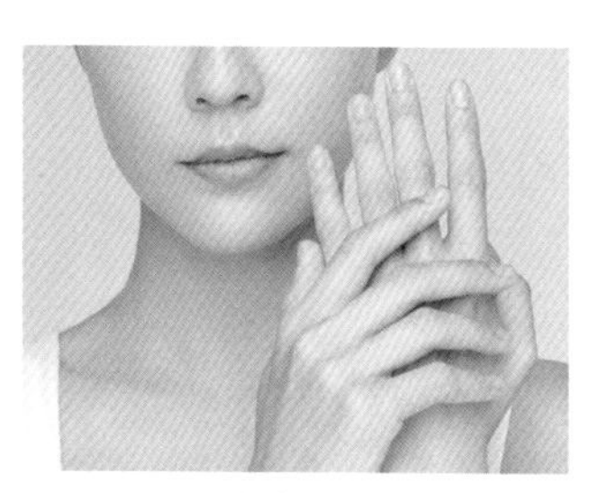

12-2

可以用手上残留的乳液来滋养手部肌肤，手心和手背都要照顾到。

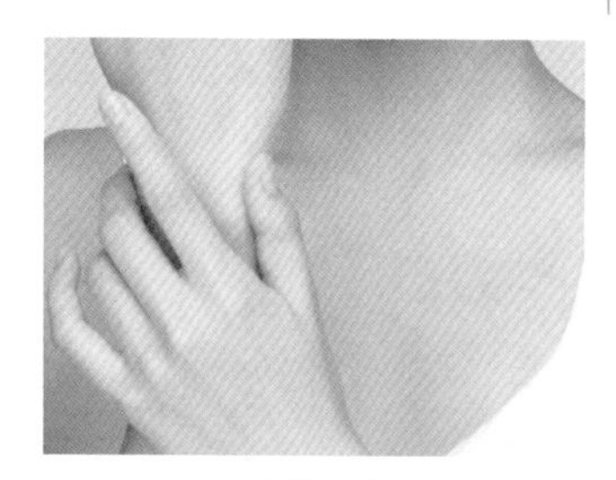

13-1

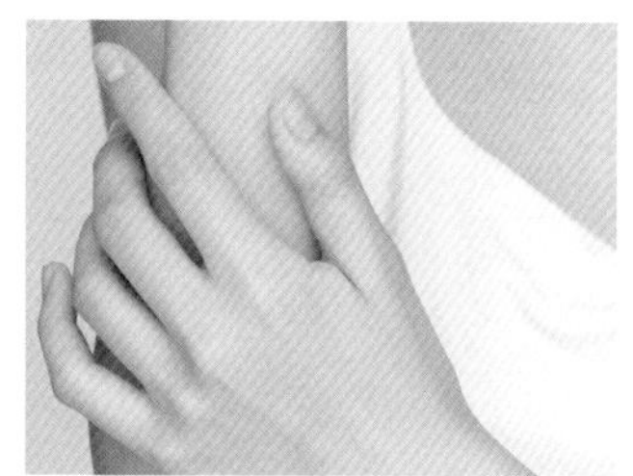

13-2

顺着手部慢慢往手臂和手肘的方向按摩。

面霜

相比于乳液，面霜的滋润度更高，锁水效果更好。干性肌肤一年四季都可以使用面霜，秋冬季节可适当增加用量，夏季可适当减少用量；而油性肌肤可以交替使用乳液和面霜，或是根据季节更换护肤品。

使用所有的护肤品时都需要用正确的手法才能发挥护肤品的功效，从而达到养护肌肤的目的。而不正确的手法不但达不到应该有的效果，还会浪费护肤品，甚至给肌肤增加负担。

面霜使用手法

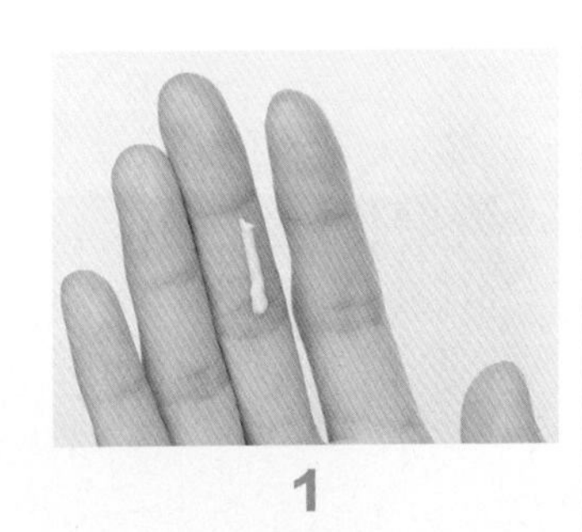

1

取适量面霜，每次的用量可以借助自己的手指节来计算，约用长度为一个指节的量。

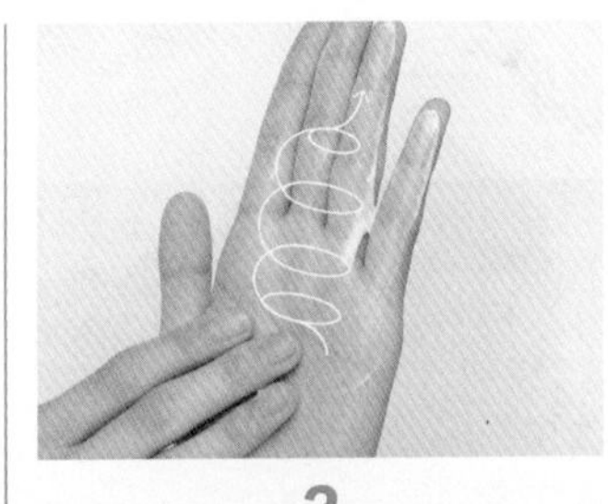

2

取适量面霜置于手心，利用手心的温度将其化开，以便肌肤更好地吸收面霜。

3

用指腹从眼下往太阳穴均匀按摩。

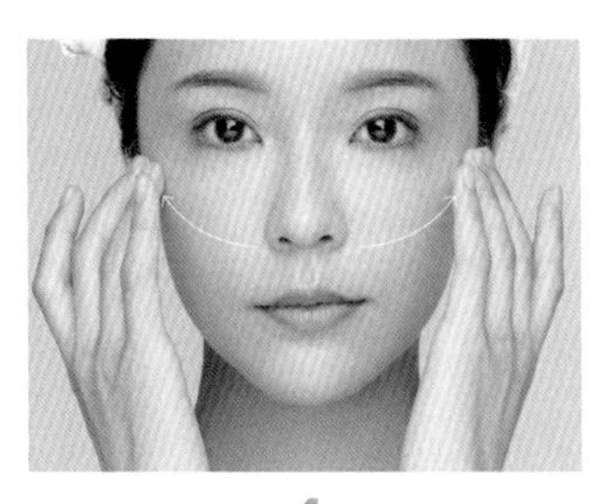

4

从鼻翼开始，往眼角、太阳穴的方向按摩。

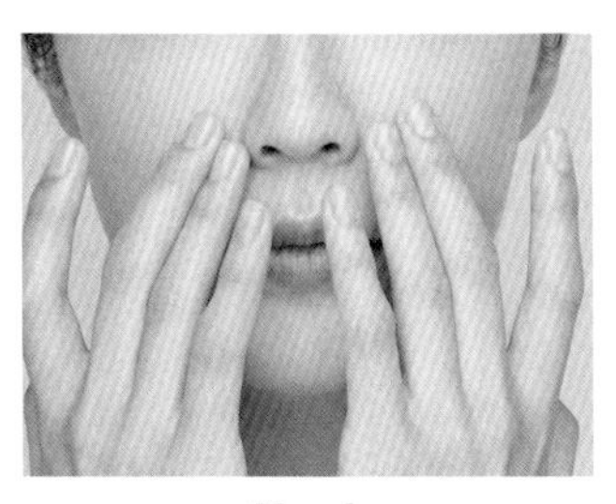

5-1

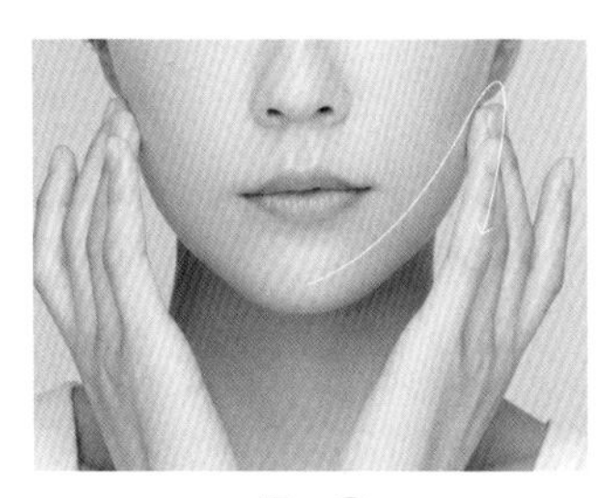

5-2

从鼻翼开始，往腮的方向均匀按摩，按摩至耳朵下方后，再稍稍往下带一段距离。

6

从中间往两侧按摩额头。

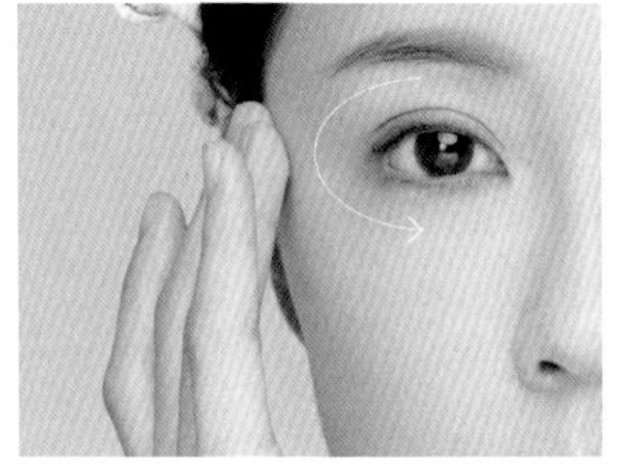

7

按瞳孔上方→眼尾→瞳孔下方的顺序按摩。按摩时，手法要轻柔，避免过度拉扯眼部肌肤。

8

按摩额头及眼周时，不要忽略太阳穴区域。

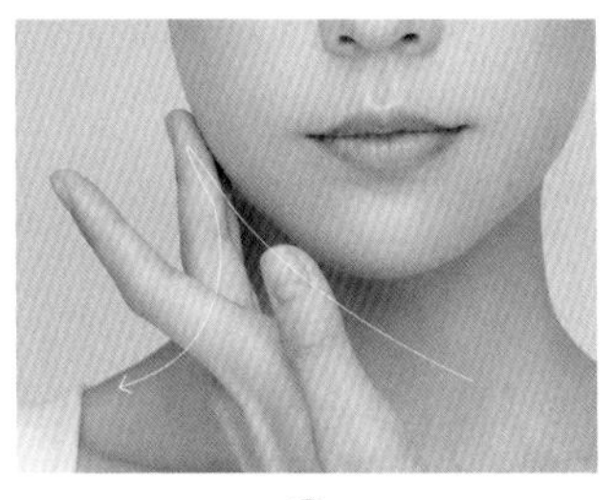

9

从下颌角开始，从上到下按摩颈部的肌肤。

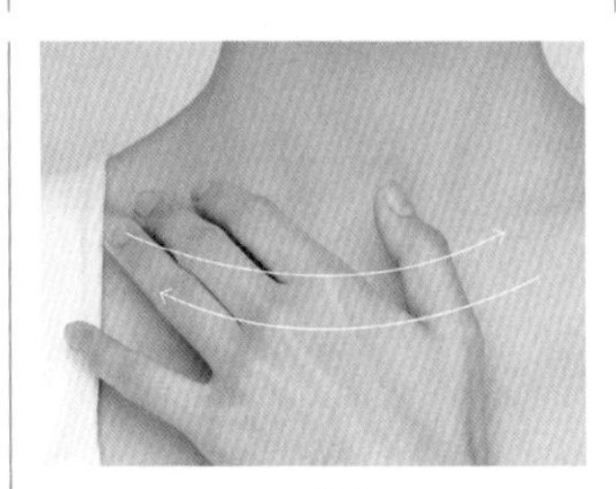

10

最后，按摩锁骨和前胸。

日常保养步骤

白天

出门时的保养方法：

清水洁面→水→精华→乳→霜→防晒

不出门时的保养方法：

清水洁面→水→精华→乳→霜

睡前

卸妆→洁面→水→精华→乳→霜→面膜（如果使用睡眠面膜，则睡前保养到此结束，第二天再用清水洁面；使用其他类型的面膜时，根据肤质和面膜功能等决定是否需要清洗掉再进行后续保养）→水→精华→乳→霜

小贴士

我们的皮肤表面有一层皮脂膜，它是指由皮脂腺分泌的油脂、汗腺分泌的汗液、皮肤细胞新陈代谢脱落的细胞，在皮肤表面形成的保护膜。这层保护膜能有效锁住皮肤内的水分，阻挡外界的刺激，其中的油脂成分还能滋养皮肤，防止皮肤干裂，使皮肤保持弹性、富有光泽。因此，千万不要过度清洁，以免人为地造成肌肤敏感。

如果前一天晚上清洁得当，当天早上就可以不用任何清洁产品洗脸。用清水轻轻带过面部肌肤，或者直接用化妆水擦脸，再按照正常的保养顺序继续保养就好。

如果脸上出油比较严重，则可以用手指就着脸上的油脂轻轻按摩几分钟，再用清水清洗和进行后续的保养。

最省钱保养法

预算有限时，怎么选护肤品？

护肤品的重要性按从高到低的顺序排序为：

防晒＞面膜＞精华＞乳、霜＞卸妆＞化妆水＞洁面乳

防晒的重要性：绝大部分的肌肤问题源于紫外线的伤害，紫外线会破坏胶原蛋白纤维，引起黑色素沉淀，从而导致肤色不均，长斑，毛孔粗大，皮肤松弛下垂、老化，严重时还会导致皮炎或皮肤癌等。所以防晒真的非常重要，并且一定要定时补擦防晒产品。

预算有限时，怎么选彩妆品？

彩妆品的重要性按从高到低的顺序排序为：

粉底＞口红＞眉笔＞定妆粉＞睫毛膏＞眼影

粉底的重要性：一款好的粉底，能更好地贴合面部肌肤，均匀肤色，不会给皮肤带来太多负担，使用这样的粉底能有效避免脱妆、浮粉等问题。有一些高端粉底还含有养肤成分。

老师建议学生和刚进入职场的女生选择知名集团或大品牌的平价产品，因为这些产品的质量有保障，生产标准严格。不可以选择网红自制的产品和美妆达人推荐的三无产品。

护肤品成分大解析

保湿成分

玻尿酸

玻尿酸多用于保湿面膜中，老师自己也很喜欢用玻尿酸面膜，它的特点是补水能力很强，可以在短时间内为皮肤补充水分，让皮肤看起来特别通透水润，且价格便宜。

使用时的注意事项：玻尿酸的分子比较大，没有办法通过涂抹直接进入皮肤，所以效果一般只能维持 3 ~ 5 小时。使用后皮肤表面会形成薄膜，所以后续使用其他产品时，手法一定要轻柔，避免搓泥。

这里老师教大家一个可以延长玻尿酸保湿效果的小技巧：涂完含有玻尿酸的产品后，一定要叠加使用油脂含量高的乳液或者霜，让油脂锁住水分，才能最大限度地延长玻尿酸的保湿效果。

氨基酸

氨基酸性质温和，适合干性肌、敏感肌。

氨基酸本身虽然并不是保湿家族的主力，但它辅助保湿的效果很好，能调节皮肤的水分，增强肌肤的保湿能力，维持角质层的功能正常。将氨基酸添加在洁面产品中，可以有效预防洁面时皮肤中的水分流失，增加亮白的视觉效果。

维生素原 B_5

维生素原 B_5 通过涂抹就可以浸润角质层，促使肌肤中的玻尿酸含量增加，协助皮肤组织进行修复，刺激细胞分裂再生，还能抗衰老。既想保湿又想修复皮肤时可以考虑使用含有这种成分的产品。

尿囊素

尿囊素是天然的保湿因子，具有保湿、保养肌肤、去角质以及促进皮肤角蛋白软化的作用。另外，因为性质温和不刺激，尿囊素对于肌肤干燥、晒伤、疤痕有很好的修复效果。

神经酰胺

角质层中 40% ~ 50% 的皮脂由神经酰胺构成，神经酰胺是细胞间基质的主要成分，在保持角质层水分的平衡、维持皮肤屏障功能方面起着十分重要的作用。

使用含神经酰胺的护肤品能使表皮角质层中神经酰胺的含量增多，可改善皮肤干燥、脱屑、粗糙等状况。同时，神经酰胺能增加表皮角质层厚度，提高细胞含水量，提高皮肤持水能力，增强皮肤弹性。

美白成分

果酸

果酸主要靠剥落角质层、加快表皮细胞的脱落与更新的速度来改善色素沉着，使色素变淡、斑痕变浅。但在做类似于果酸换肤的医美项目时，一定要找经验丰富、技术好的医生。如果把握不好果酸的浓度和停留在脸上的时间，很容易造成角质层过度剥落和肌肤灼伤等后果。

随着科学技术的发展，有一些可以在家使用的复合型果酸产品陆续出现。如果护肤品中含有果酸，同学们就应控制好使用频率，尽量避免短时间内多次使用。

传明酸

传明酸最初在医学上用于止血，后来科学家发现它能抑制蛋白酶对肽键水解的催化作用，抑制黑色素的生成和扩散，对改善肤色暗沉有一定的作用，于是就被应用于护肤品中。

熊果苷

熊果苷的美白效果是通过抑制氨酸酶的活性，从而降低黑色素的合成和阻断黑色素生成来实现的。但其美白周期较长，使用者需长期坚持使用才能看到效果。

使用高浓度熊果苷时需要避光，如果使用不当，很容易导致黑色素的沉淀。一般护肤品中熊果苷的含量在 7% 以下，所以白天可以使用。

维生素 C

维生素 C 的抗氧化功效很好，可以减少自由基的形成。

含有正常浓度的维生素 C 的护肤品美白效果见效较慢，使用者需要长期坚持使用才能看到美白效果。而高浓度的维生素 C 虽然能让见效时间缩短，但不建议在脸上使用。

烟酰胺

烟酰胺又称尼克酰胺，是烟酸的酰胺化合物。烟酰胺的功效包括保湿，减少面部色斑、暗沉、色素沉积等，近年来越来越为人们所重视。

目前，烟酰胺被广泛应用于美白产品中，因为它能抑制黑色素生成，阻断黑色素向表层肌肤的传递，加速代谢已生成的黑色素，还能减少油脂的分泌，达到缩小毛孔、使皮肤纹理细腻光滑的目的。

烟酰胺的使用浓度通常在 2% ~ 5%，虽然浓度越高美白的效果越明显，但高浓度的烟酰胺对肌肤的刺激较大，不建议肌肤屏障脆弱的同学使用。

抗衰老成分

皮肤衰老的表现有皮肤松弛、毛孔变大、斑点增多且斑点颜色变深等。想要冻龄，就要从紧致肌肤、缩小毛孔、淡斑这三方面入手。

维生素 E

维生素 E 是人体主要的脂溶性抗氧化物，可以清除体内自由基以及阻断氧化反应的生成，并减轻和修复细胞膜损伤，达到抵抗衰老的作用。

由于人体细胞中只含有极少量的维生素 E，且人体自身无法合成维生素 E，因此只能从外界获取。自然界中含有维生素 E 的植物较多，原材料来源较为广泛，随着提取技术的成熟，维生素 E 在生活中被广泛应用。

葡萄籽

葡萄籽含有丰富的低聚原青花素（Oligomeric Proantho Cyanidins，缩写为 OPC），是一种国际公认的天然抗衰老成分，具有抗氧化、抗衰老的功效，有利于人体细胞的正常代谢。

胜肽

胜肽能促进胶原蛋白、弹力纤维和透明质酸生成，提高肌肤的含水量，增加皮肤厚度并减少细纹，被广泛地应用于抗衰老的护肤品中。

胜肽成分先进，效果显著，但原料贵，对提取技术要求高，是一种高科技抗衰老成分，因此添加了胜肽的产品价格也会比较高。

多酚

从植物中提取的多酚类物质是很好的抗氧化剂，它能够清除体内自由基，抑制氧化反应的进行，而且大多具有抗敏性，因而被广泛应用于护肤品中。常见的植物多酚包括葡萄多酚、茶多酚、石榴多酚、红酒多酚等。

防晒成分

紫外线对皮肤的影响是显而易见的，除了会让皮肤晒黑、晒伤，还是 80% 外因性老化的元凶，甚至会导致皮肤癌。所以，防晒对人体健康和美观的重要性不言而喻。

SPF 即防晒指数，指的是涂防晒的皮肤上出现晒伤红斑剂量（时间）与未涂防晒的皮肤上出现相同程度晒伤红斑的剂量（时间）之比值，简单来说，就是皮肤抵挡紫外线的时间倍数。比如 SPF15，就是指涂抹该防晒产品后，皮肤上出现晒伤红斑的时间是未涂防晒时的 15 倍；SPF30，就是 30 倍，以此类推。

防晒霜标准的使用量是 2mg/cm^2，如果使用量不够，防晒效果就会下降。同时，即使涂够了防晒，也需要及时补涂才能达到更好的防晒效果。

在这里，老师给大家一个计算补涂防晒的时间的公式：

防晒指数 ÷10÷2 ＝补涂时间（单位：小时）

例如，SPF50 的防晒霜，补涂时间为 50÷10÷2 = 2.5 小时；SPF30 的防晒霜，补涂时间为 30÷10÷2 = 1.5 小时。

但这个公式只是一种官方的算法，大家可以把它当作参考，然后根据自身情况进行调整。不同地区的防晒产品生产标准不一样，且不同地区的紫外线强度、个人汗腺分泌情况、防晒层是否因肢体活动被刮擦等，都会影响防晒的补涂时间。

安全性

防晒剂对人体是基本安全的，《化妆品卫生规范》中列出了 28 种化妆品准用防晒剂。这些成分是利用光的吸收、反射或散射作用，以保护皮肤免受特定紫外线所带来的伤害或保护产品本身而在化妆品中加入的物质。这些防晒剂在规范规定的用量和使用条件下基本是安全的。

一些比较容易引起过敏问题的成分需要在标签中标识出来，比如含有二苯酮 -3 的防晒产品，其标签上必须明确标出“含二苯酮 -3”，方便对这种成分敏感的消费者选择。

常见防晒剂

防晒剂分为物理防晒剂和化学防晒剂两种。

物理防晒剂通过阻挡、反射紫外线来保护皮肤，相对来说更稳定，更安全。化学防晒剂则通过吸收紫外线、发生光化学反应来避免皮肤损伤，安全性较物理防晒剂要复杂一些。

我们对紫外线的防护主要包括对 UVA(长波紫外线) 和 UVB (中波紫外线) 的防护。UVA 穿透力最强，也是皮肤被晒黑、老化的首要因素。UVB 会晒红、晒伤皮肤。下面是一些常见的国内批准使用的防晒剂（表格中 INCI 的意思是国际化妆品原料）。

常见防晒剂

防晒剂类型	中文名称	INCI 名称	备注
物理防晒剂	二氧化钛	Titanium Dioxide	UVA + UVB 防护
	氧化锌	Zinc Oxide	UVA + UVB 防护
化学防晒剂	丁基甲氧基二苯甲酰基甲烷	Butyl methoxydibenzoylmethane	UVA 防护
	苯基二苯并咪唑四磺酸酯二钠	Disodium phenyldibenzimidazole tetrasulfonate	UVA 防护
	二乙氨基羟苯甲酰基苯甲酸己酯	Diethylamino hydyoxybenzoyl hexyl benzoate	UVA 防护
	对苯二亚甲基二樟脑磺酸	MexorylSX	UVA + UVB 防护
	乙基己基三嗪酮	Ethylhexyl triazone	UVB 防护
	胡莫柳酯	Homosalate	UVB 防护
	4- 甲基苄亚基樟脑	4-Methylbenzylidene camphor	UVB 防护
	甲氧基肉桂酸乙基己酯	2-Ethylhexyl 4-methoxycinnamate	UVB 防护
	水杨酸乙基己酯	2-Ethylhexyl salicylate	UVB 防护
	二甲基 PABA 乙基己酯	Ethylhexyl dimethyl PABA	UVB 防护
	聚硅氧烷 -15	Polysilicone-15	UVB 防护
	双 - 乙基己氧苯酚甲氧苯基三嗪	Bis-ethylhexyloxyphenol methoxyphenyl triazine	UVA + UVB 防护
	二苯酮 -3	Benzophenone-3	UVA + UVB 防护
	二苯酮 -4	Benzophenone-4	UVA + UVB 防护
	甲酚曲唑三硅氧烷	Drometrizole trisiloxane	UVA + UVB 防护
	亚甲基双 - 苯并三唑基四甲基丁基酚	Methylene bis-benzotriazolyl tetramethylbutylphenol	UVA + UVB 防护
	奥克立林	Octocrylene	UVB 防护

优雅是唯一不会褪色的美。

——奥黛丽·赫本

Chapter

03

第三章

标准妆容画法与妆容变化

妆容看似千变万化，但实际上万变不离其宗。同学们只要掌握了妆容的标准画法，就能举一反三，通过改变局部和色彩，打造出不同的妆容效果。而整体妆容看似复杂，但同学们只要从局部入手，掌握各个部位的标准画法，就能一点一点地打造出理想妆容。

底妆画法

粉底（foundation）在英文里的意思是基础、基本、地基，其实对于化妆而言，底妆就是基础。掌握底妆的技巧并化好底妆，妆容就已经成功了一大半。现今的彩妆流行趋势是回归自然，大家越来越追求零毛孔的无妆感，因此，底妆要做到与肤色贴合，妆感清透自然。随着彩妆品的类别和功能划分得越来越细，同学们可选择的余地更大了，更容易找到适合自己的彩妆品。

底妆标准画法

妆前打底

在上粉底前，可以先用妆前乳打底。油皮宜选用控油型妆前乳，能有效维持妆效，减少脱妆困扰；干皮宜选用滋润型妆前乳，能让彩妆更服帖，减少浮粉和卡粉。

如果想用防晒和隔离代替妆前乳，也要遵循同样的选择准则。

粉底

上粉底时，一定要先用化妆工具或用手将粉底大面积推开，之后再快速地将粉底涂抹均匀。老师不建议先将粉底点在脸上，再慢慢推开，因为这样粉底中的水分容易蒸发，导致涂抹不均匀。下面，老师以椭圆形脸为例，示范底妆的标准画法。

用化妆海绵涂抹粉底的方法

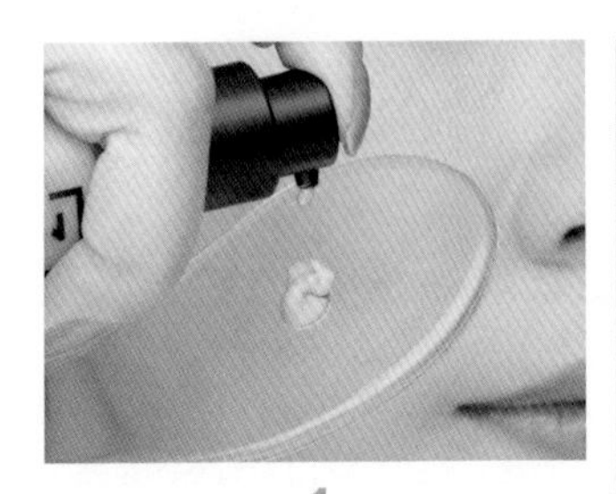

1

将适量粉底挤在透明隔板上，以便观察粉底色号与肤色的贴合程度。

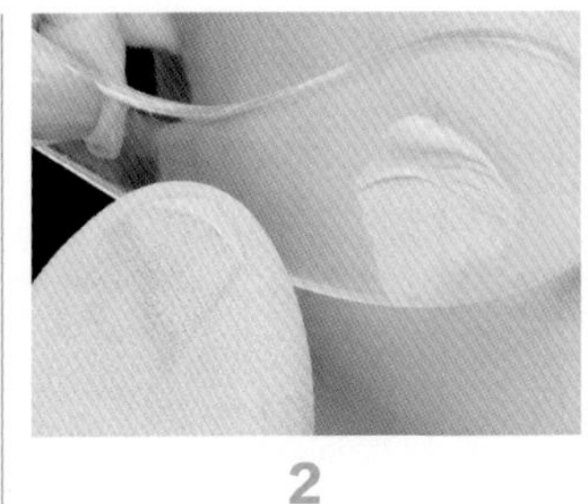

2

用化妆海绵均匀蘸取粉底。

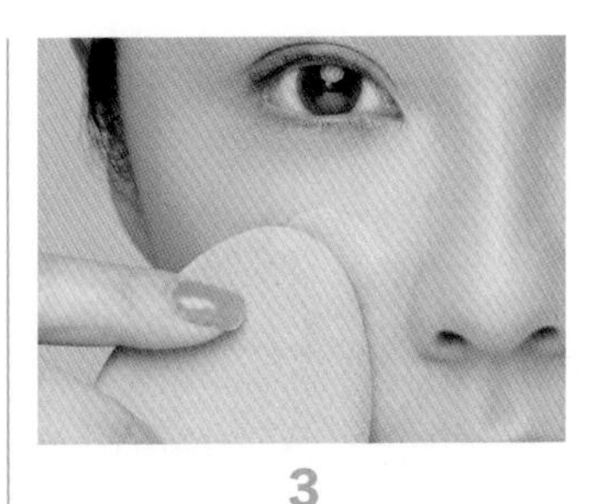

3

以点压的方式，将粉底按压在眼下和苹果肌之间的位置。

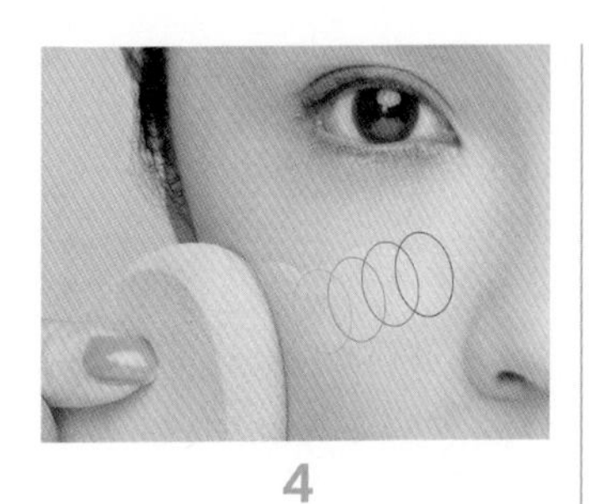

4

再以轻拍的手法，将皮肤上的粉底涂抹均匀。

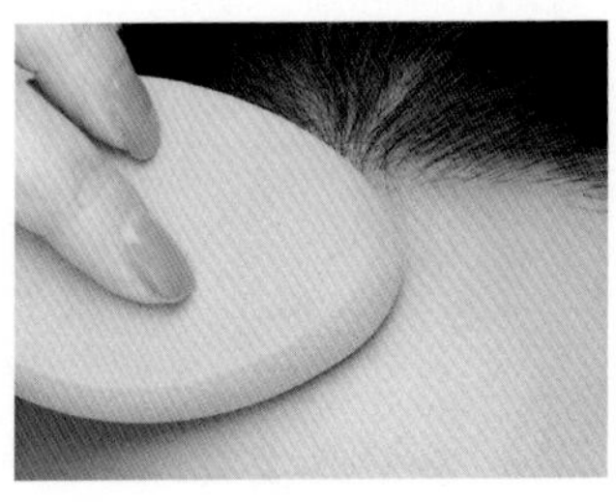

5-1

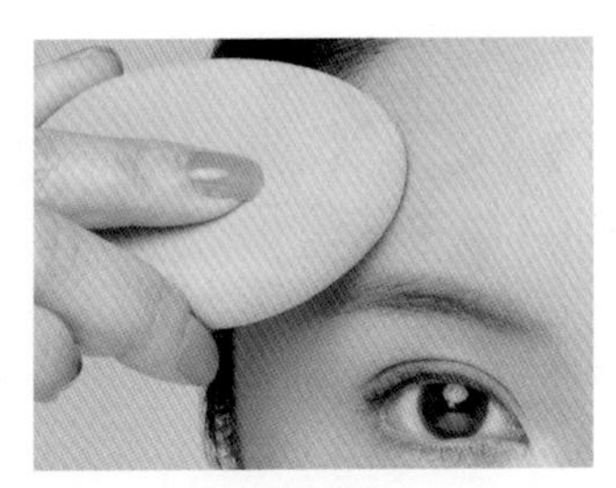

5-2

涂抹额头时，要注意涂抹发际线附近的肌肤，避免出现很明显的分界线。

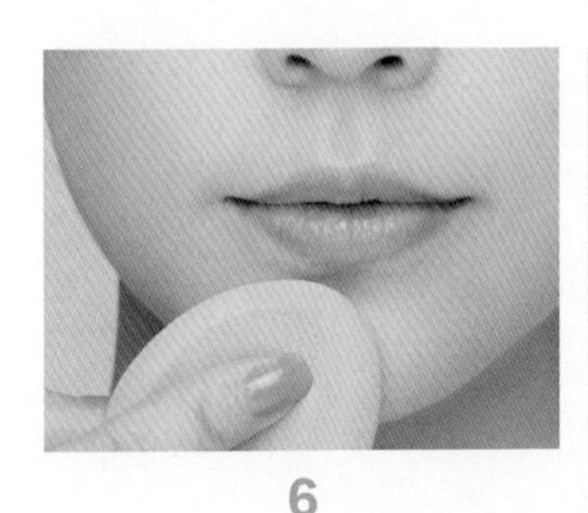

6

下巴也同样需要涂抹粉底，但是要注意粉底的轻透度以及用量。

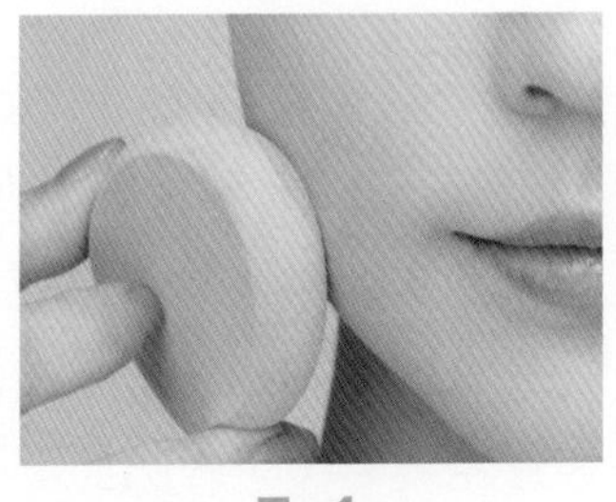

7-1

7-2

最后，也不要忘记涂抹下巴窝凹进去的部分和脖颈，不然就会出现面具脸噢。

小贴士

化妆海绵的使用方法有两种，一种是干用法，一种是湿用法。

干用法：

用化妆海绵蘸取适量粉底，在肌肤上慢慢推开。推开时，顺着肌肤的纹理，以按压和擦拭的手法上妆。

湿用法：

市面上的化妆海绵大都是可以干湿两用的。在化妆前，将化妆海绵浸湿，轻轻挤压掉多余的水分，让化妆海绵保持湿润状态，然后蘸取粉底，以轻拍的手法上妆。

由于化妆海绵中的水分增加了粉底的湿润度，底妆会更显服帖和水润，也更清透，干性肌肤的人可以使用这种方法。

用化妆刷涂抹粉底的方法

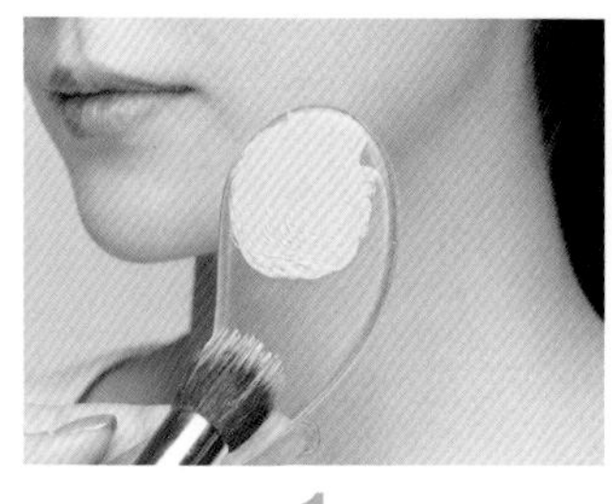

1

首先将粉底挤在透明隔板上，然后用粉底刷的刷毛充分蘸取粉底。

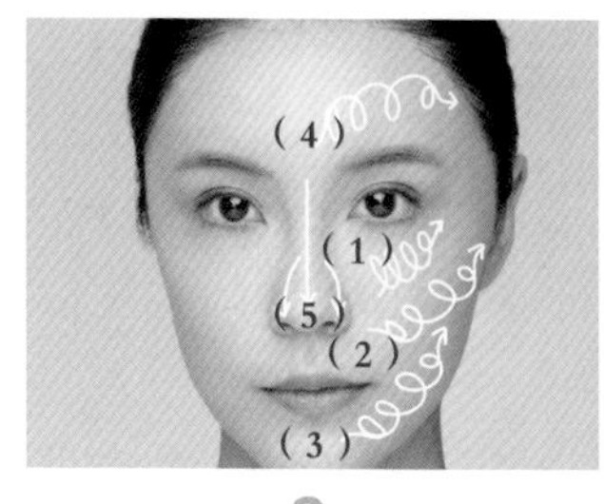

2

按照图中箭头的方向和序号的顺序，以打圈的手法上妆。

3

从脸颊开始，由内至外上妆。

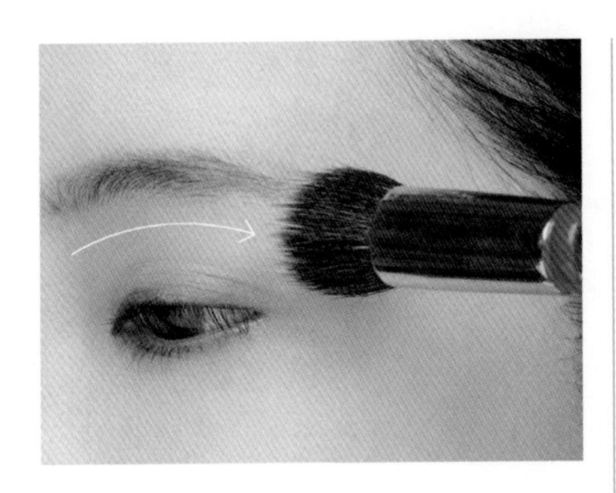

4

眼睛周围的肌肤很容易出现色素沉淀，为了避免化妆之后眼睛周围的肤色与面部其他地方相差太大，涂抹粉底时，应从眼头到眼尾，轻轻扫过眼窝。

5

五官所在的区域是视觉的焦点，为了避免额头抢走太多的关注，在上妆的时候，额头的粉底用量不宜过多。

6

刷完面部之后，刷具上还有残余的粉底，这时候就可以用残余的粉底来刷下巴窝凹进去的部分。

7

也不要忽略颈部噢。

用美妆蛋涂抹粉底的方法

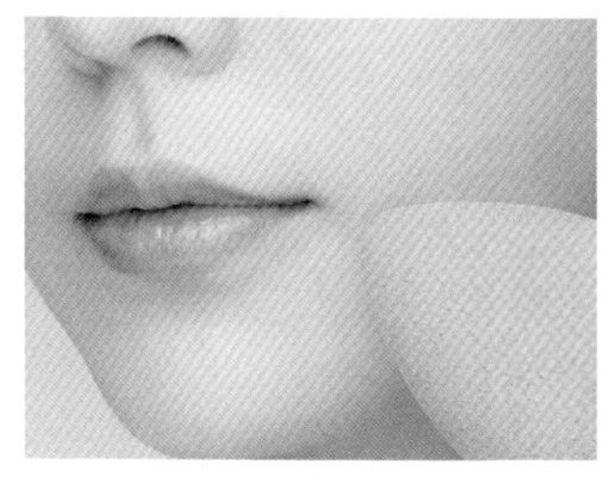

1

虽然我们可以用刷具涂抹出既服帖又均匀的底妆，但是刷具很容易在脸上留下刷痕，而美妆蛋可以解决这个问题。

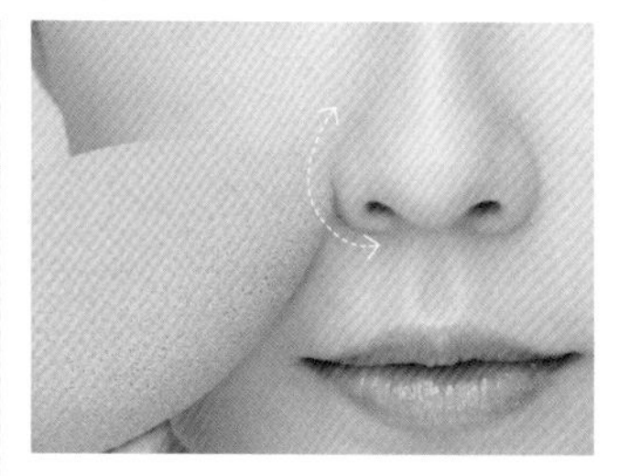

2

美妆蛋比较尖细的部分可以将鼻翼附近的粉底涂抹均匀。

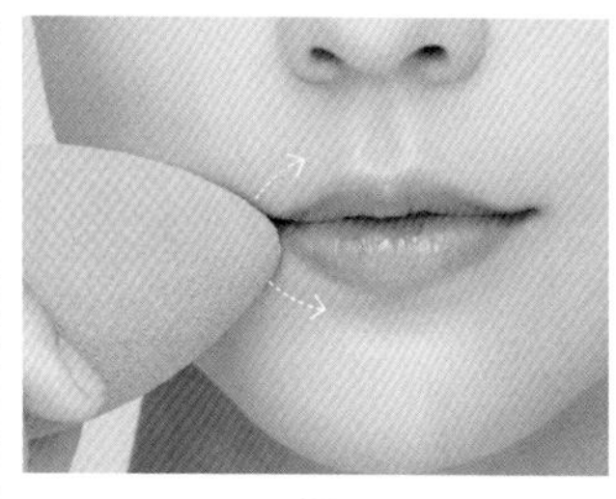

3

嘴角和嘴巴周围也是卡粉的重灾区，用美妆蛋轻轻点压可以让这些位置的粉底更加服帖。

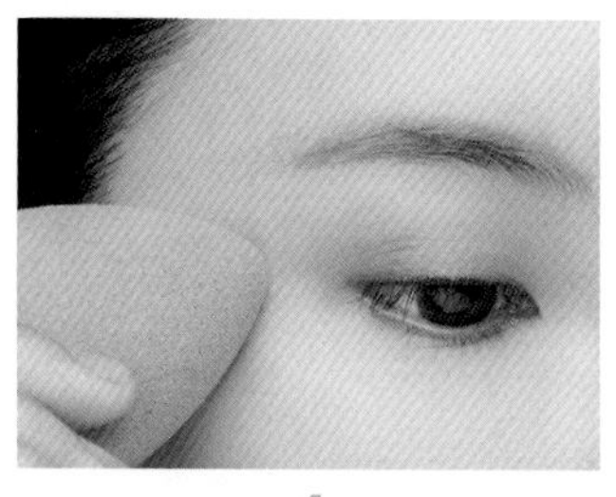

4

眼尾细纹比较明显的同学化妆之后，眼尾很容易出现干纹，用美妆蛋按压可以减少干纹。

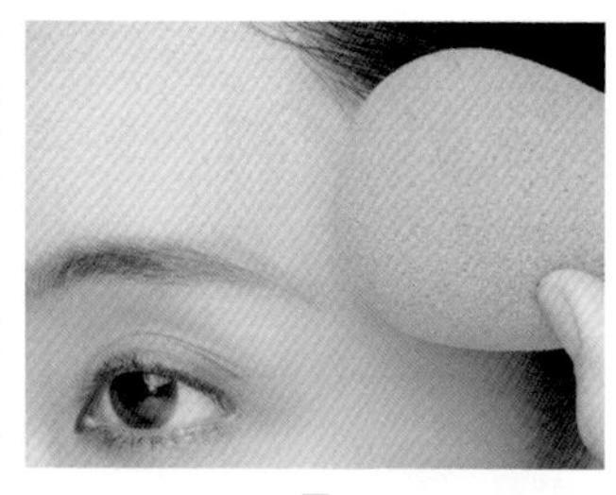

5

发际线等位置的粉底也需要均匀涂抹。

遮瑕

每个人的皮肤状况不同，肌肤的问题也千差万别，同学们需要根据自己皮肤的问题选择合适的遮瑕产品。

毛孔粗大、红血丝肌肤遮瑕

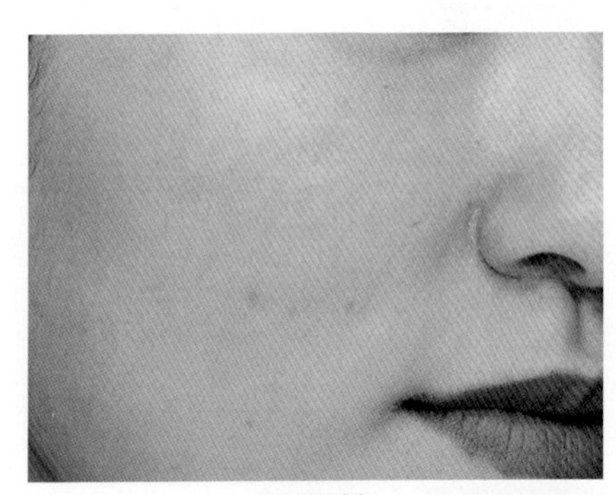

遮瑕前

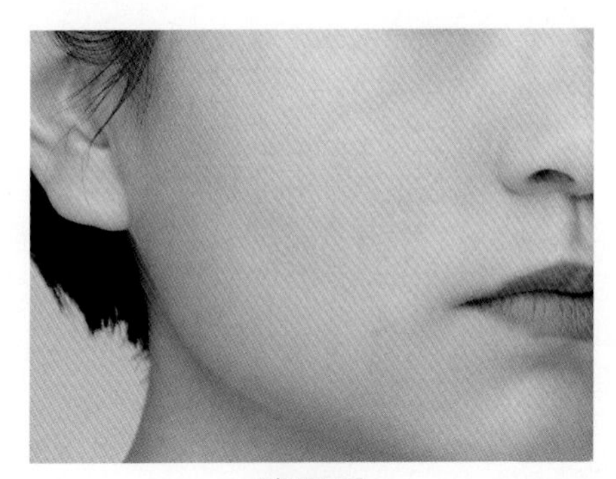

遮瑕后

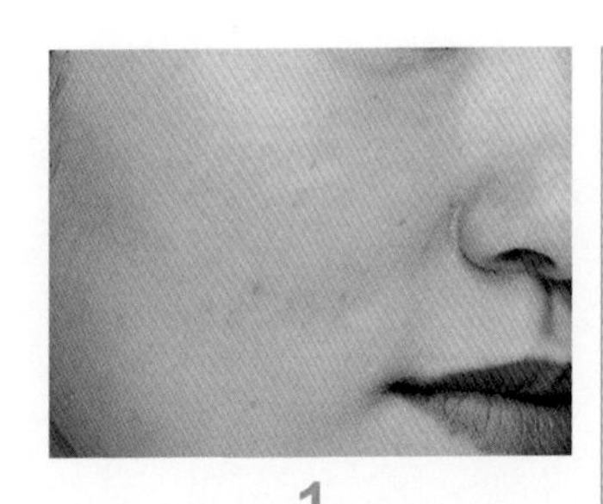

1

先涂好护肤品，让肌肤足够滋润，嘴角、鼻翼等部位要特别照顾到。

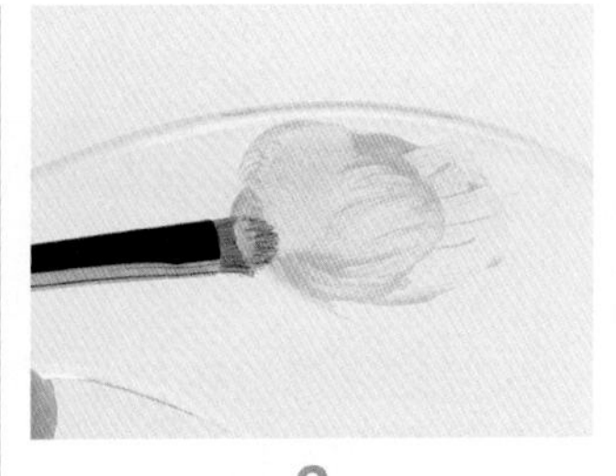

2

用刷子均匀蘸取能够遮毛孔的产品以及适量的绿色遮瑕膏。绿色能有效中和红色，减轻肌肤泛红状态。

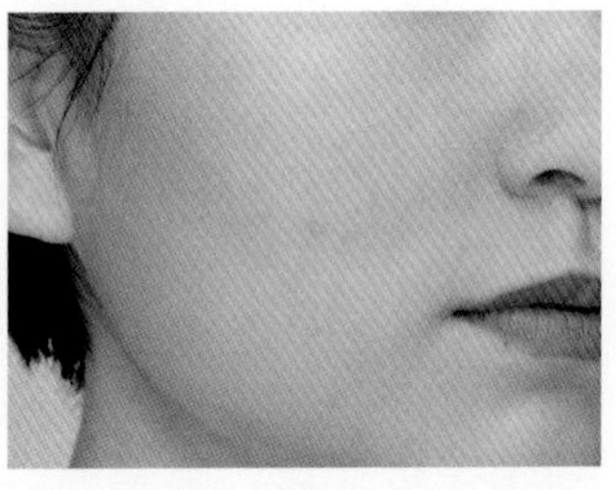

3

将混合后的遮瑕品均匀涂抹到需要修饰的位置，并轻轻按压至服帖，确保没有黏腻感。

4

用粉底刷均匀蘸取适量的粉底。

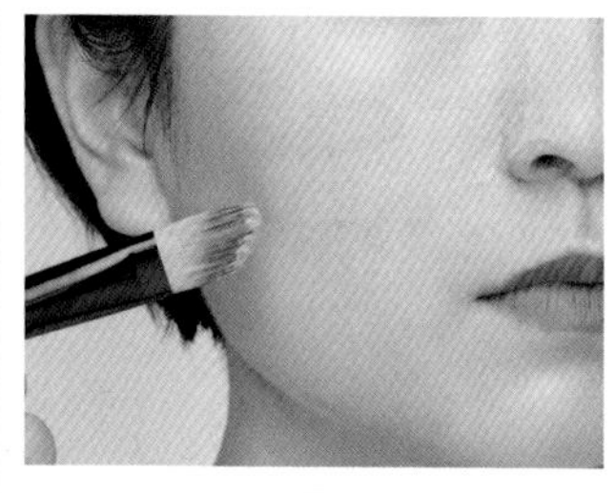

5

蘸取完粉底之后，要第一时间将粉底在脸上刷开，避免粉底中的水分蒸发而导致粉底拔干、不服帖。

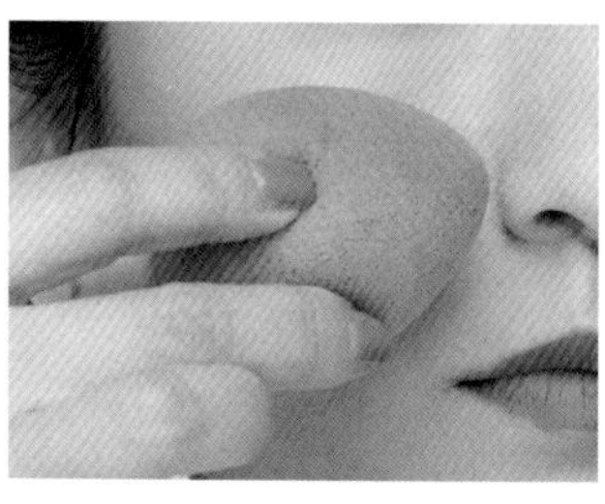

6

刷完粉底后，若脸上留有刷痕，可以用美妆蛋将刷痕压匀，让妆感更自然。

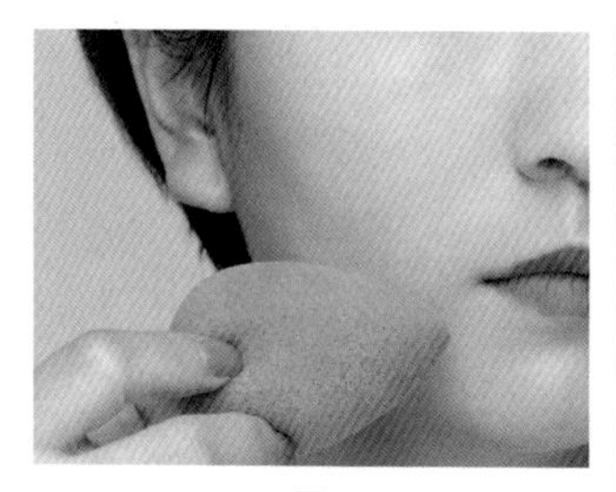

7

用美妆蛋较为尖细的部分按压鼻翼、嘴角等处。

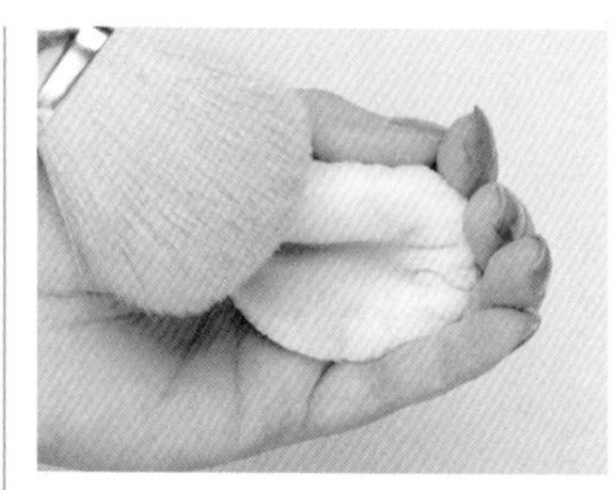

8

将少许定妆粉倒在粉扑上，揉搓粉扑，使定妆粉均匀分布。

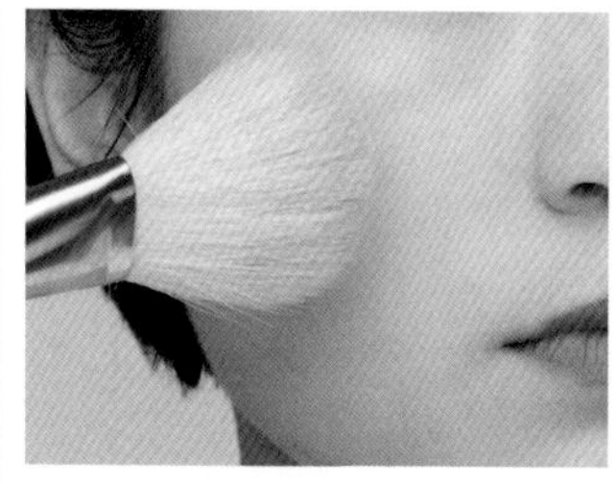

9

用化妆刷蘸取粉扑上多余的定妆粉，以拍弹的方式定妆。

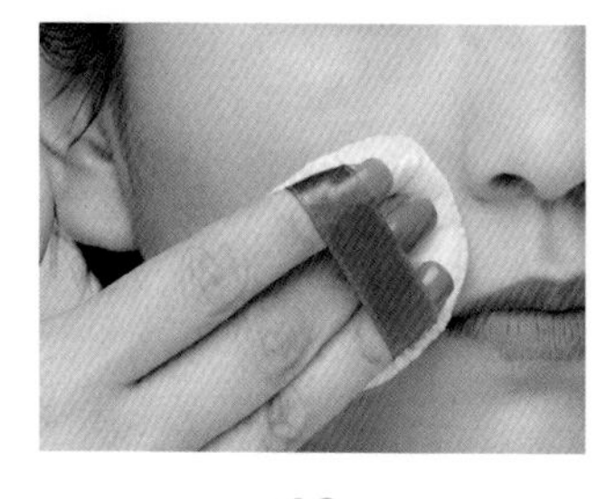

10

最后，用粉扑轻轻按压面部，让定妆粉与底妆更贴合。

小贴士

老师不建议同学们将自己脸上的痣全部遮盖，因为留着痣有利于打造裸妆效果。

痘痘遮瑕

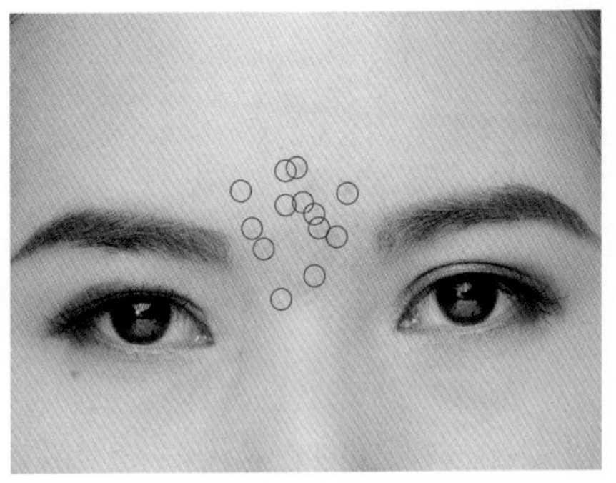

遮瑕前

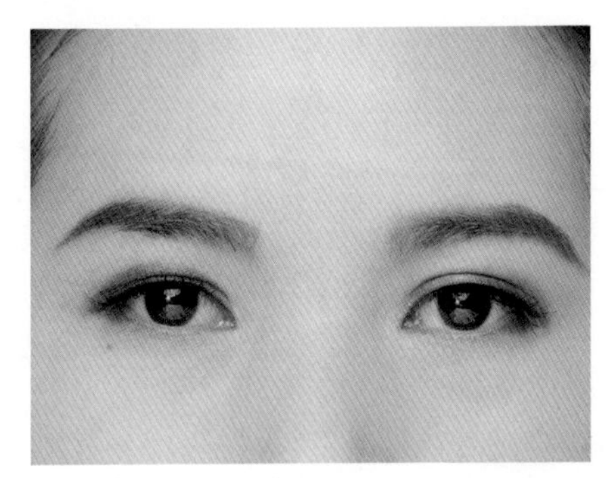

遮瑕后

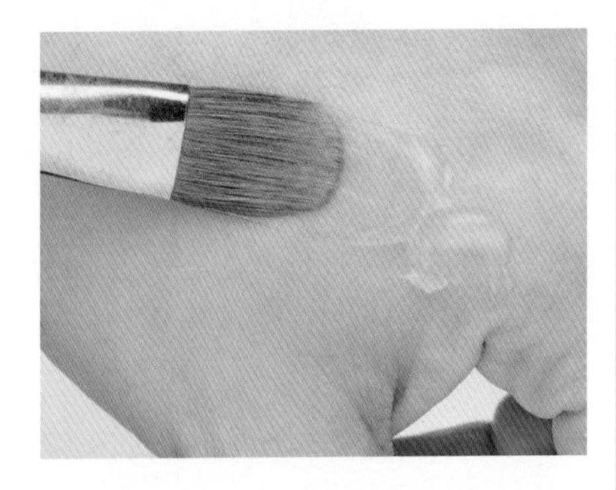

1

用一支小号的遮瑕刷蘸取适量的妆前乳。

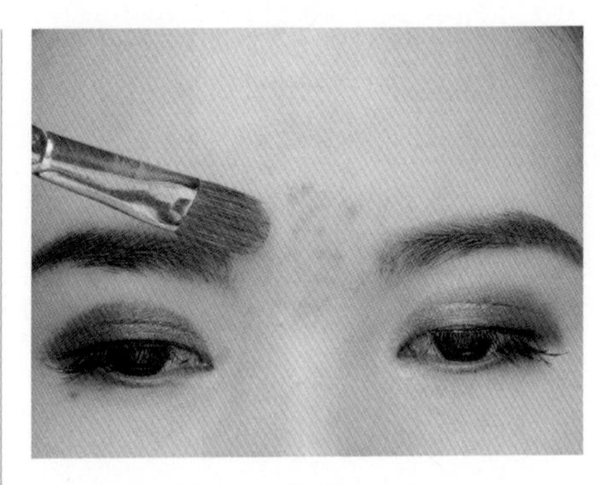

2

将妆前乳轻压在痘痘处，并向周围涂抹开。

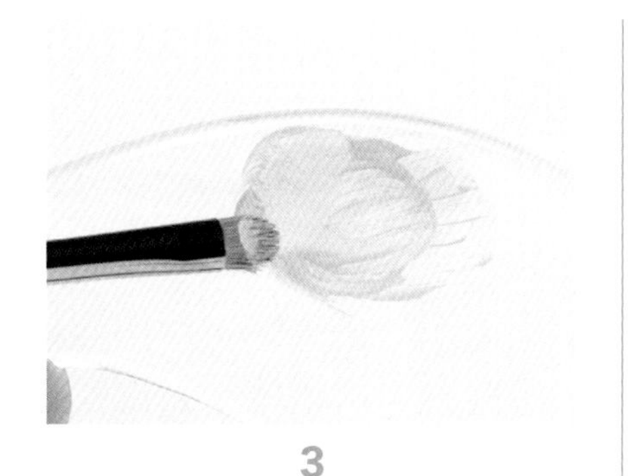

3

蘸取适量的绿色遮瑕膏，因为痘痘一般是红色的，绿色能有效中和红色，减弱红色的存在感。

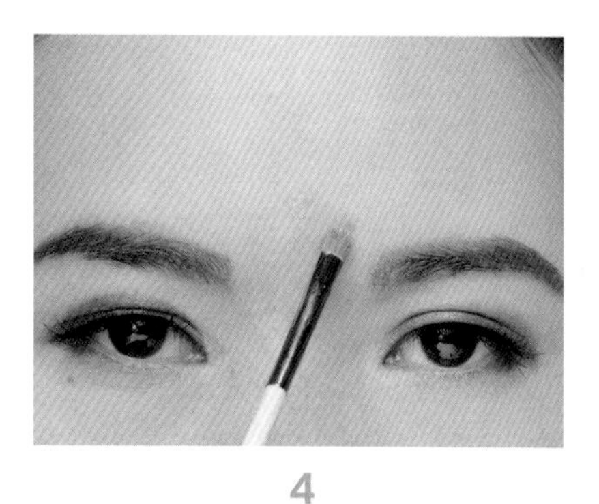

4

将绿色的遮瑕膏着重点按在痘痘上。

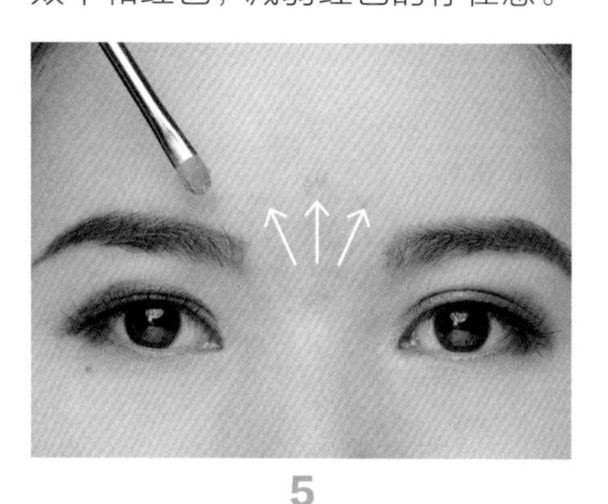

5

将遮瑕膏从下往上刷开。

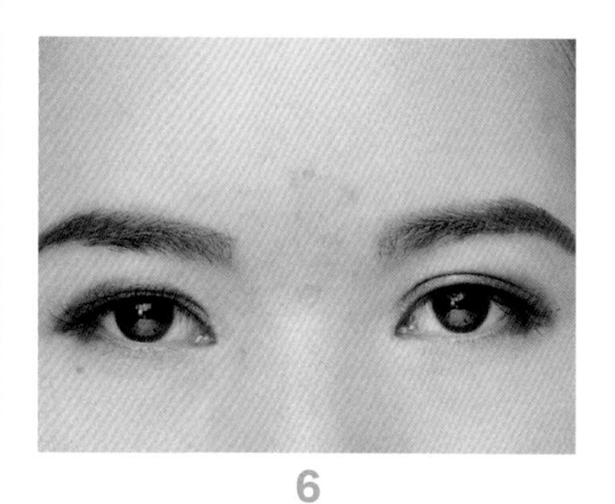

6

轻轻拍打涂抹了遮瑕膏的区域，令遮瑕膏均匀分布在长痘痘的地方。

7

为了让痘痘更加隐形，需要蘸取与自身肌肤颜色相近的遮瑕产品，叠加在之前涂抹的绿色遮瑕膏上。

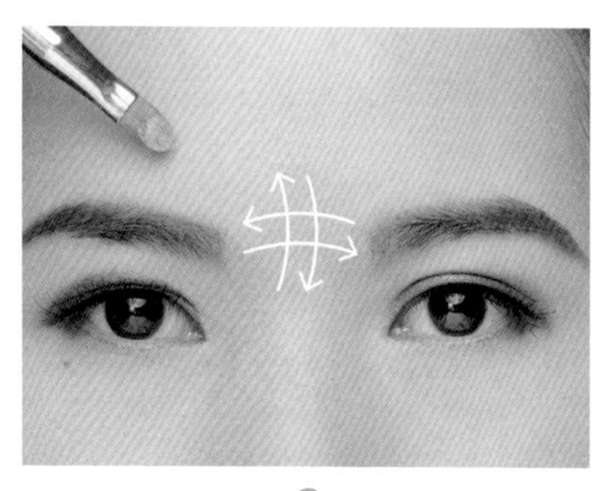

8

涂肤色遮瑕膏时，要按照图片中标示的方向涂抹，这样才能照顾到痘痘旁边凹凸不平的肌肤。并且力道要轻柔，才不会把之前的绿色遮瑕膏推开。

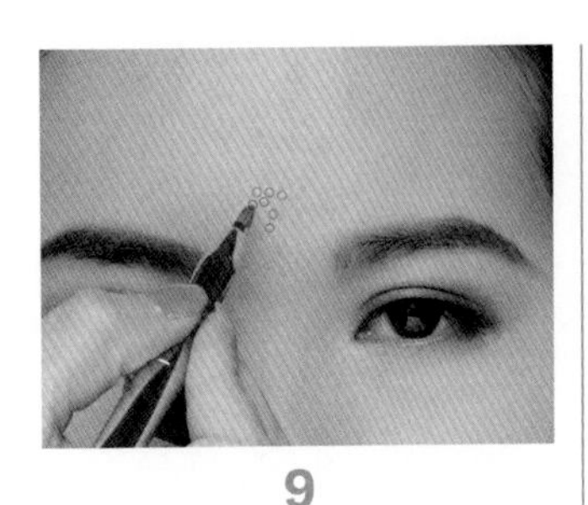

9

如果有个别明显的痘痘没有遮住，可以再次进行点涂，注意使其与周围的肌肤自然过渡，达到使痘痘隐形的目的。

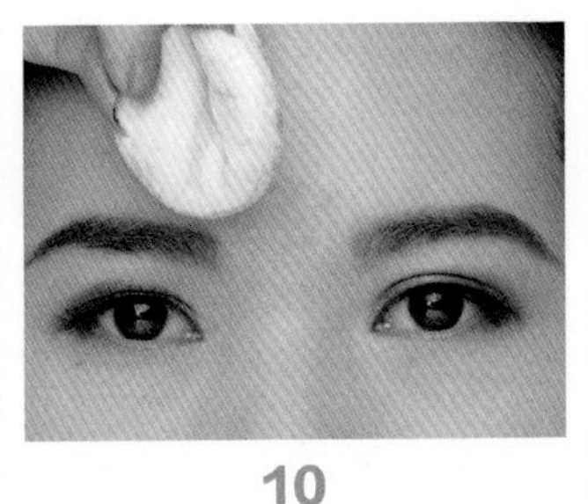

10

最后，压上蜜粉进行收尾。由于长痘的地方叠涂的底妆过厚，为了使最终的妆效更自然，老师建议同学们少量多次压蜜粉。

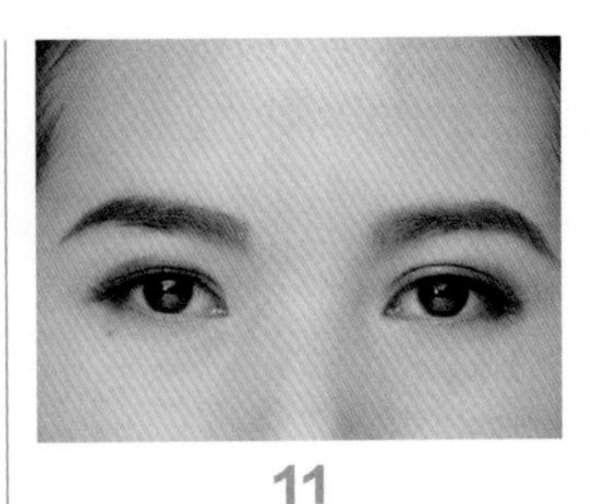

11

这样，痘痘就与周围的肌肤融为一体，成功隐形啦。

小贴士

如果痘痘刚好处于破开的状态，有外露伤口，化妆时就要避开该部位，不要让伤口接触到彩妆品，以免造成色素沉着和感染。如果必须化妆，可以用痘痘贴防止伤口与彩妆品接触，避免伤口感染。

如果有用祛痘产品，则可以在得到医生的许可之后，将祛痘产品与粉底混合，涂在长痘的地方。这样既能遮痘痘，又不妨碍上妆。

黑眼圈遮瑕

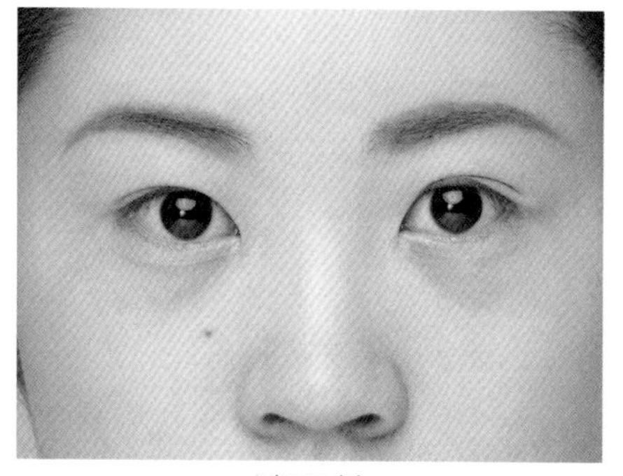
遮瑕前

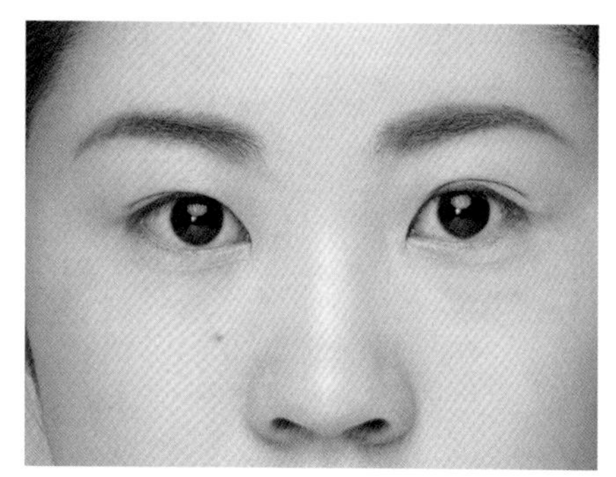
遮瑕后

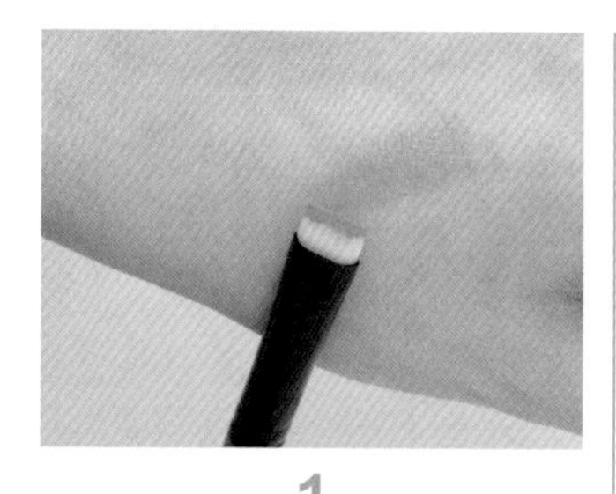
1

蘸取适量的橘红色遮瑕膏。

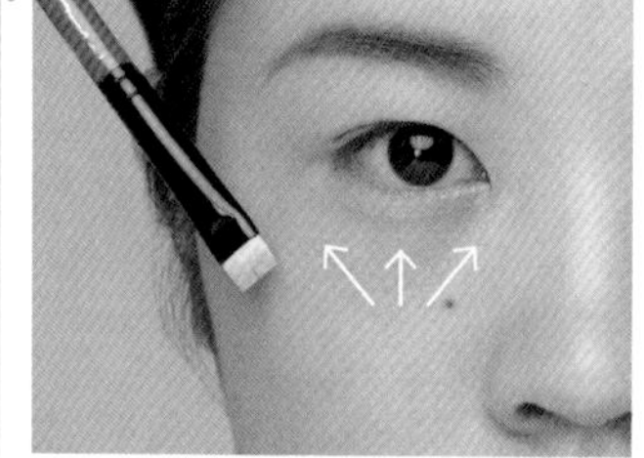
2

在眼下暗沉的部位，从下往上涂抹遮瑕膏。

3

蘸取肤色遮瑕膏。

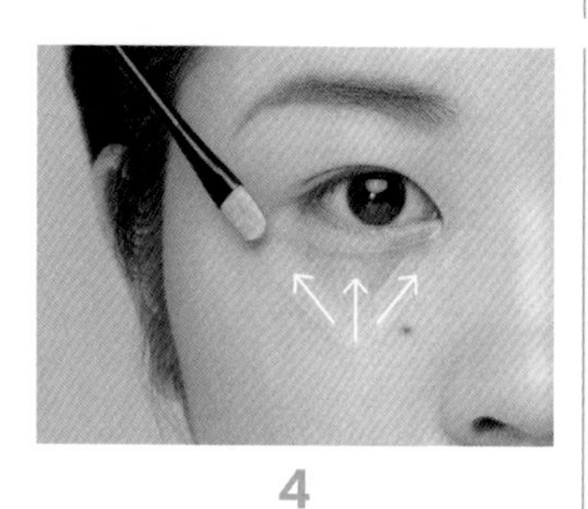
4

从下往上涂抹，使肤色遮瑕膏覆盖在橘红色遮瑕膏上。

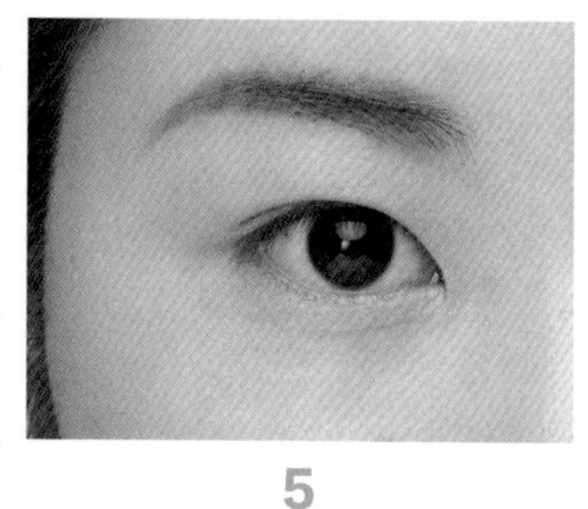
5

将两种颜色的遮瑕膏一起晕开。

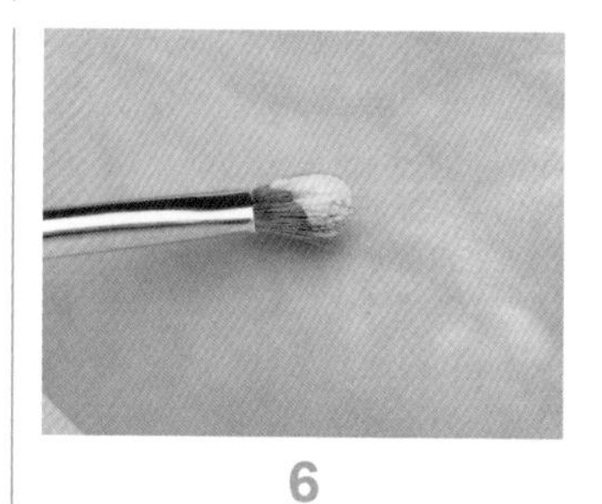
6

用小号刷具蘸取适量的定妆粉。

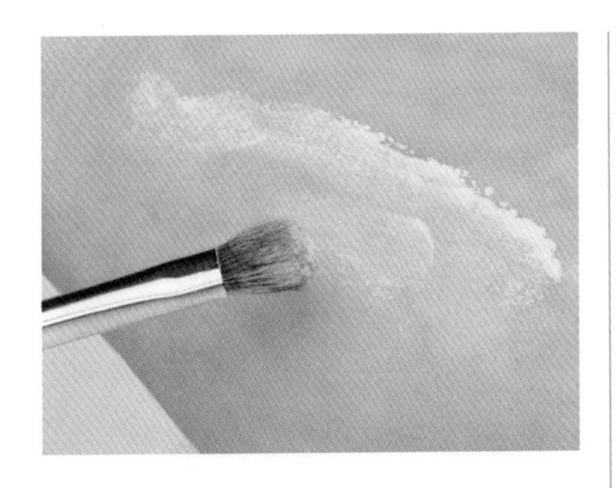

7

使定妆粉均匀地分布在刷毛上，并弹掉多余的定妆粉。

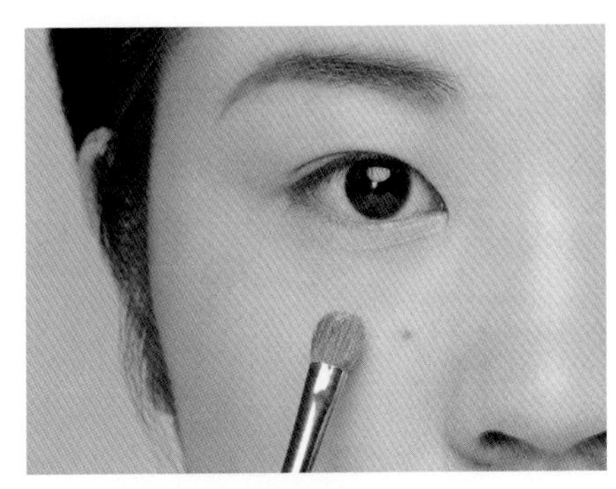

8

以点拍的方式，将定妆粉拍在刚刚遮瑕的部位，吸走多余的油光。

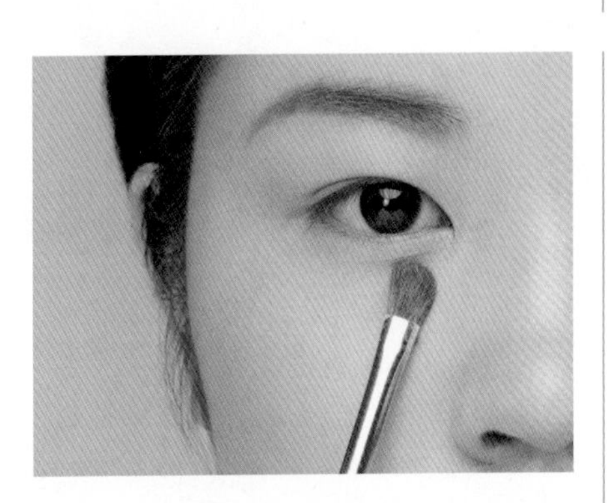

9

上完定妆粉之后，难免会有余粉。可以用刷子在眼下来回轻扫，避免遮瑕部位的定妆粉过多，与周围肌肤有色差。

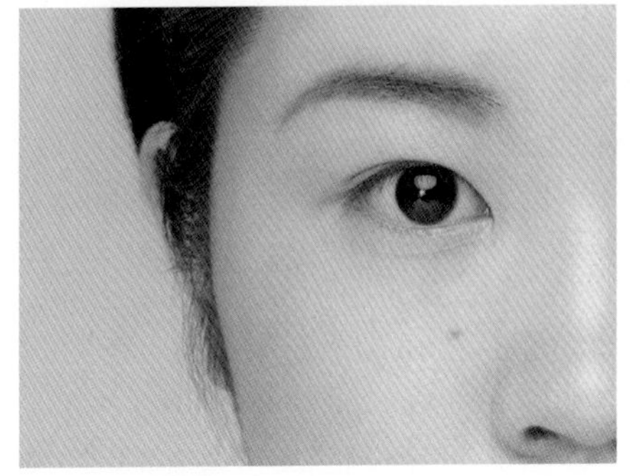

10

完成。黑眼圈看起来是不是不太明显了呢?

眼袋遮瑕

在遮眼袋前，我们需要先了解卧蚕、眼袋和泪沟的区别。

卧蚕紧邻睫毛下部，线条圆润；眼袋在卧蚕的下面，呈倒三角形；泪沟是出现在下眼睑靠鼻侧的一条凹沟。卧蚕一般在人们笑起来的时候比较明显，会给人可爱、亲切的感觉，而眼袋无论什么时候看起来都很明显。如果不笑的时候也有卧蚕，就会让人觉得我们一直在笑，增强亲和力和魅力，所以有些同学会自己画卧蚕。但是，同学们千万不要把卧蚕画得太亮，否则会适得其反。

一般来说，我们可以将比肤色亮的遮瑕涂抹在卧蚕的位置，达到略微提亮的效果。遮眼袋时，可以选用至少比肤色暗两个色号的遮瑕产品。遮泪沟时，则可以将橙色遮瑕与眼部遮瑕调和。可以用化妆工具涂抹遮瑕产品，也可以用手指将其充分涂抹开。

小贴士

无论是洗脸仪、按摩仪还是眼霜都不能消除眼袋，只有医美才能消除眼袋，同学们千万不要盲目相信夸大且虚假的宣传。

定妆

定妆粉能吸走面部多余油脂，让妆面干净清爽，使妆效更持久，因此定妆是化妆过程中必不可少的一项程序。

定妆前，如果面部皮肤有出油的情况，需要先用纸巾轻轻按压，将油光吸走，不然油脂很容易吸附大量定妆粉，让整个面部变得斑驳。同学们在使用纸巾吸走油光时，要轻轻地粘，一定不要擦，以免破坏底妆。

大多数定妆粉的粉盒分隔层上有一个个小孔，通过这些小孔蘸取定妆粉然后直接扑在脸上容易使定妆粉分布不均匀。因此，在用粉扑蘸取适量的定妆粉后，需要将粉扑对折，轻轻揉搓，让定妆粉均匀分布在粉扑上，再用粉扑轻轻拍打全脸。

针对 T 区等容易出油、晕妆的部位，可以再次补定妆粉进行叠加按压。

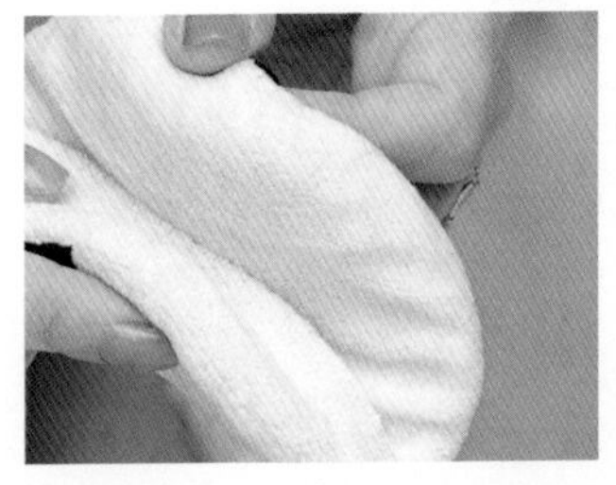

1

用粉扑蘸取适量定妆粉，将粉扑对折，轻轻揉搓，使定妆粉均匀分布在粉扑上。

2

用粉扑轻扑面部。

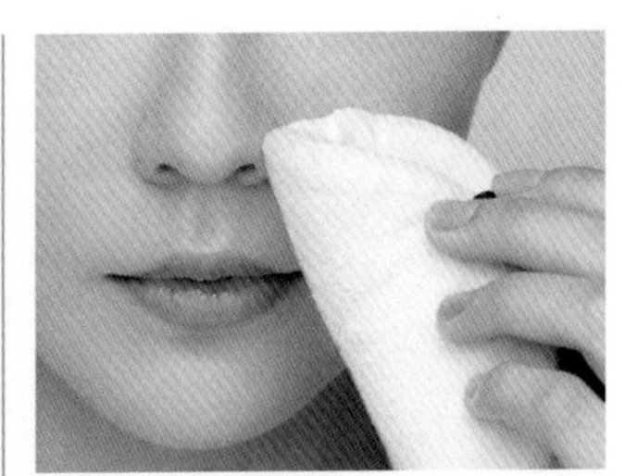

3

将粉扑折叠，轻扑嘴角和鼻翼等位置。

4

用散粉刷蘸取定妆粉，轻轻抖掉多余的粉粒子。

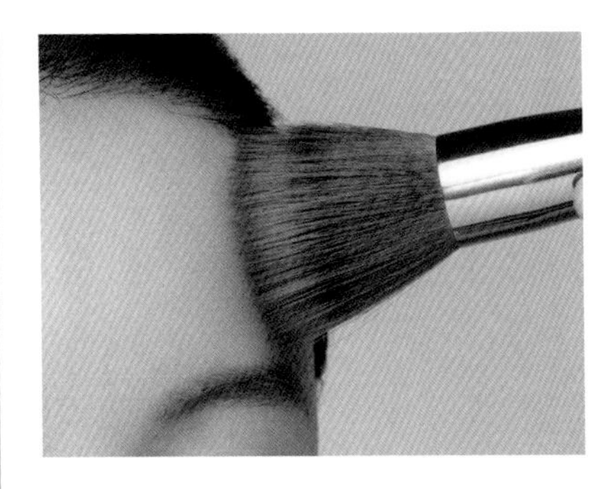

5

从额头开始，轻扫面部，慢慢往下刷，进行定妆。

6

轻扫脸颊，注意不要破坏之前涂抹的粉底。

7

最后轻扫下巴和脖子。

小贴士

同学们化妆时一般都在室内，而室内灯光一般偏暖。暖色光源本身就带有模糊瑕疵、减弱妆感的效果，在暖黄光线下化妆会不自觉地下手太重，导致在自然光下，脸上看起来就像糊了一层白色的粉一样。因此，同学们应该尽量在自然光源下或者有模拟自然光源的地方化妆。

底妆变化画法

粉嫩底妆画法

粉嫩的底妆是指打造少女般粉嫩、健康肤色的妆容，这种妆容非常减龄。喜欢粉嫩妆容的同学们要注意，这种妆容不需要修容，否则会减弱粉嫩效果噢。

老师在化这类底妆的时候，会在底妆中添加一定比例的腮红或者口红进行混合，让粉底呈现自然的粉色。需要注意的是，添加腮红或口红的量不宜过多，免得上妆之后不自然。

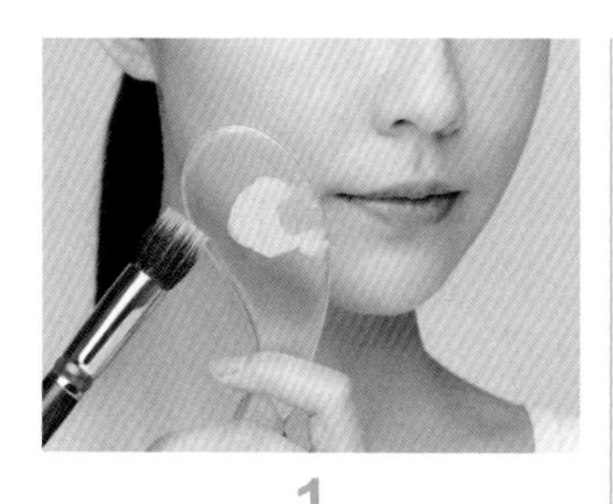

1

将粉底和腮红(口红)涂抹在透明隔板上。

2

用化妆刷将粉底和腮红(口红)均匀混合。

3

先从苹果肌开始涂抹混合粉底。

4

然后涂抹额头。

5

为了使整脸的色调统一，下巴也要照顾到。

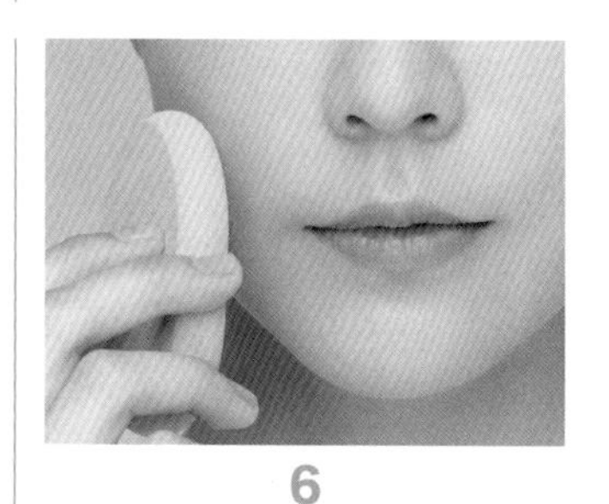

6

用化妆海绵按压面部，可以让粉色的底妆与皮肤更加融合。

7

用粉扑蘸取定妆粉定妆，这样不但能让底妆更持久，还能吸走油光，使妆容更自然。

健康底妆画法

健康底妆的颜色比较偏向古铜色，是一种打造阳光气质的底妆。

1

选择一款比自身肤色深 2 ~ 3 个色号的粉底。

2

从脸颊开始，均匀涂抹粉底。

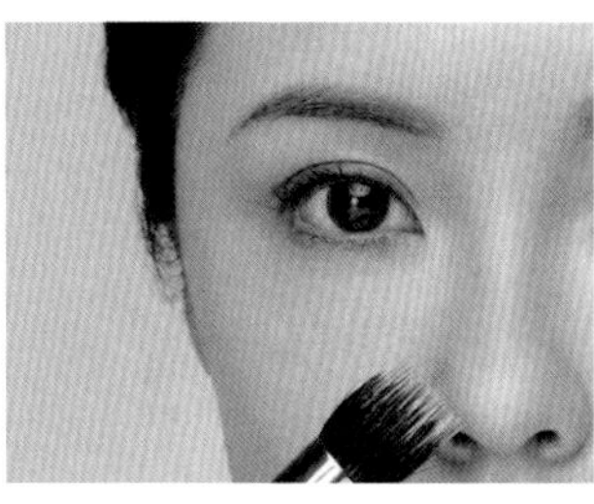

3

接下来涂抹 T 区，注意处理好鼻梁和鼻翼的分界线。

4

然后涂抹下巴，用量不用很多。

5

仔细涂抹下巴窝凹进去的部分和颈部，让面部和颈部的肤色没有明显的分界线。

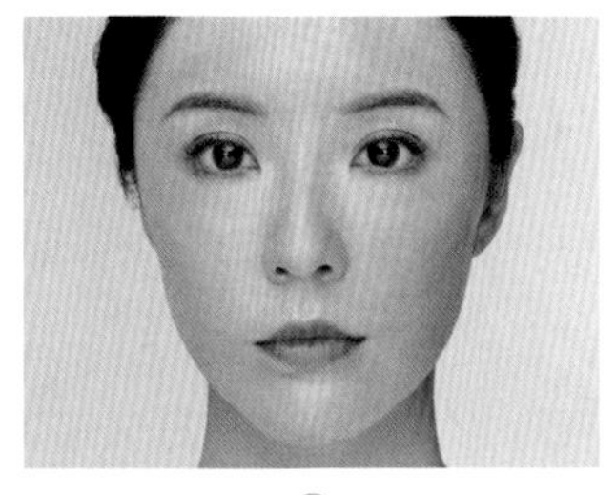

6

涂完粉底之后，能看到粉底的颜色和肤色之间的差异。

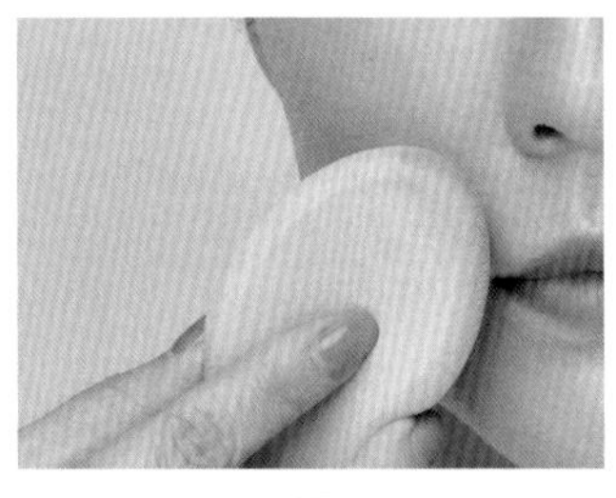

7

化妆海绵是均匀粉底的好帮手，也可以使粉底更好地贴合肌肤。

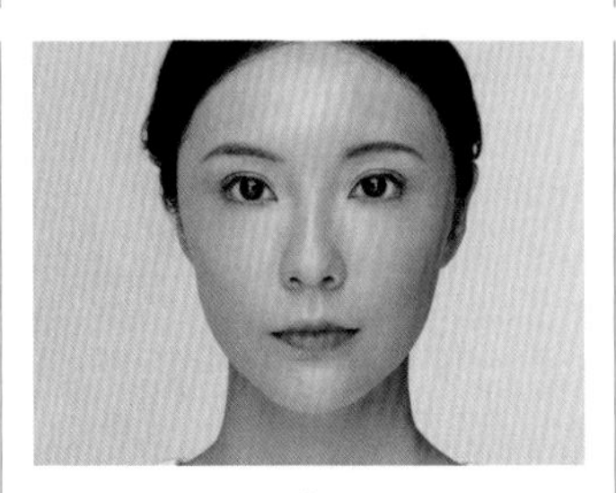

8

上完粉底之后，可以看到肤色明显深了几个色号。

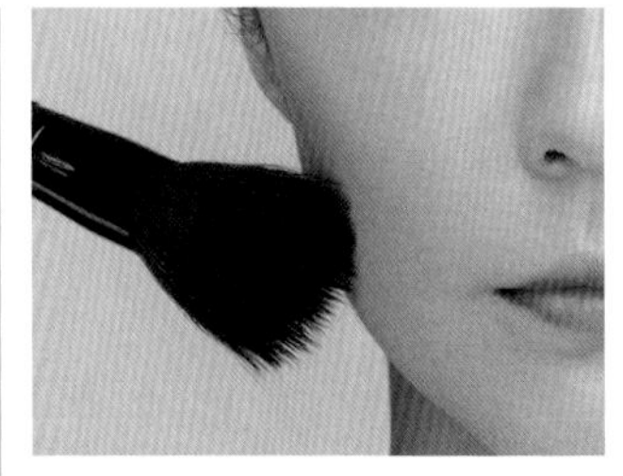

9

然后选择一款定妆粉来定妆，一定要选择接近现在肤色的色号。

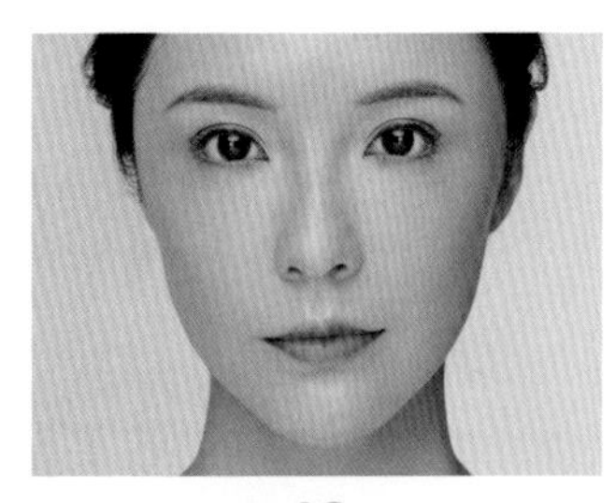

10

这样可以保证定妆完成后肤色没有太大变化。

11

健康底妆一般呈古铜色，因此在选择阴影产品的时候，宜选择深古铜色的。

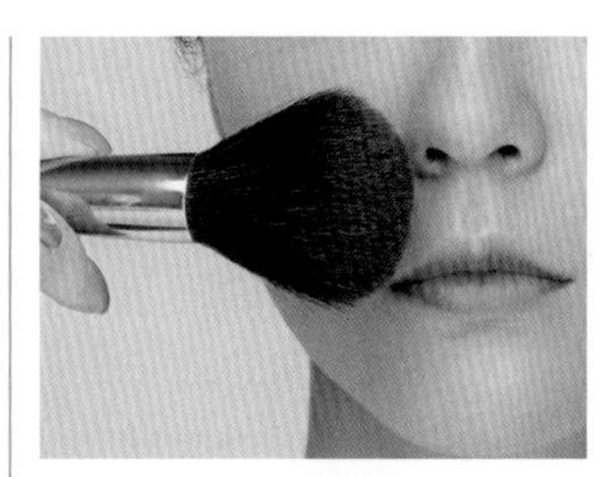

12

在面部轮廓线、侧面颧骨、鼻翼的位置涂抹阴影粉。

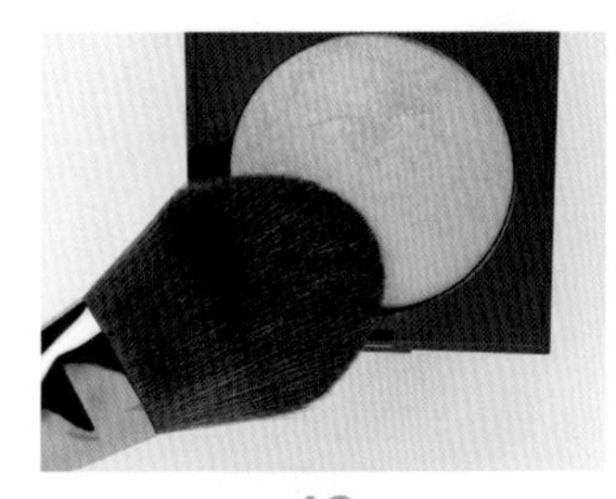

13

腮红的颜色也很重要。桃粉色、粉紫色等粉嫩的颜色在这里都不太适用，应选择偏深肤色的腮红。

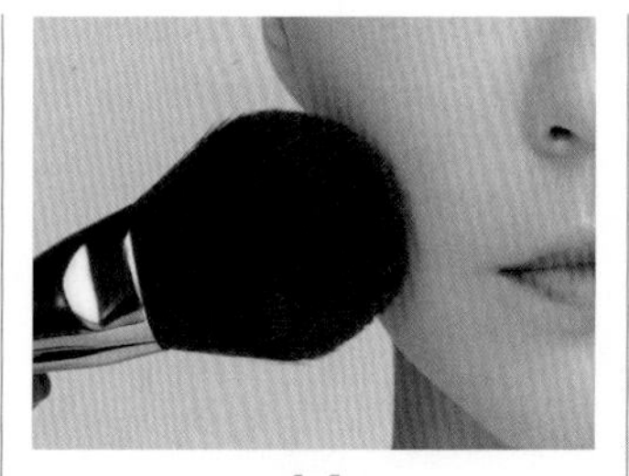

14

这款妆容中腮红的涂抹区域和粉嫩系妆容的也有差别。在这里，腮红的作用是强调轮廓感，因此位置一般在笑肌外侧。

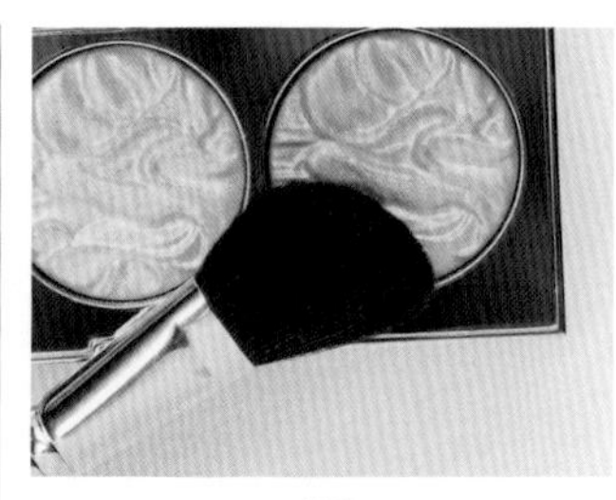

15

最后是高光，高光的颜色宜选择偏浅古铜色。另外，选择微微带珠光的高光可以使最后的妆效呈现很健康的光泽感。

16-1

16-2

提亮 T 区、眼下三角区和下巴。

17

最后，喷上定妆喷雾，妆容就完成啦。

腮红画法

肌肤白里透红一直被认为是一种健康的状态，但通常上完底妆后，自身肤色的红润感会被覆盖。涂抹腮红不但可以解决这一问题，还可以修饰脸形，强调轮廓，提升面部的立体感。

化妆时，需要遵循色彩统一的原则，脸上的色彩不宜过多。因此腮红的颜色和口红的颜色应为同一个色系，妆容才会协调，形成一个整体，不至于让脸成为一个打翻了的调色盘。

画完腮红之后，再用定妆粉定妆，白里透红的效果会更明显。

腮红标准画法

1

下面，老师以椭圆形脸为例，示范腮红的标准画法。老师选择了一款粉紫色的腮红给同学们做示范。

2

腮红标准画法中腮红的涂抹位置一般在瞳孔的正下方、笑肌的最高处。腮红的位置会影响人的气质，如果位置比较靠外，人看起来就会很严肃；如果位置靠内，气质就会偏可爱。

3

在上腮红之前，需要先把刷具上多余的或堆积在一起的腮红粉抖掉一些，少量多次上妆，可以有效避免出现两块“高原红”。

4

锁定腮红的涂抹位置后，用腮红刷轻轻地拍打皮肤，涂抹腮红。

5

画完腮红之后，老师会用沾有定妆粉的粉扑轻扑涂抹了腮红的位置，这样不但能令腮红更加持久，还会让腮红与底妆更融合，妆效更自然。

不同脸型适合的腮红画法

圆形脸腮红画法

圆形脸的同学适合在笑肌的最高点和太阳穴之间的位置涂抹腮红，角度微微倾斜，以达到瘦脸效果。

1

从笑肌的最高点向斜上方晕染腮红，角度微微倾斜。

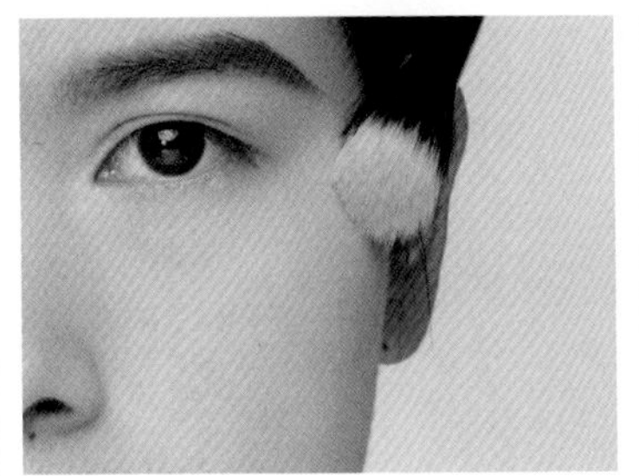

2

圆形脸的同学涂抹腮红的位置最低不能低于鼻翼，可以比腮红标准画法的涂抹位置稍稍靠外和靠上。

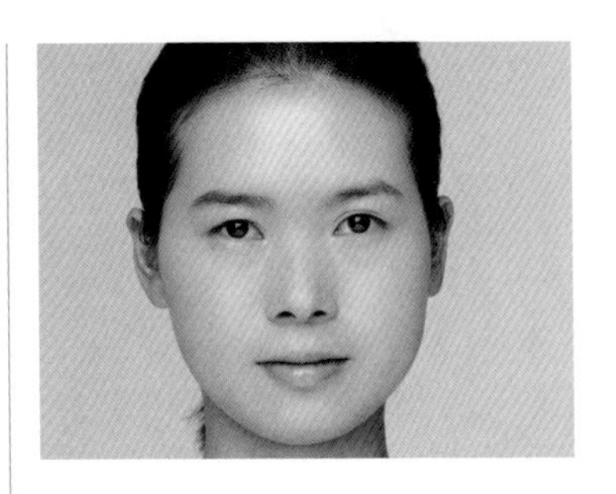

3

完成。

方形脸腮红画法

方形脸的同学面部轮廓分明，额头两侧、下颌有明显的棱角，适合从笑肌的最高处往鼻翼方向涂抹腮红，使脸部看起来更柔和。

1

蘸取适量腮红，并用刷具的杆轻轻敲击手背，抖掉多余的腮红。

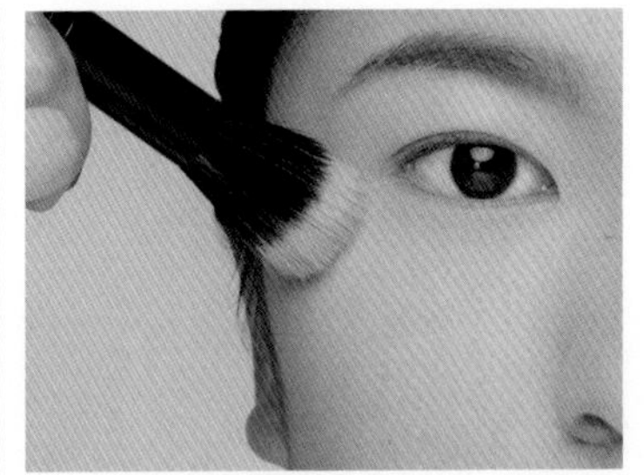

2

保持微笑，从笑肌的最高处往鼻翼方向晕染腮红。

3

腮红的位置靠内，可以使人的注意力集中于面部中央。另外，正三角形脸适合的腮红位置与方形脸的相同。

倒三角形脸腮红画法

倒三角形脸的同学适合在笑肌外侧大面积涂抹腮红，可以让面部显得更饱满。

1

蘸取适量腮红。

2

从瞳孔的正下方、笑肌的最高处开始，以打圈的方式往笑肌外侧涂抹腮红，并将腮红晕开。

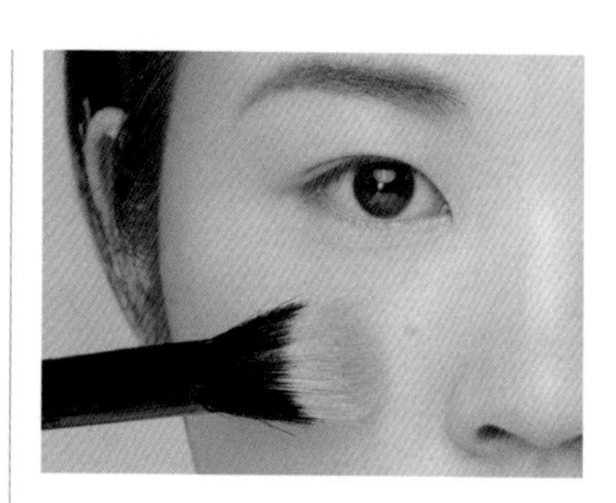

3

注意不要将腮红涂抹到鼻子下方。

长形脸腮红画法

长形脸的同学涂抹腮红的位置同样在笑肌最高处，但要让涂抹区域从内到外呈一个微微倾斜的角度，向外而不是向上延伸，这样可以显得脸没有那么长。

1

蘸取适量腮红。

2

从笑肌的最高处往脸部的外侧晕染腮红，晕染区域的形状为扁圆状。适当加宽腮红的涂抹区域，可以从视觉上拉宽脸形。

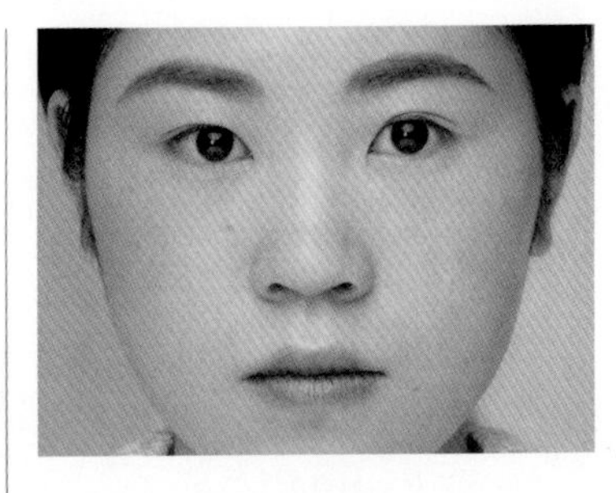

3

为了修饰面部“长”的特点，可以在下巴和发际线附近也适当地晕染腮红，但要注意晕染的力度，不能抢夺两颊腮红的主角位置。

菱形脸腮红画法

菱形脸很容易给人刻薄感，因此菱形脸的同学不但要把腮红画在鼻翼两侧至笑肌最高处，还要画在太阳穴上，并把腮红的涂抹面积扩大，让脸部轮廓看起来更饱满。

1

蘸取适量腮红。

2

从鼻翼两侧向笑肌涂抹腮红，涂抹至笑肌的最高处为佳，但位置不宜过高，这样颧骨才不会更明显。

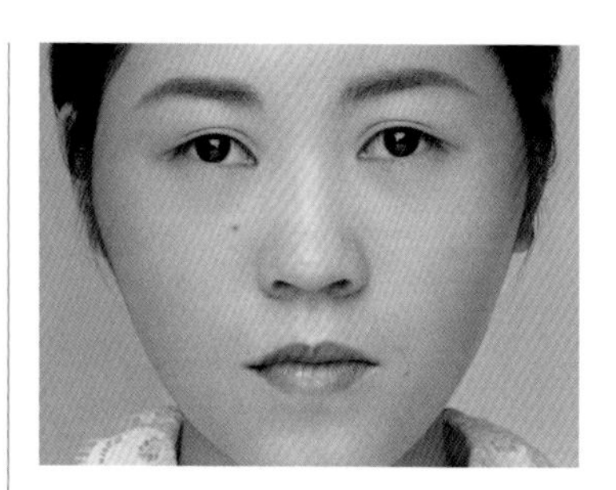

3

在太阳穴附近轻轻扫上些许腮红，让凹陷的太阳穴显得饱满，这样人的气质也会更温柔。

腮红变化画法

晒伤妆腮红画法

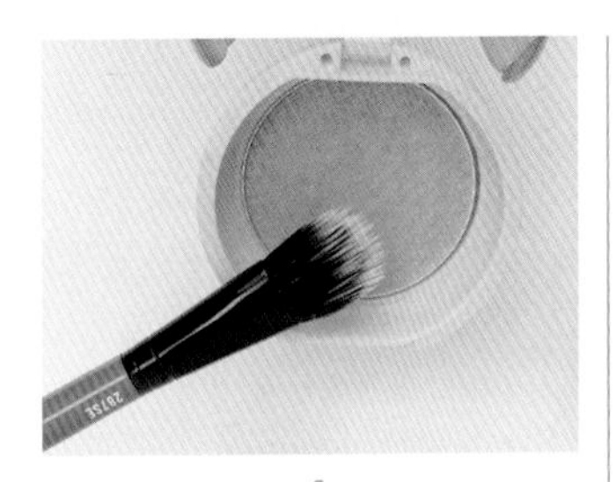

1

蘸取适量腮红。

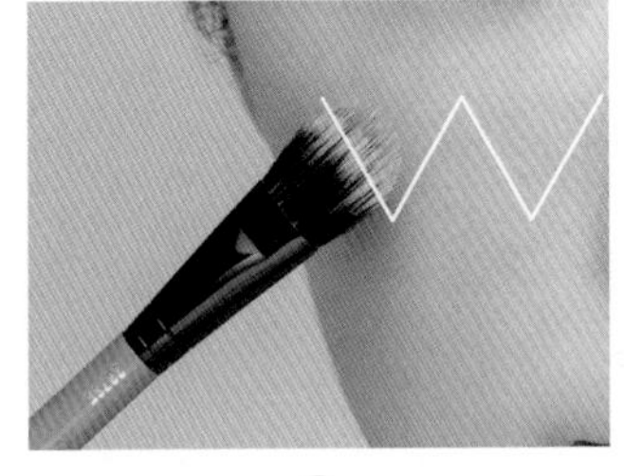

2

选取鼻梁中部作为基准点，用沾满腮红的刷具往颧骨方向做“W”形的晕染。

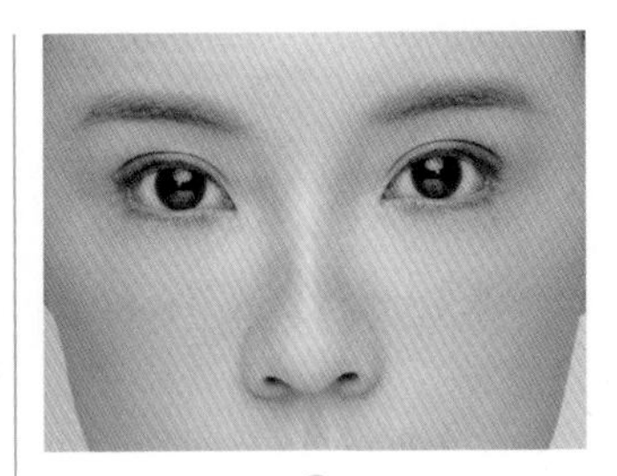

3

刷完之后，要注意看两侧腮红的高度是否一致，颜色深浅是否相同。

4

晒伤妆呈现的妆效像是接受日晒后留下的晒伤痕迹，因此老师会在画完的腮红上再刷一层淡淡的浅古铜色腮红，两种颜色的叠加，会让妆容更有层次感。

5

上定妆粉。

6

完成。晒伤妆容中，脸颊、鼻梁等位置的腮红都比较明显，面积较大且连成一片。

可爱腮红画法

1

以鼻梁中部作为基准点，开始晕染腮红。

2

往两侧脸颊晕染。

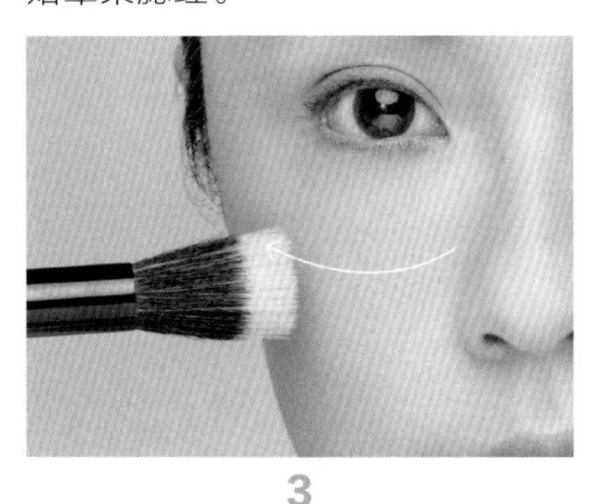

3

注意，晕染的范围不要超过颧骨最外侧。

4

晕染过程中，要时刻注意腮红的均匀度，如果晕染得不均匀，就需要进行调整。

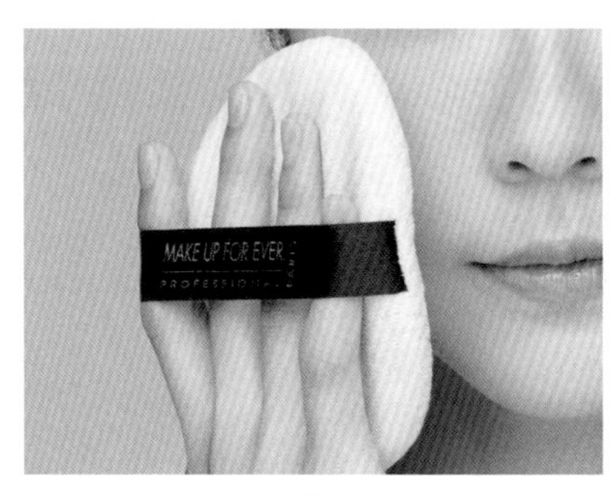

5

最后，用定妆粉定妆，妆容就完成啦。

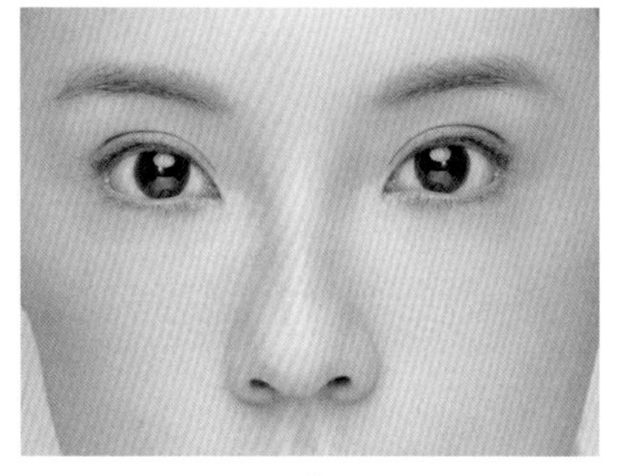

6

在这款妆容中，腮红的涂抹面积不像晒伤妆容的那么大，也没有明显的界线。还要注意，不能用古铜色的腮红产品噢。

眼尾腮红画法

1

用笔刷比出眼尾的位置，确定涂抹腮红的区域。

2

画眼尾腮红时，涂抹区域的最高处不能高于眉毛，最低处不能低于颧骨。

3

蘸取适量腮红，把多余的腮红抖掉。

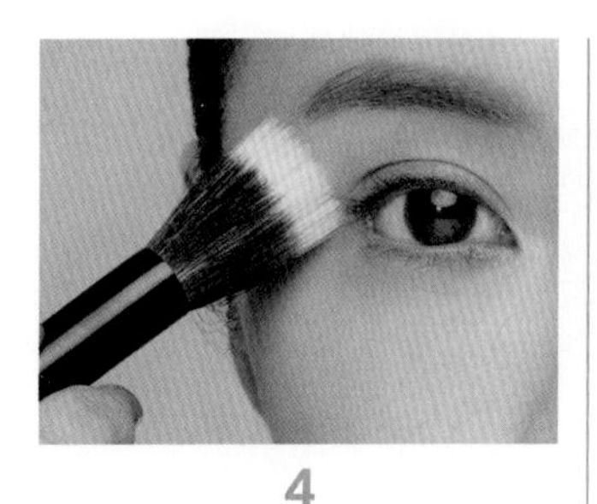

4

从眼尾开始晕染腮红。

5

晕染到眼下、靠近颧骨的地方时，要控制力度，使腮红的颜色越来越淡。

6

往太阳穴方向晕染的时候，也要慢慢减轻色彩的浓度，使腮红与底妆衔接得更自然。

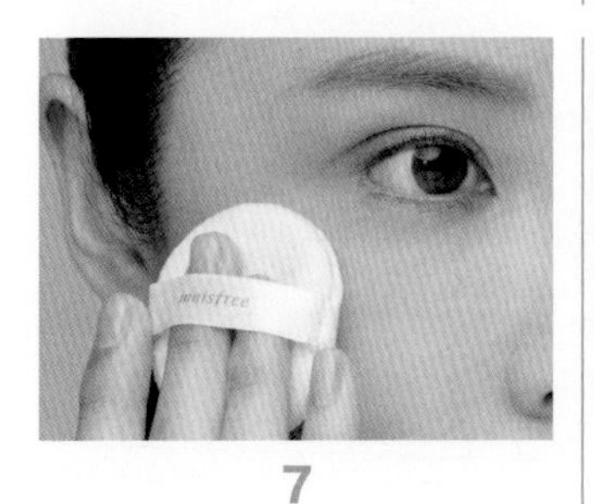

7

最后，用粉扑将定妆粉轻轻压在腮红的位置，使腮红更自然和持久。

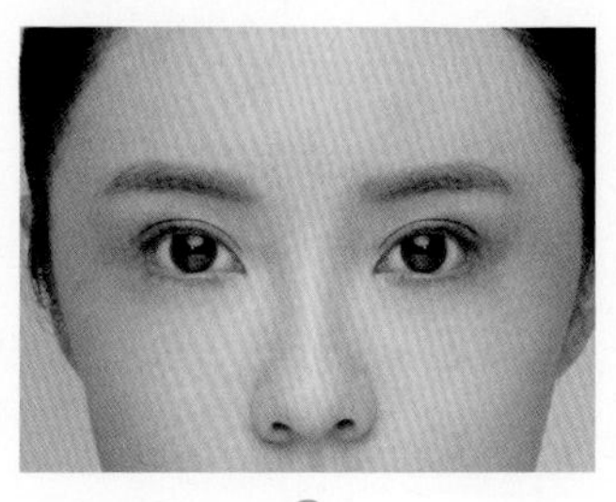

8

完成。

修容画法

想要让妆容立体精致、显脸瘦，就少不了修容。

修容其实就是修饰脸形，突显五官，利用视觉效果让脸部显得立体。

修容在彩妆的专业术语里面有一个专有名词，叫“侧脸 S 线”。所以，找到侧脸 S 线，就能让修容变得简单很多。

侧脸 S 线分为两个“C”。

第一个“C”在眉弓到颧骨的位置，第二个“C”在颧骨到嘴角的位置。

找到 S 线后，接下来就是打亮 S 线。

打亮第一个“C”：先用化妆工具蘸取浅色的粉底来打亮第一个“C”，最亮的部位是颧骨，再慢慢地向“C”的两端过渡，突出苹果肌和眉弓。

打亮第二个“C”：同样用化妆工具蘸取浅色粉底来打亮第二个“C”。打亮这个部位，会使人有很明显的少女感，非常减龄。

打亮 S 线后，就可以开始修容。下面，老师为大家演示一下修容的标准画法。

修容标准画法

1

老师以椭圆形脸为例，示范修容的标准画法。第一步，蘸取阴影粉。为了避免下手太重，老师建议同学们混合使用深浅色阴影粉。先在手背上试色，确认颜色深浅，这样效果会更好。

2

颧弓位于颅面骨的两侧，呈向外的弓形，由发际线向颧弓涂抹阴影粉，可以弱化颧弓的存在感，让脸部线条更柔和。

3

如果太阳穴凹陷，就用高光提亮；如果凸出，就用阴影粉压暗。

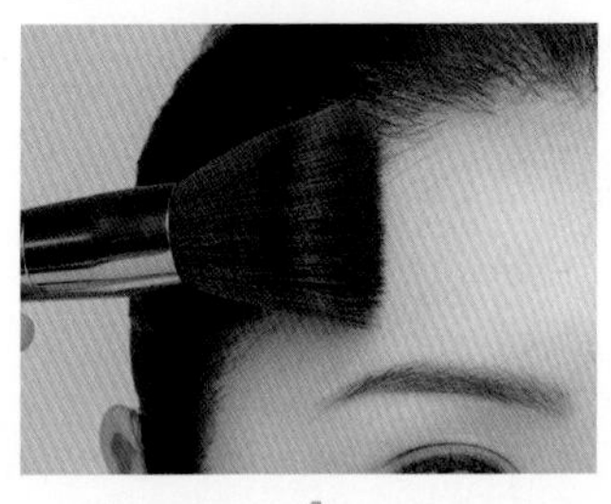

4

在额头靠近发际线的位置涂抹阴影粉，这样不但能使额头看起来更小，还能让发量看起来更多。

5

在靠近下颌角的位置涂抹阴影粉，修饰脸形。

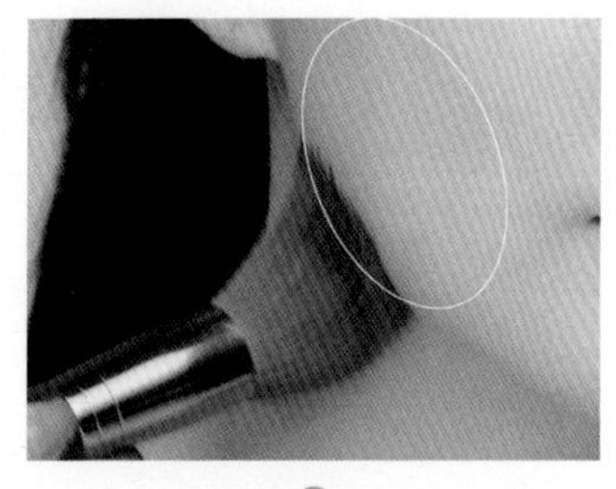

6

在腮帮的位置涂抹阴影粉，这样不但能显脸小，还能让脸部曲线更流畅，减少锐利感。

7

用刷具上残余的阴影粉轻轻扫过脸和脖子相连的部分，避免出现很明显的修容“络腮胡”。

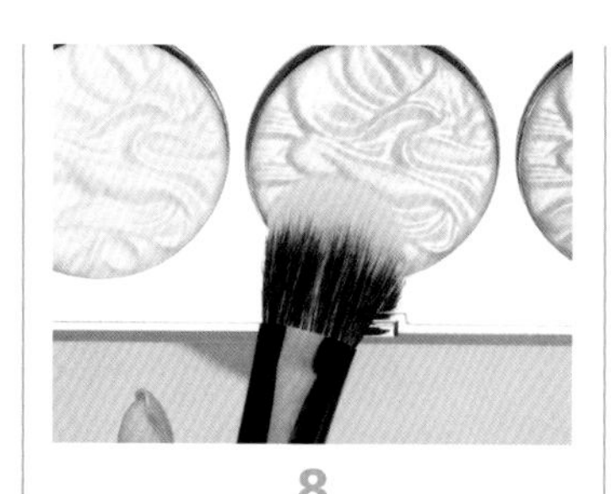

8

选择一款偏肤色的高光产品。

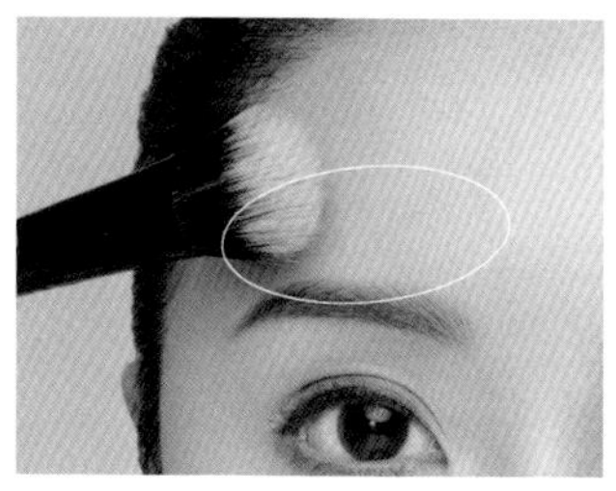

9

在眉弓、额头的位置进行提亮。

10

沿着图中标示的线条涂抹高光，提亮眉眼周围。

11

眼尾的大三角区也需要提亮。

12

提亮眼下三角区。

13

在法令纹的位置涂抹高光，会带来很明显的减龄感。

14

最后提亮下巴。将刷具上剩余的高光涂抹在图中标示的区域即可。

鼻影标准画法

画鼻影也是修容中一个重要步骤，连接同侧的眉头和鼻孔，得到的线就是画鼻影的位置。画鼻影时，要往脸颊的方向轻轻地带过，根据鼻梁的弧度进行调整，以免鼻影看起来不自然。

1

连接眉头和鼻孔所得到的这条线就是画鼻影的位置。

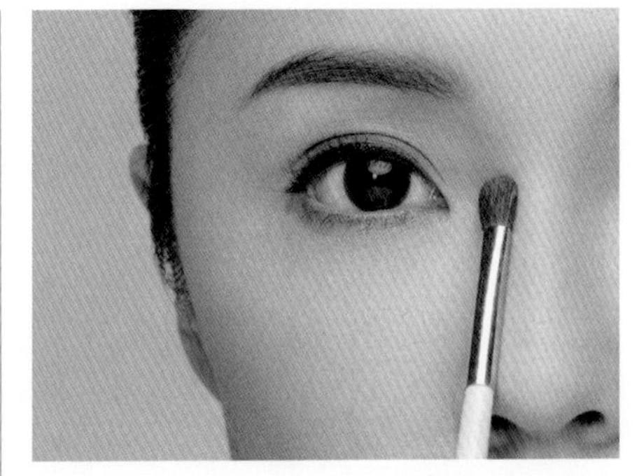

2

蘸取阴影粉，从眉头开始，逐渐往下晕染。

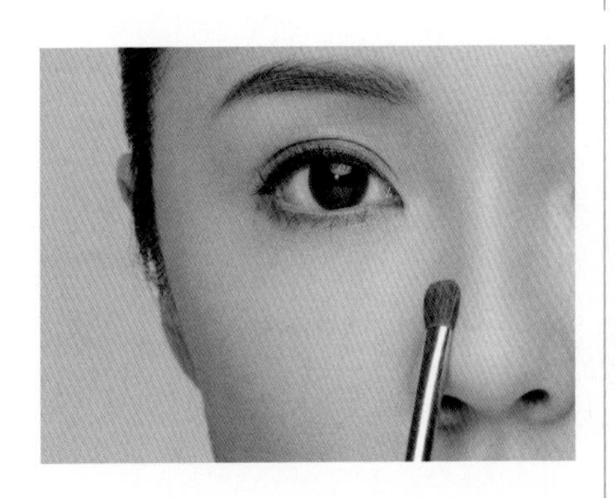

3

连接眉头和鼻孔所得到的线是直线，但真正画的时候，需根据鼻梁的弧度进行调整，才不会画出不自然的鼻影。

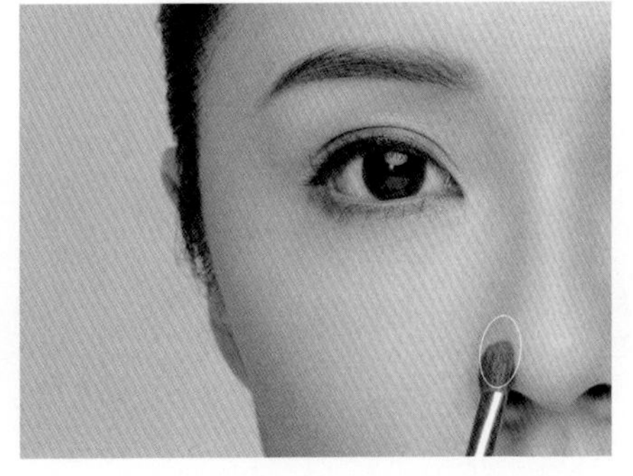

4

鼻翼是指鼻尖两侧的部分，位置如图所示。沿着鼻翼外侧轻轻往鼻翼内侧涂抹阴影粉，可以使鼻翼看起来更窄。

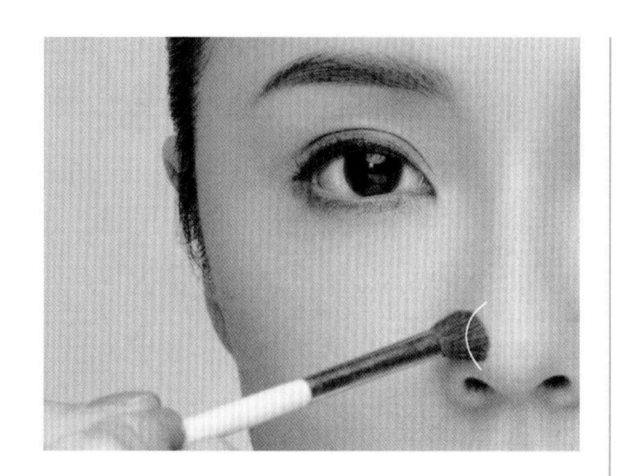

5

鼻头下缘也需要修饰，这样会令鼻子更立体。用刷具在鼻尖的“U”形曲线上以画圆弧的方式涂抹阴影粉。

6

蘸取高光，从山根、鼻梁到鼻尖，轻轻刷过。

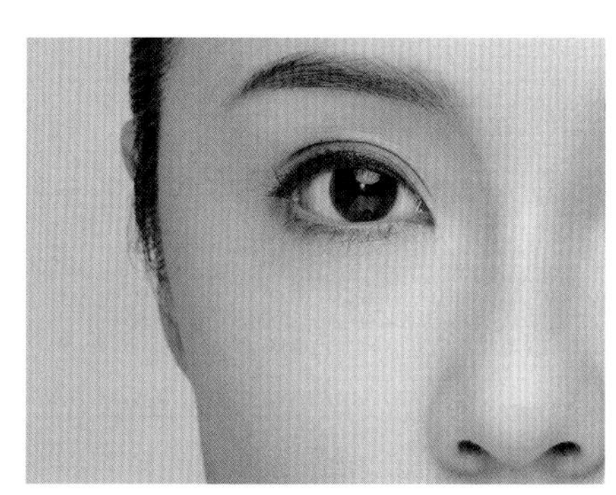

7

还有一个重要的步骤，就是画完了鼻影后，一定要再压一次定妆粉，否则鼻影的痕迹会太过明显。

不同脸型适合的修容画法

学习了修容的标准画法之后，老师再告诉同学们不同脸型适合的修容画法。

长形脸修容画法

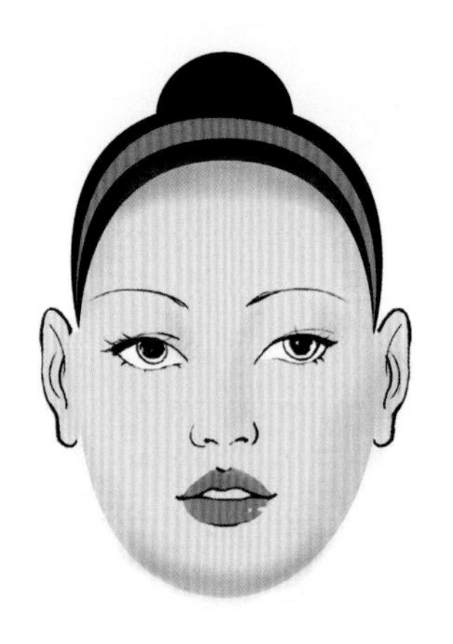

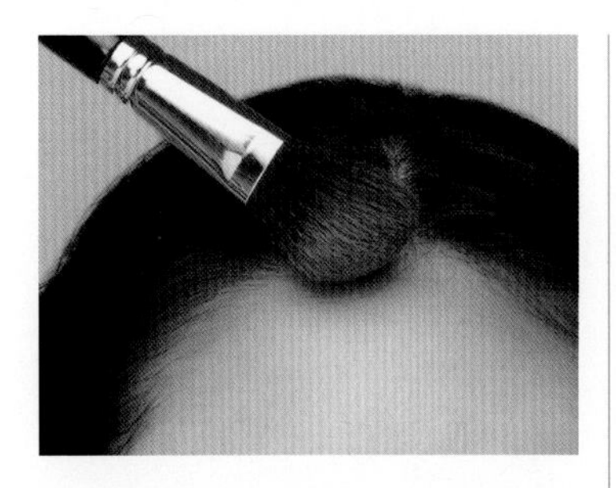

1

长形脸的特点是脸较长，因此需要从视觉上缩短发际线到下巴的长度。首先沿着发际线涂抹阴影粉，从发际线到额头，逐渐减弱阴影的效果。

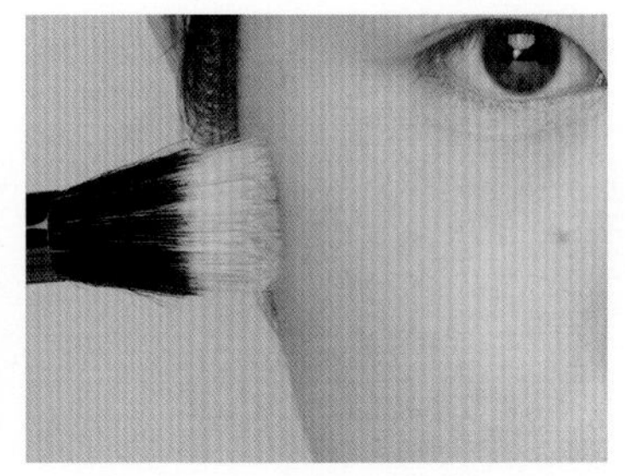

2

蘸取高光，提亮颧骨和颧骨下方的位置，打造横向拉长面部的视觉效果。

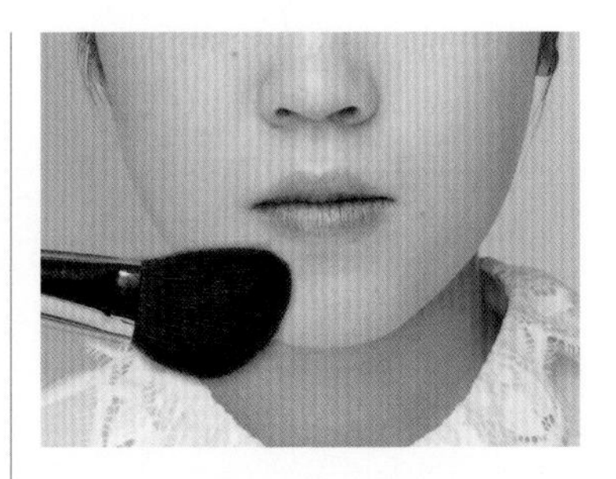

3

在下巴上打上阴影，使脸看起来短一些。

倒三角形脸修容画法

1

蘸取阴影粉。

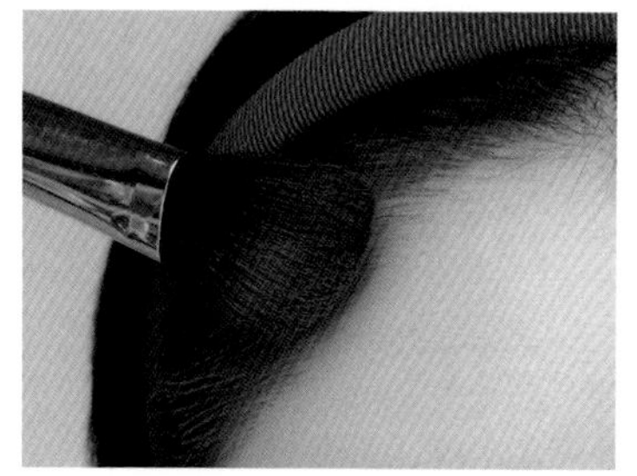

2

倒三角形脸的特点是上宽下窄，所以修容时需要先在额头两侧靠近发际线的位置涂抹阴影粉，让额头看起来窄一点。

3

之后逐渐往太阳穴的位置晕染。

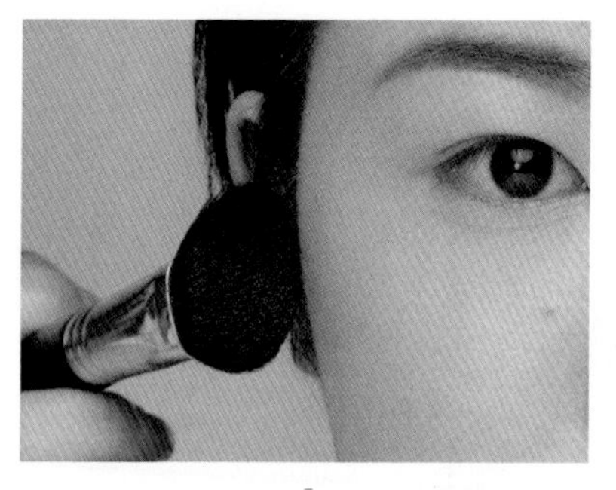

4

倒三角形脸的同学颧骨比较明显，在颧骨外侧涂抹阴影粉可以减弱颧骨的存在感。

5

蘸取高光。

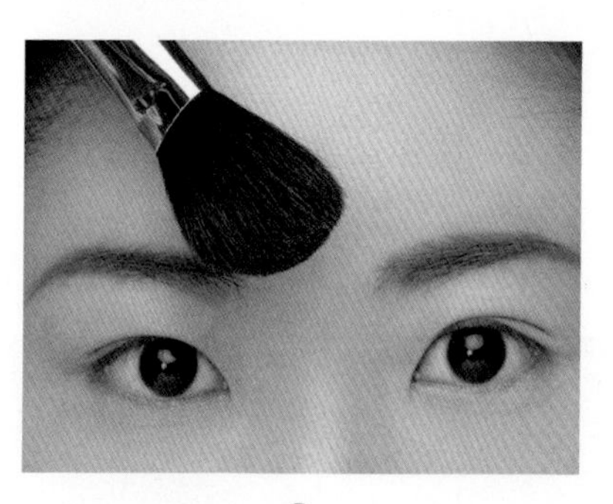

6

用高光提亮额头和眉宇间。

7

提亮鼻梁。

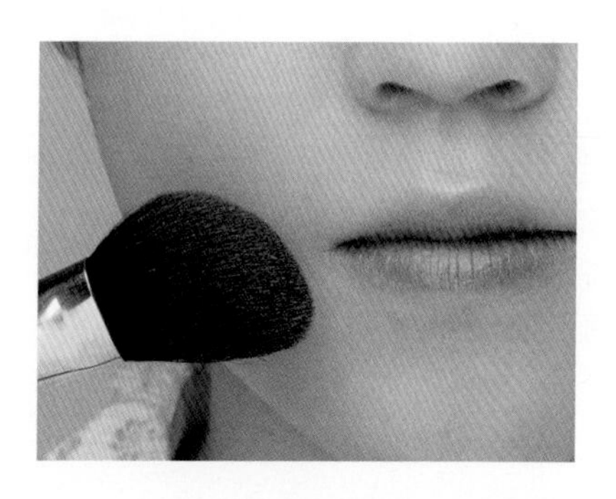

8

倒三角形脸的下半部分较为窄小，可将高光涂抹在嘴角和腮帮处，使这些区域看起来更饱满。

方形脸修容画法

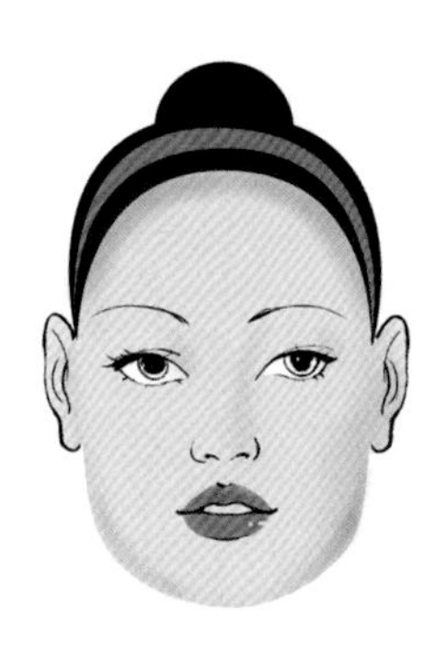

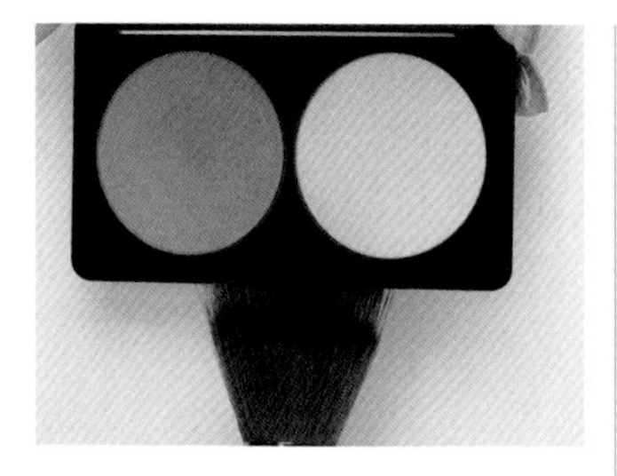

1

蘸取阴影粉。

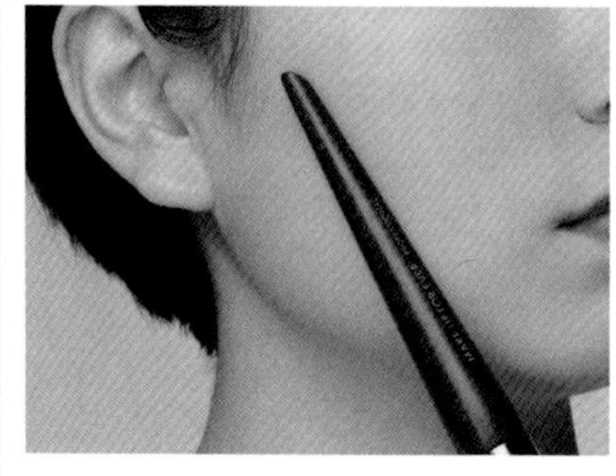

2

方形脸的同学面部轮廓分明，额头两侧、下颌有明显的棱角，可以用阴影粉重点修饰这些区域。

3

蘸取阴影粉之后，顺着耳际向下涂抹至下颌角。

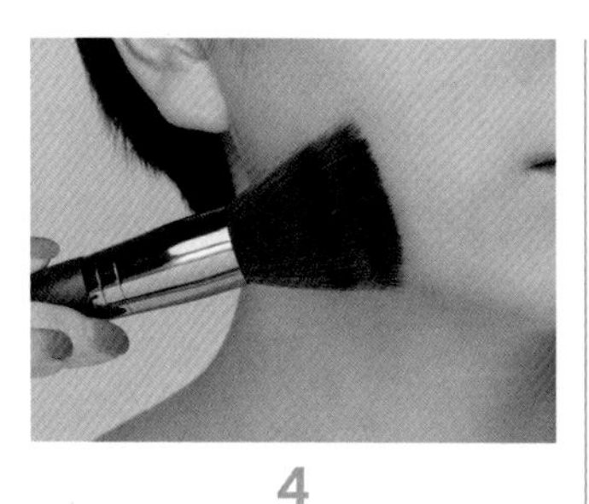

4

接着由下颌角向脸的内侧晕染。

5

轻轻扫过脖颈，自然过渡。

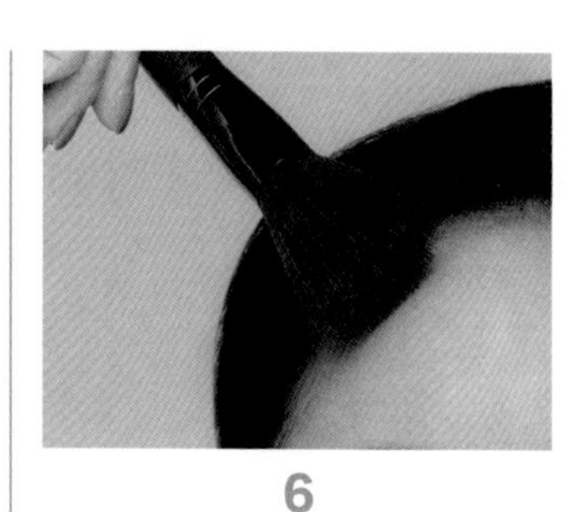

6

方形脸的同学额头左右两侧较宽，在发际线两侧打上阴影，可以带出圆弧感。

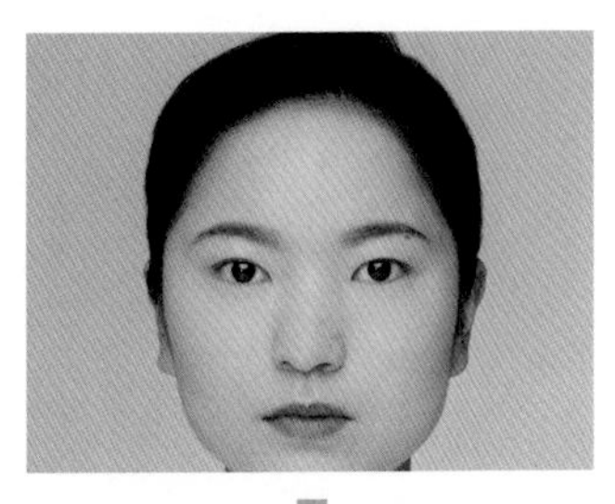

7

修饰完额头之后，整个发际线的线条显得更圆润了。

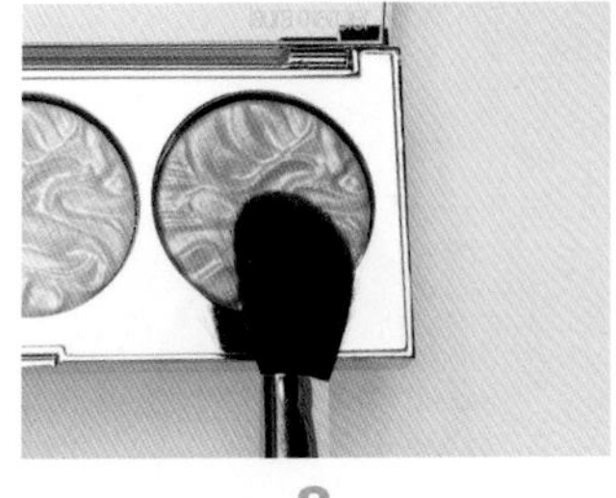

8

蘸取颜色稍深一点的高光。

9

用蘸取了高光的刷具轻轻扫过额头和眉宇间，进行提亮。

10

接着轻扫鼻梁，达到提亮的效果。

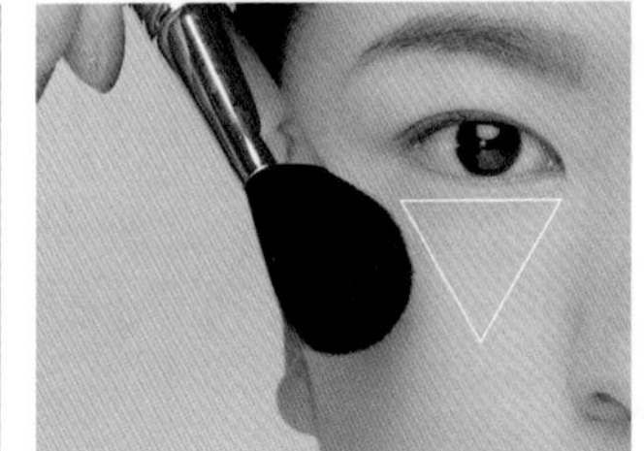

11

轻扫图中所示的区域，提亮眼下三角区。

12

提亮下巴，打造拉长下巴的视觉效果。

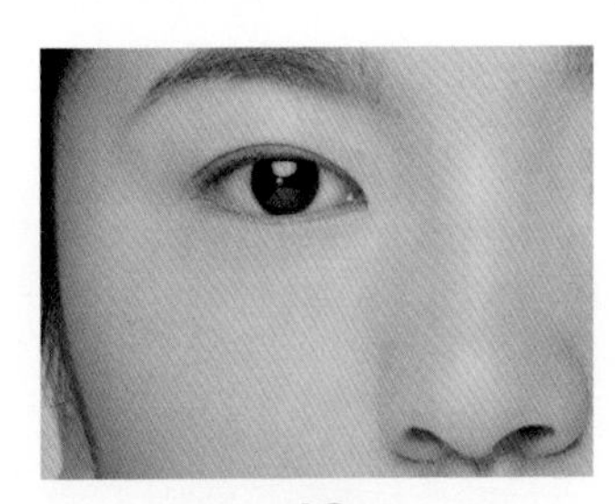

13

完成。正三角形脸的修容位置可以参考方形脸。

菱形脸修容画法

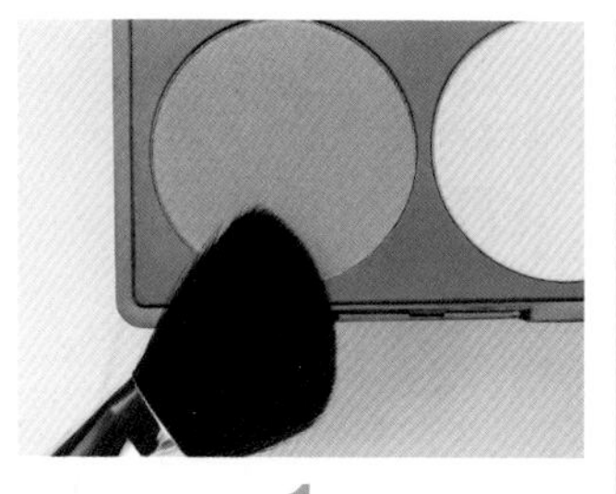

1

蘸取阴影粉。

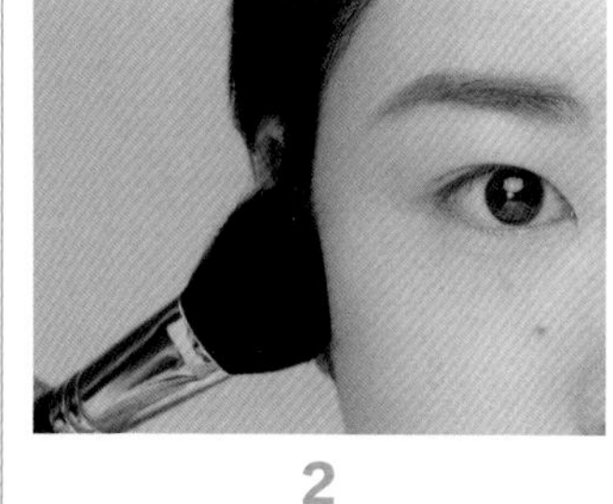

2

菱形脸的同学颧骨较高，因此需要在颧骨外侧打上阴影，减弱颧骨的凸起感。

3

在额头顶部发际线的位置适当涂抹阴影粉，可以减弱菱形脸的尖锐感。

4

蘸取高光。

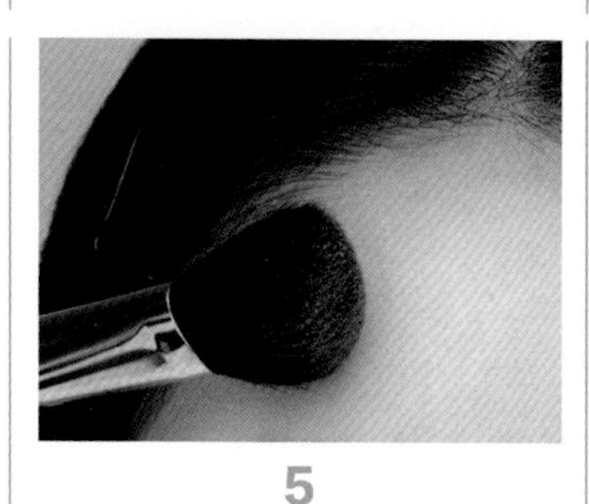

5

用蘸取了高光的刷具轻扫额头两侧，使额头看起来更宽。

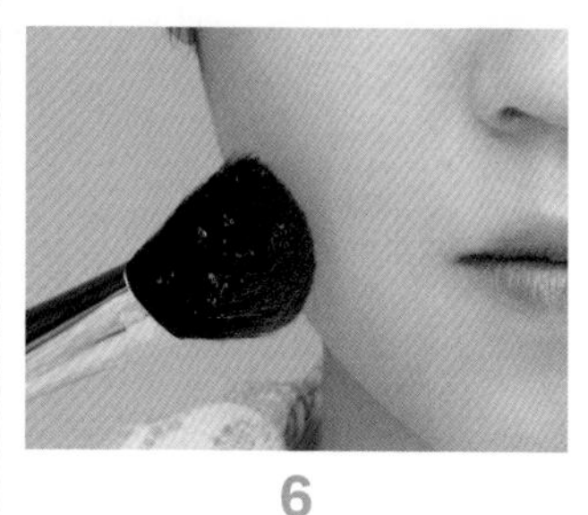

6

再在下颌角和腮帮的位置刷高光，可以使脸颊看起来更饱满。

圆形脸修容画法

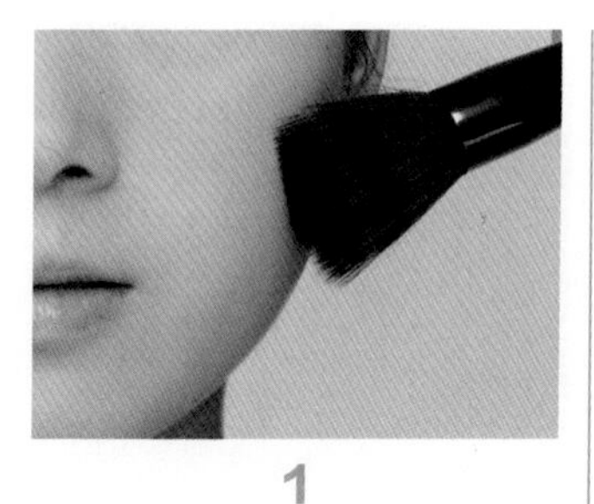

1

蘸取阴影粉，从脸颊两侧开始涂抹，减少圆脸带给人的肉嘟嘟的感觉。

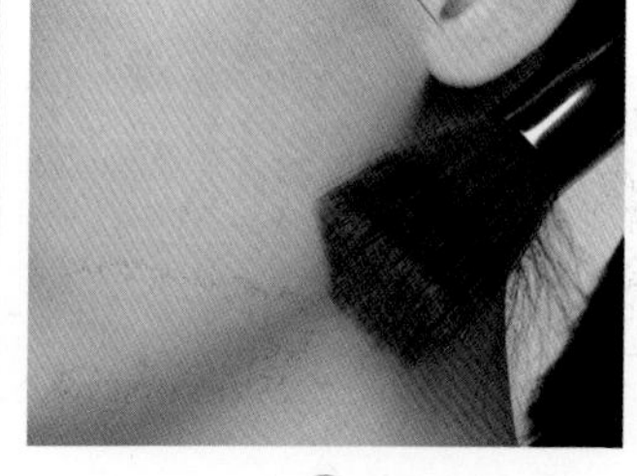

2

在下颌角和腮帮涂抹阴影粉，让面部线条看起来更明显。

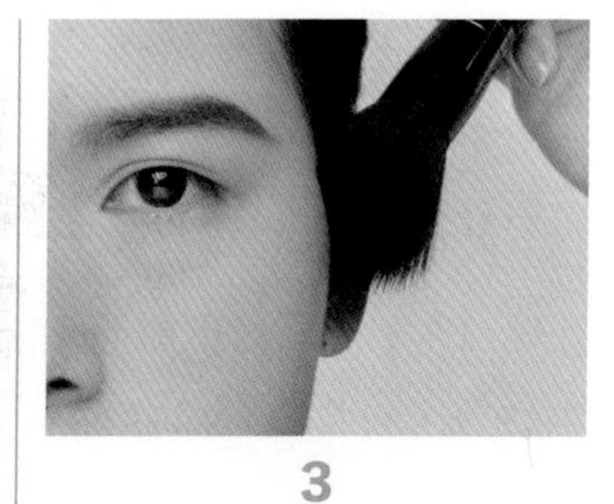

3

在颧弓处涂抹阴影粉，可以从视觉上缩短面部的宽度。

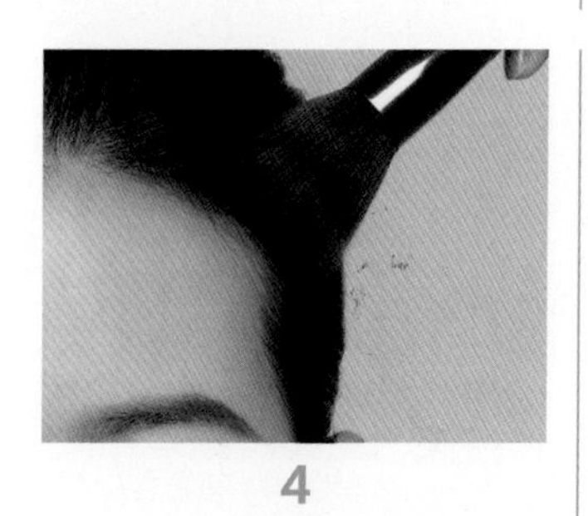

4

在发际线两侧也打上阴影，可以让额头看起来变窄。

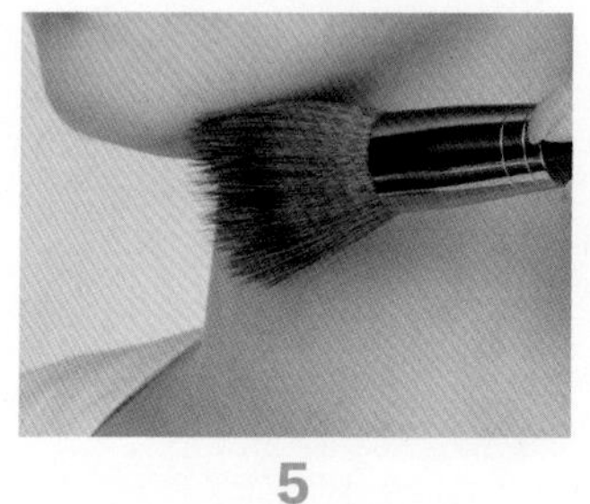

5

在下巴两侧涂抹阴影粉，减弱下巴的圆润感。

6

轻轻扫过脖颈，使下巴与脖颈没有不自然的分界感。

眉毛画法

标准眉形是依照每个人的五官比例延伸出的眉形，所以每个人都有一个属于自己的标准。当要变换其他眉形时，也要在标准眉形的基础上进行调整，才能达到理想的效果。因此，只要学会了标准画眉法，再多加练习，就能举一反三。

眉毛标准画法

确定标准眉形

虽然每个人的五官都不尽相同，但只要找对三个点，就能得到属于自己的标准眉形。

第一个点：眼头往正上方延伸至与眉毛相交的点，就是标准眉形中眉头的位置。

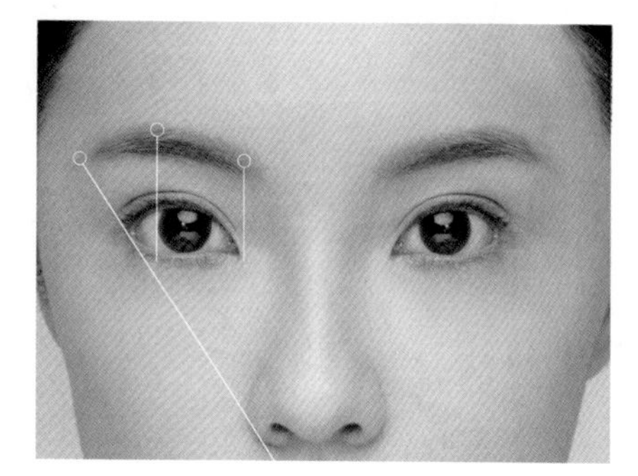

第二个点：眼珠外侧边缘往正上方延伸至与眉毛上缘相交的点，就是标准眉形中眉峰的位置。

第三个点：将鼻翼和眼尾连线，延伸至与眉毛相交的点，就是标准眉形中眉尾的位置。

同学们要注意，眉尾不能比眉头低，不然就会呈现出倒眉（霉）。眉毛的宽度可以根据脸形和五官的大小来调整，粗眉适合大眼，细眉适合小眼。此外，眉头的颜色一定要比眉尾淡。

修眉

找好三个点并确定眉毛的形状之后，就可以将周围的毛发修掉，让眉形更好看。

修眉毛前需要用手把皮肤撑平，再顺着眉毛的生长方向修出形状，最后逆着眉毛的生长方向，将眉毛的根部修干净。

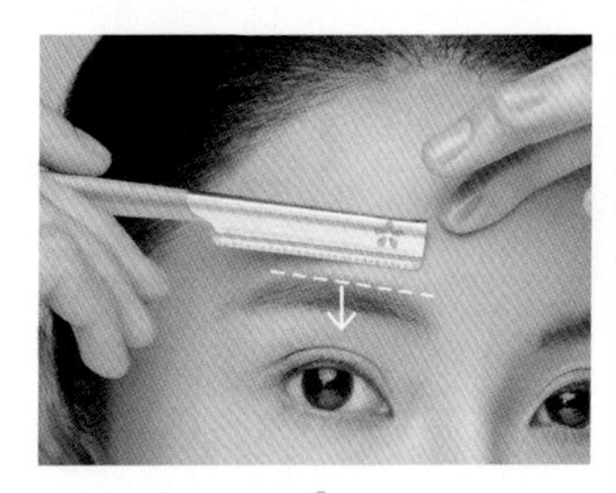

1

按照图片中的手法拿修眉刀，从上往下，顺着眉毛的生长方向修掉眉毛附近的杂毛。

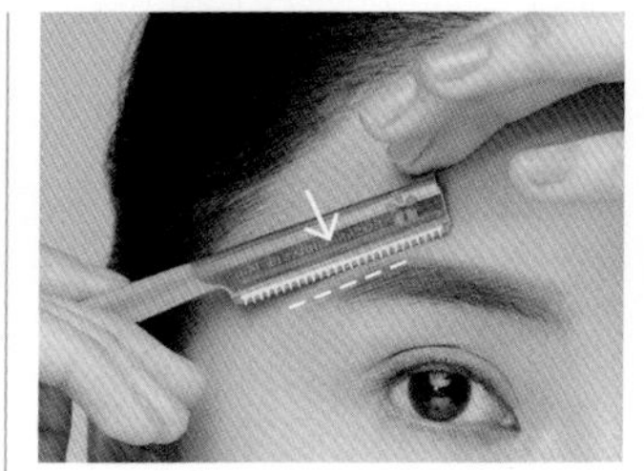

2

按照图片中箭头的方向，修掉太阳穴附近、发际线至眉毛这块区域的杂毛，修出眉尾。

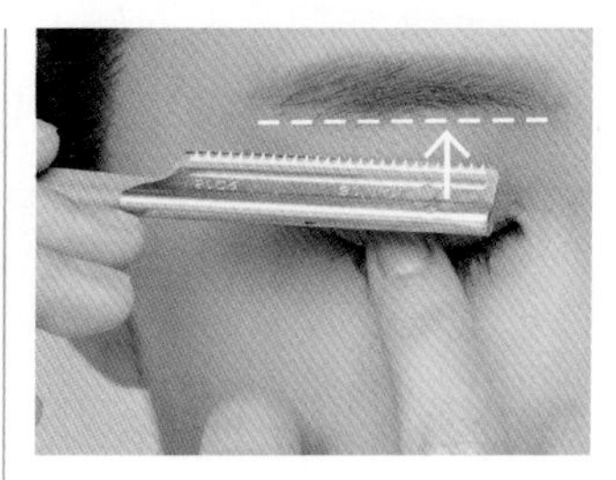

3

轻轻将眼皮中间向下拉紧，使眉头和眉尾呈一条直线，再按照图片中箭头的方向修掉杂毛。

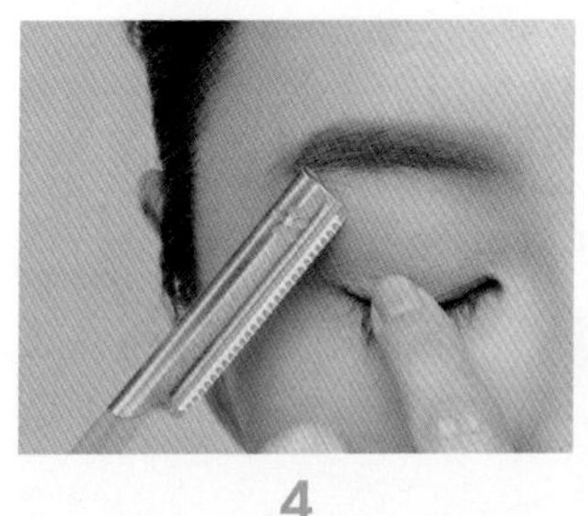

4

由于眼睛周围的皮肤较柔软，顺着眉毛的方向修眉不容易将眉毛修干净，因此需要逆着眉毛的生长方向，将露出皮肤的毛发根部修干净。

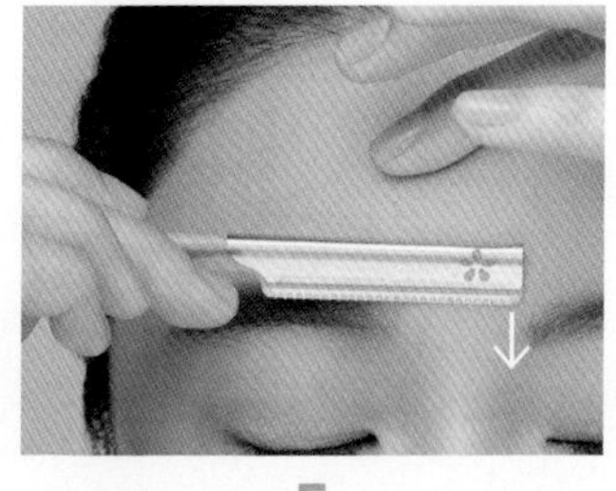

5

最后，从上往下修眉心处的杂毛，用刀头修掉眉心左边的杂毛，定出眉头位置。

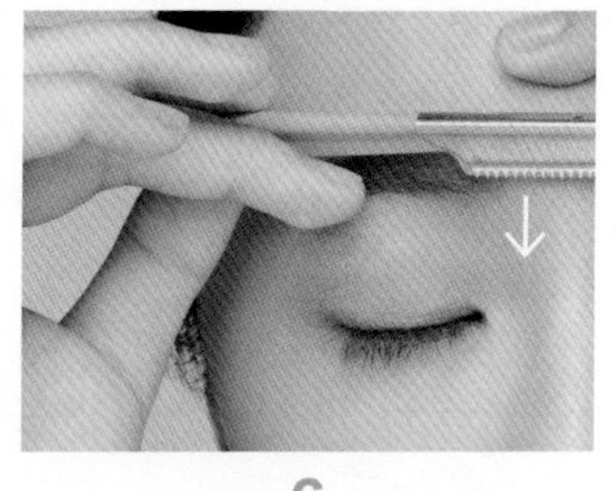

6

用刀尾修眉心右边的杂毛。

画眉

很多女孩觉得画眉很麻烦，为了省略画眉这一步骤而选择文眉。无论是从化妆角度还是从肌肤保养的角度来讲，老师都不提倡同学们去文眉。

虽然每位文眉师都声称自己文眉的颜料天然、无刺激、终生不会变色，但事实上很多女性文眉后仅仅三四年的时间，眉毛就出现了变色、掉色的情况。因为黑色的颜料一般是由红、黄、蓝三色的颜料调出来的，不同的颜色持色度不同，所以时间久了，往往会只剩下蓝色、红色的颜料。且文眉属于创伤性的美容手段，当颜料进入皮肤后，想要把它们彻底清除，并不是那么容易的事。

人体的细胞每天都在进行新陈代谢，人的阅历会逐年增长，气质和审美倾向也在随着时间而变化。也许去年还适合自己的眉形，到了今年就“不堪入目”了。而且，每个人左右脸的老化速度不同，肌肉松弛速度也有区别，文眉后，随着肌肉松弛，可能会出现高低眉的情况。

因此，与其想尽一切办法去折腾眉毛，倒不如学会自己画眉。

修出眉形后，根据自身情况，调整眉毛的粗细，就能画出一个适合自己的标准眉形啦。

下面，老师以椭圆形脸为例，示范眉毛的标准画法。

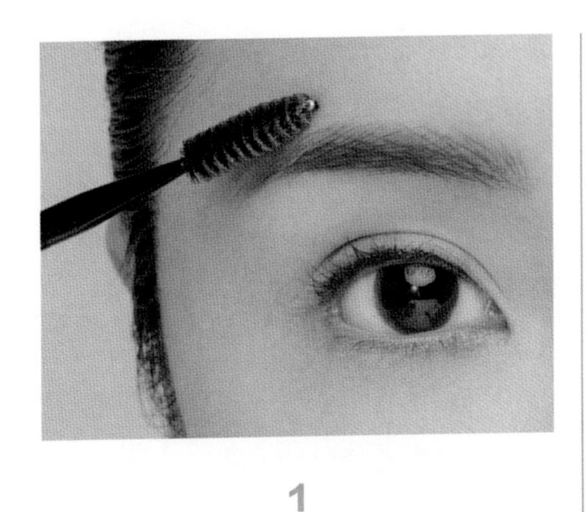

1

先用螺旋梳梳理眉毛。

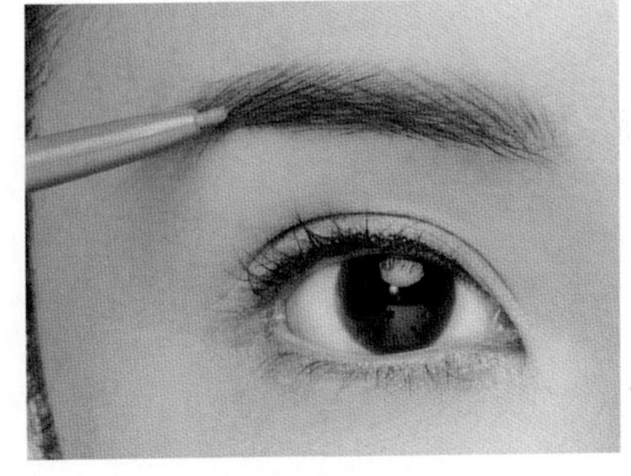

2

选择一款颜色和发色相似的眉笔，勾勒眉形和填补眉毛空隙。

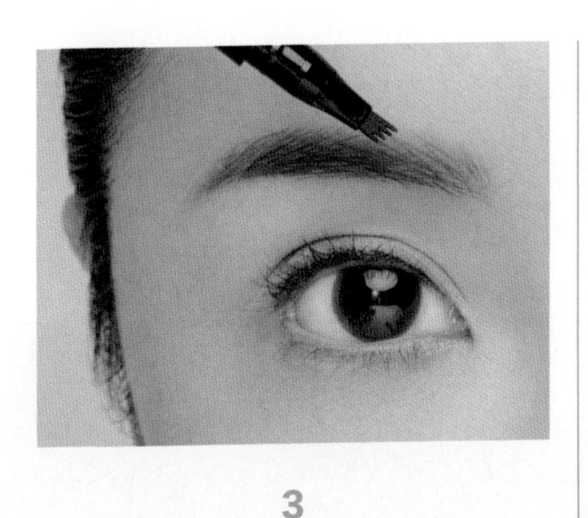

3

用液体眉笔进行精细的刻画，画出根根分明的眉毛。

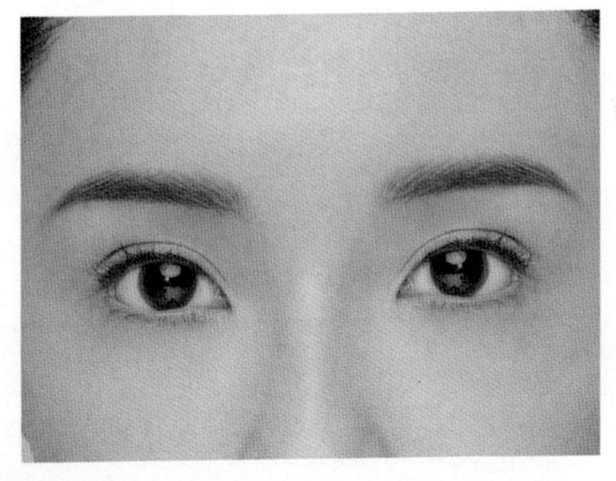

4

完成。

不同脸型适合的眉毛画法

方形脸眉毛画法

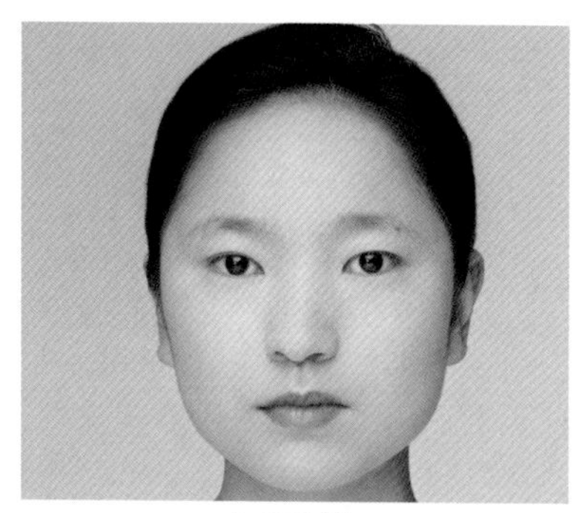

画眉前

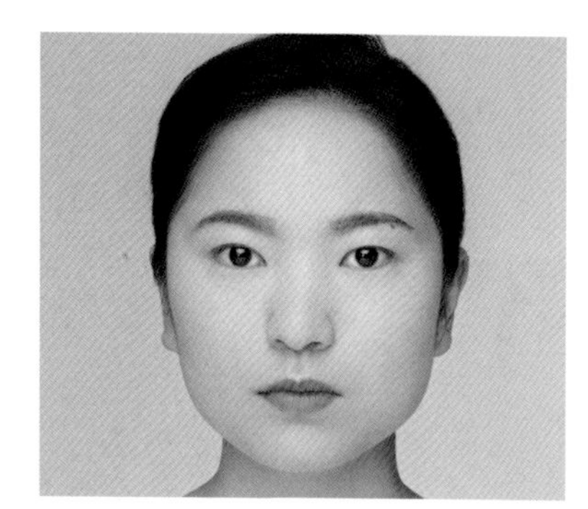

画眉后

方形脸的同学眉毛不能有明显的棱角和角度，眉毛宽度不宜太细，眉心的弧度要大一些，眉峰可稍稍往外延伸，眉尾要高于眉头至少 0.5 厘米。此外，眉尾可比标准眉延长 0.3 厘米，这样可以让脸看起来圆润些。正三角形脸的眉毛画法与方形脸的相同。

菱形脸眉毛画法

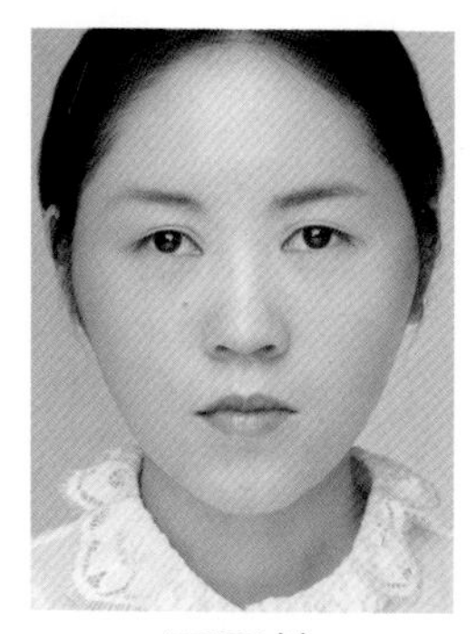

画眉前

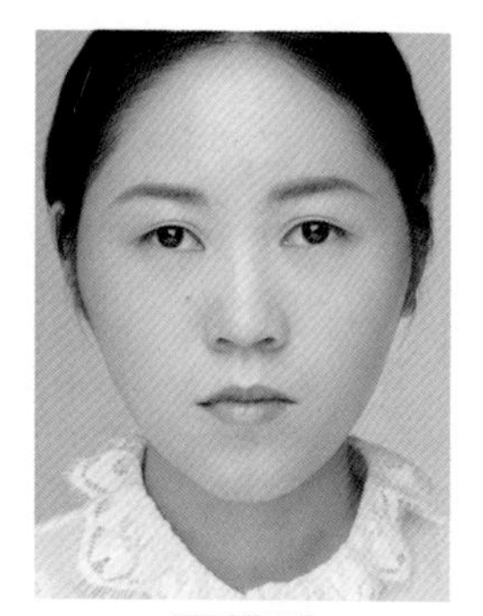

画眉后

菱形脸的特点是眉弓比较突出，额头和下巴较窄。这类脸型的同学画眉时，可以稍稍将眉峰带圆，使眉形没有明显的角度，面部看起来也会更饱满。

圆形脸眉毛画法

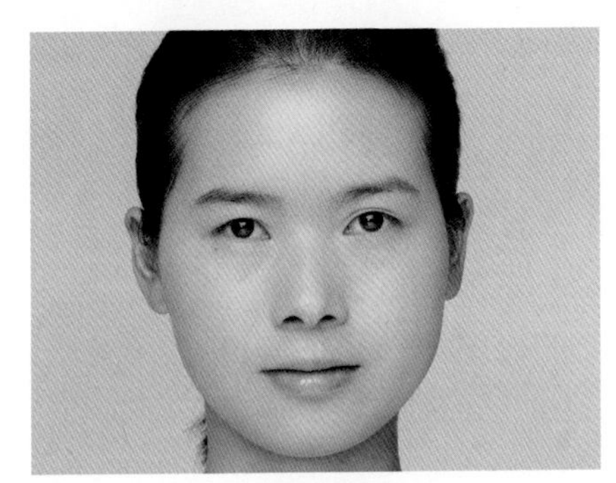
画眉前

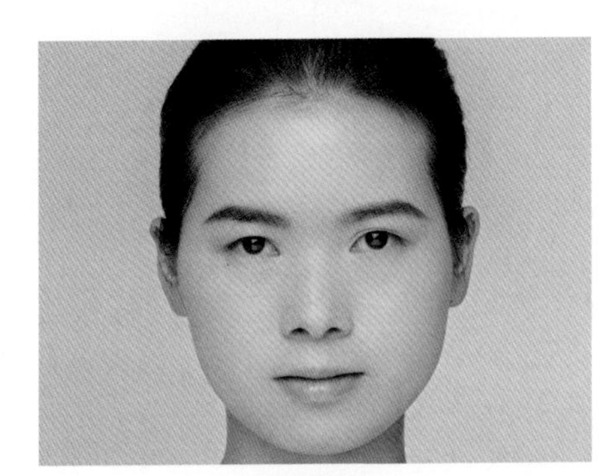
画眉后

圆形脸的特点是整个脸蛋看起来肉肉的。在画眉毛的时候，可以将眉毛稍稍画粗，并且将眉尾上挑，可以削弱圆脸的肉感，从视觉上拉长脸形。画眉时，还要将眉峰画得略明显一些，眉尾可以比一般标准眉延长 0.3 ~ 0.5 厘米，这样可以从视觉上改变圆脸的弧度。

长形脸眉毛画法

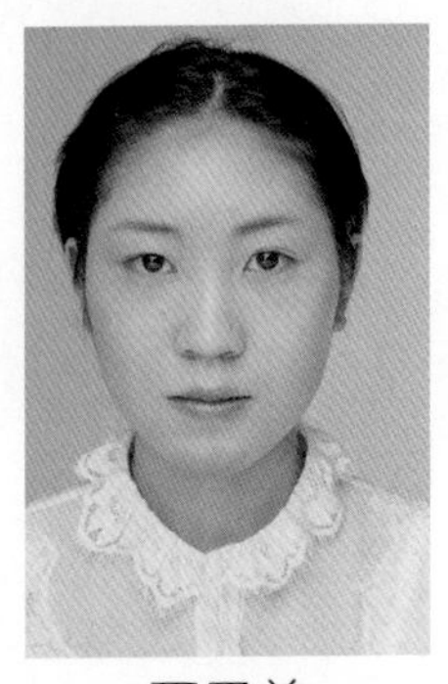
画眉前

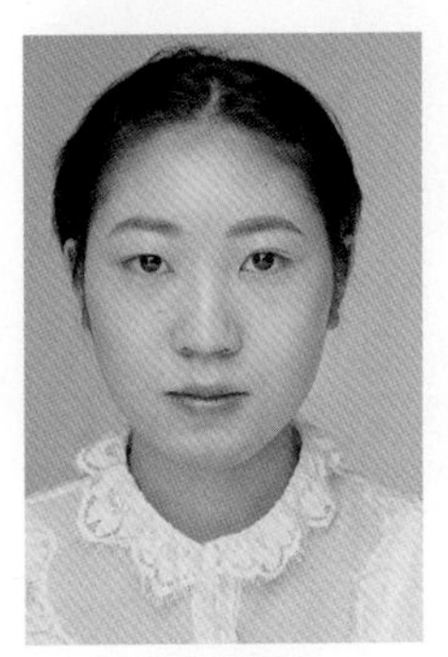
画眉后

长形脸的同学画眉时，可让眉头与眉尾同高，眉形不要有太明显的弧度，尽量画平一点儿。眉尾可比原本标准眉的长度长 0.3 ~ 0.5 厘米。

倒三角形脸眉毛画法

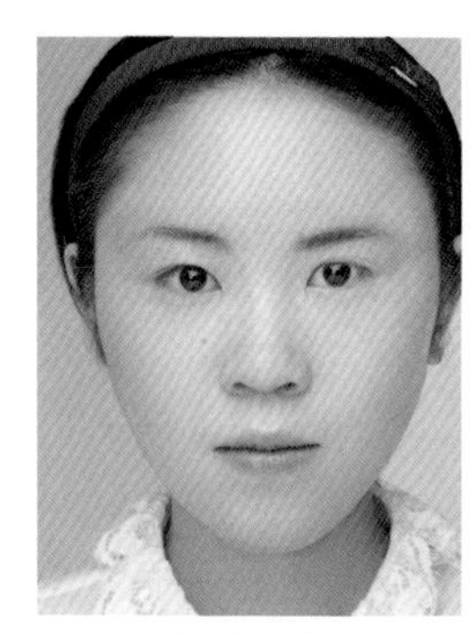
画眉前

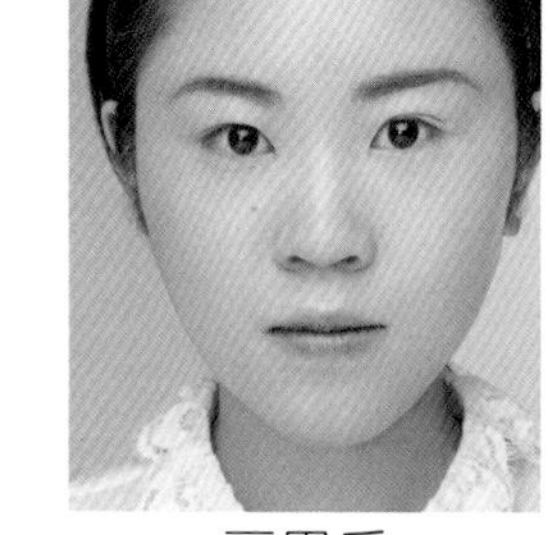
画眉后

拥有倒三角形脸的同学画眉时，要把眉峰画得圆一些，从眉头到眉峰再到眉尾要呈现缓和、自然的弧度，略带弯度的眉形可以使人的气质更柔和。

眼妆画法

脸的理想宽度为五只眼睛的长度，即两眼之间的距离 = 眼睛长度 = 眼尾到发际线的距离，两只眼睛的长度与双眼间距的比例是 1 ： 1 ： 1。化标准眼妆时，可以以此为标准。

只要掌握了标准眼妆的化法，就能在此基础上化其他类型的眼妆，所以接下来，老师会教大家如何化标准眼妆。

眼妆标准画法

1

蘸取适量浅色眼影粉。

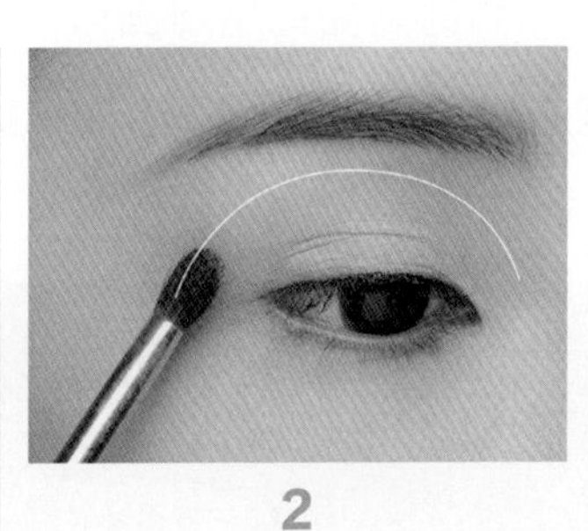

2

在整个眼窝涂抹浅色眼影粉。

3

换另外一支眼影刷，蘸取适量灰棕色眼影。

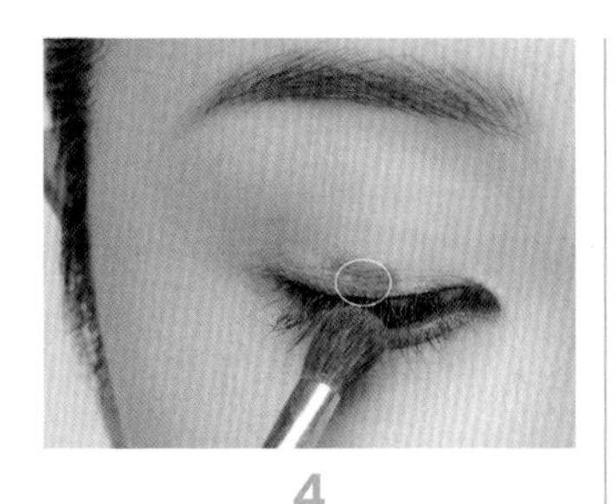

4

涂眼影时，需要先从瞳孔上方的位置开始涂。

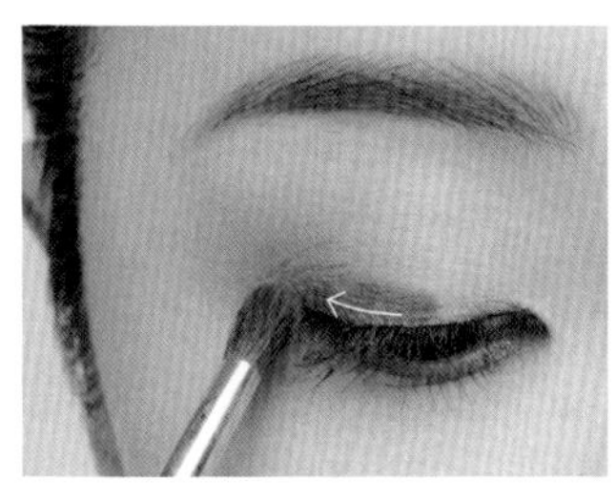

5

从眼皮中间往眼尾的方向晕染。

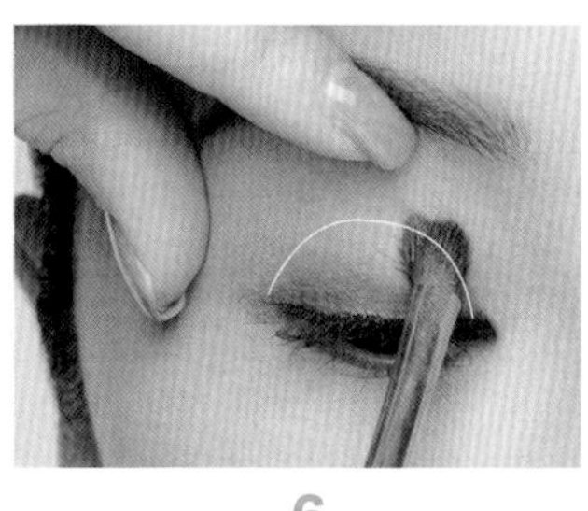

6

再从眼尾往眼头晕染，可以用手指轻轻将眼皮向上提拉，在眼皮褶皱处晕染。

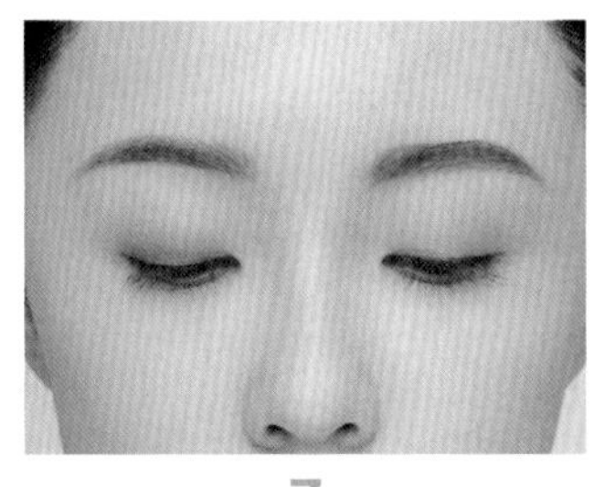

7

晕染之后，要检查是否有晕染不到位的地方，检查并晕染到位后才能进行下一步。

8

选择一款深色的眼影，用较小的眼影刷蘸取适量眼影粉。

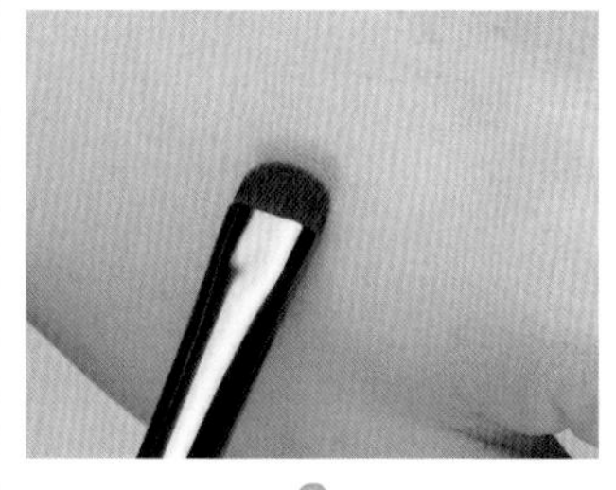

9

在手背上将眼影轻轻晕开试色，使眼影均匀分布在刷毛上。

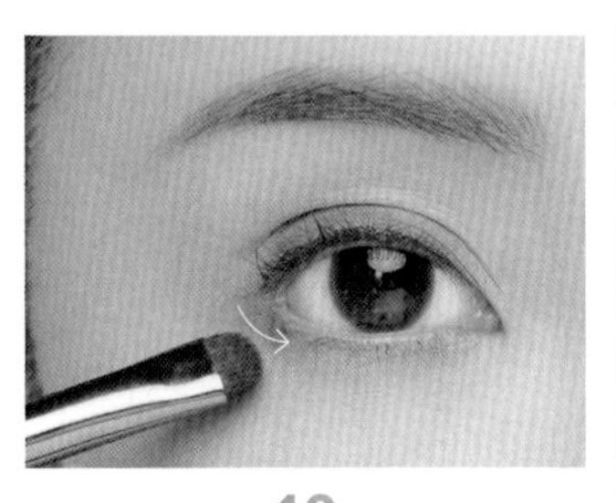

10

紧贴睫毛根部晕染深色眼影。

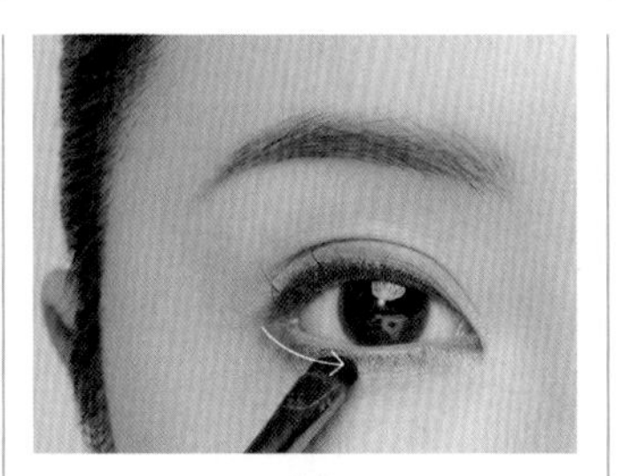

11

按照图中箭头的方向在下眼睫毛根部晕染，晕染的长度不能超过眼睛长度的一半。

12

蘸取一款颜色更深的眼影。

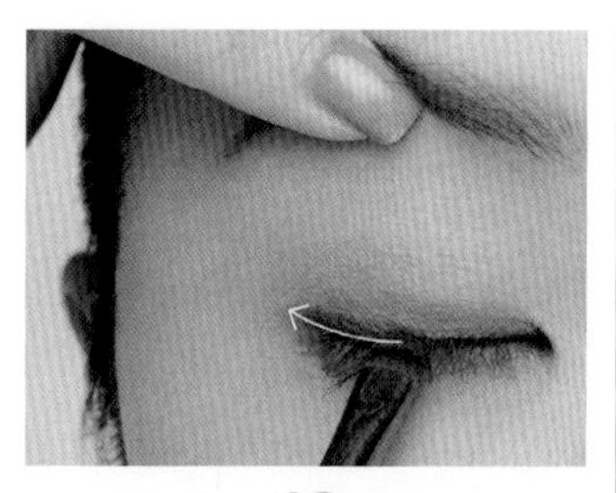

13

依旧从中间开始，向眼尾晕染眼影。

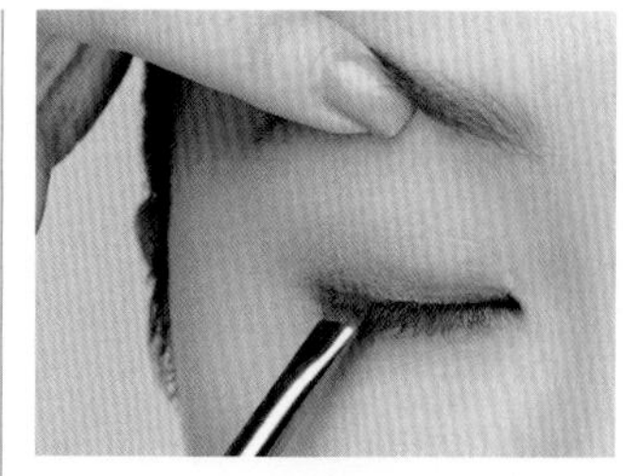

14

将深色的眼影涂抹于睫毛根部，打造出眼线的效果。

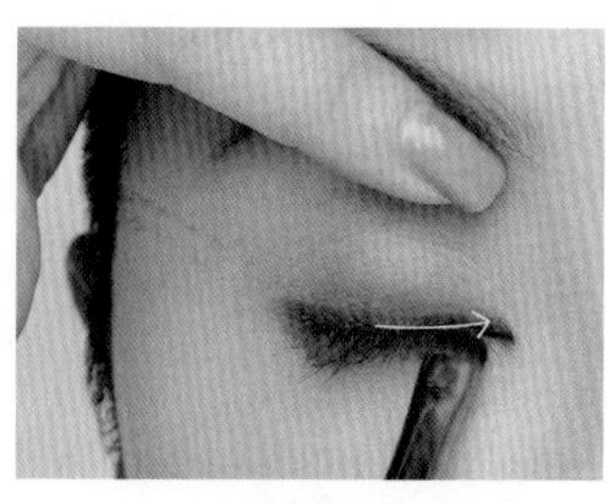

15

再慢慢过渡到眼头，这时候，刷毛上的眼影粉已经较少了，可以有效避免下手过重。

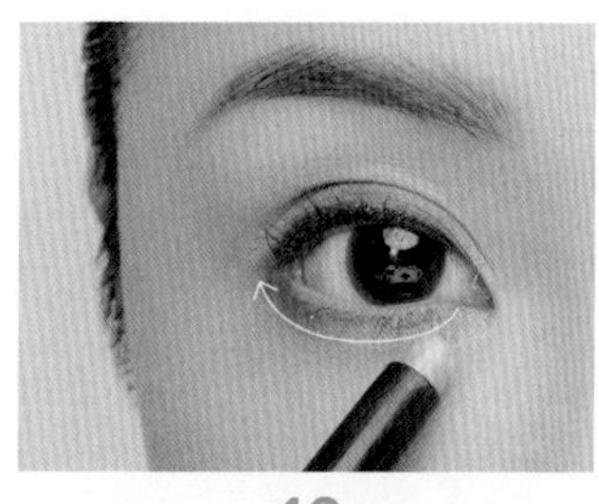

16

选一款浅色眼影画下眼睑，从眼头向眼尾晕染。

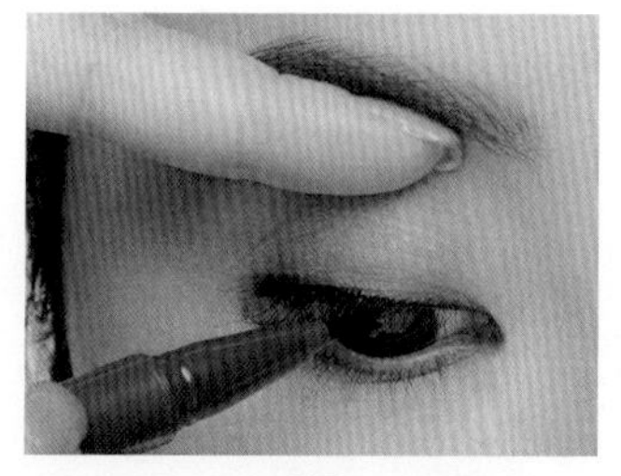

17

在画眼线的时候，老师会选择棕色的眼线液笔，使人看起来不会那么凶。

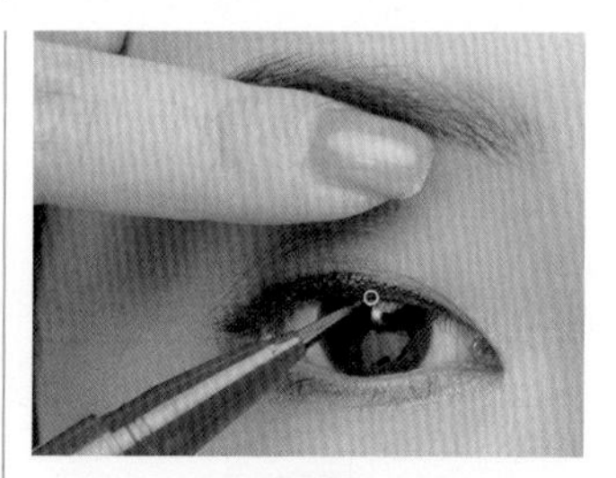

18

把眼皮轻轻撑开，用眼线液笔填充睫毛根部的空隙，画内眼线。这样睁开眼睛时，睫毛根部才不会出现一条白线。

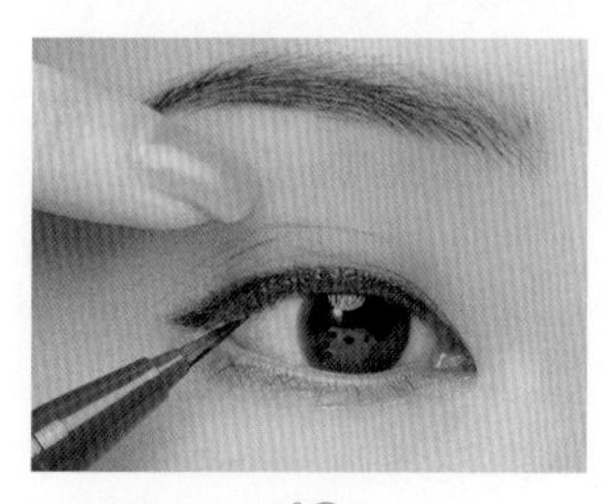

19

慢慢往眼尾方向画。要保证眼睛睁开时眼线的粗细非常均匀，这样看起来会比较自然。

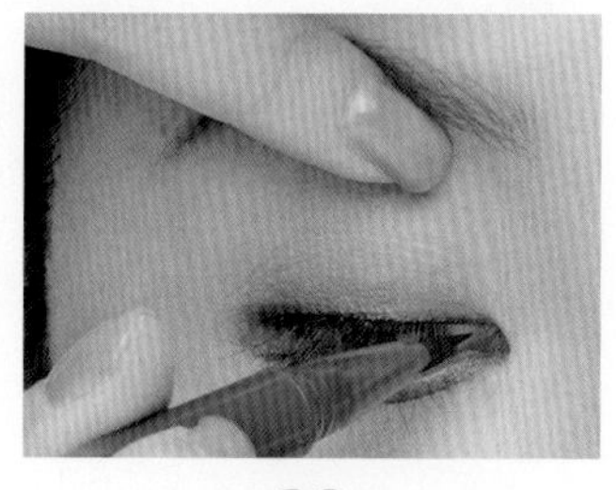

20

将眼头的皮肤轻轻往上提拉，画眼头的眼线。

21

完成睫毛根部的填补之后，顺着眼形画出自然的外眼线即可。

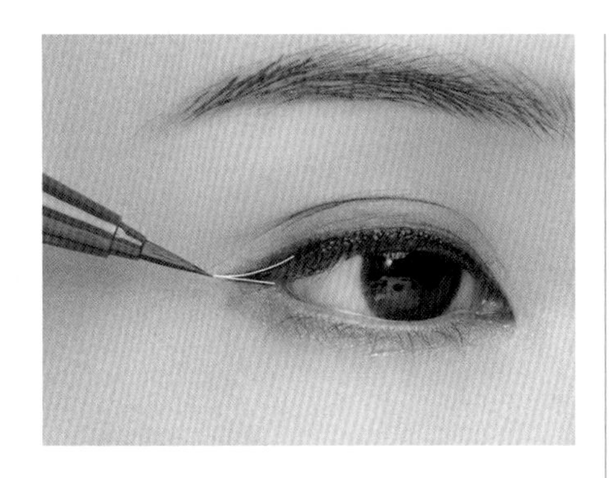

22

画眼尾时，不需要刻意拉长或使眼线刻意上扬。

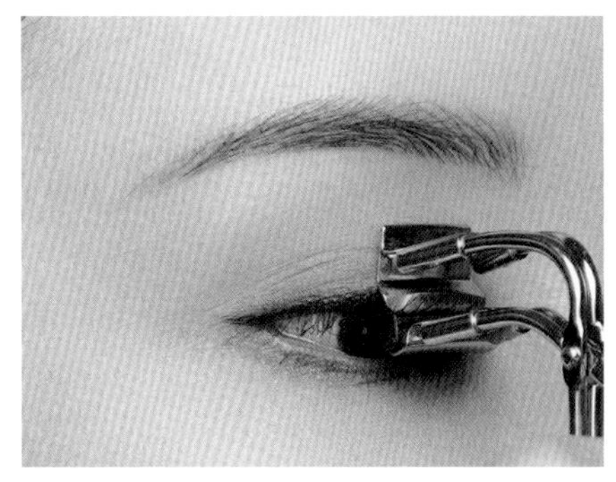

23

亚洲人的眼睛弧度较平缓，普通的睫毛夹很难照顾到全部睫毛，所以老师喜欢用局部睫毛夹，将睫毛分为眼头、眼中、眼尾三段，分段夹翘。

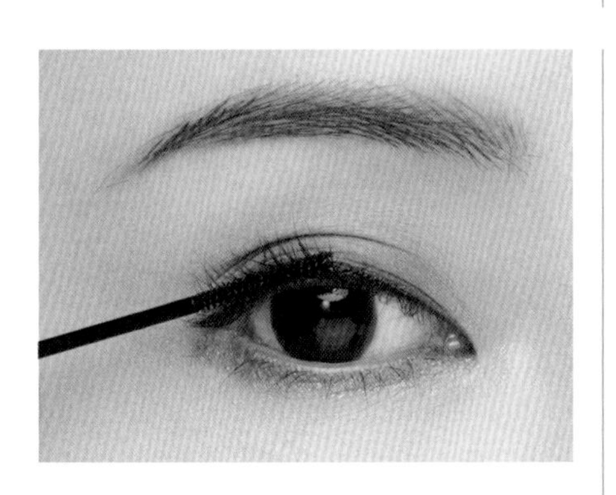

24

以“Z”字形方式移动睫毛刷，涂刷睫毛膏。

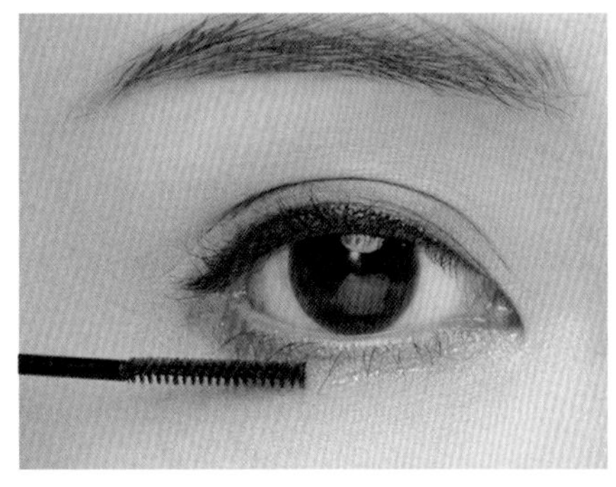

25

刷下睫毛时，一不小心就容易把睫毛膏刷到皮肤上，这时可以将睫毛刷倾斜，只用刷子的顶端涂刷睫毛膏。

小贴士

画眼线时，不管是用眼线膏、眼线液笔还是眼线胶笔，都请在瞳孔的正上方画第一笔，以点的方式往眼头和眼尾延伸。如果从眼头开始画，新手很容易因为下手太重，造成“灾难现场”，很难补救。

画眼影时，我们需要找到眼窝的位置。将眼皮微微上提，用另一只手摸眼球的位置，眼球所在的位置就是大家常说的眼窝，也就是画眼影的范围。除了化特效妆外，眼影的涂抹区域一般不会超出眼窝。

眼影画对了，能放大双眸，更能突显眼睛的神采。虽然眼影看起来层次感很强，但其实并不是很难画。无论是内双、单眼皮还是双眼皮，画眼影的宗旨都是距离眼睛越近，眼影颜色越深。只要掌握了这个诀窍，就能把眼影画好。

不同眼型适合的眼线画法

老师在上面给大家展示了眼妆的标准画法。下面，在讲眼妆变化画法之前，老师先重点讲一下眼线的画法。

只要掌握了画眼线的技巧，坚持练习，就会熟能生巧，想要化不同风格的眼妆时，也能得心应手。

在画眼线之前，大家要先认识自己的眼型，这样才能根据眼型的特点画出适合自己的眼线。下面是一些比较常见的眼型，大家来看看自己的眼睛属于哪一种。

标准眼形

标准眼形的内眼角和外眼角之间的连线应趋于水平，内眼角是打开的，双眼皮折痕线呈自然的月牙形，双眼距离适中，两只眼睛的长度与双眼间距的比例约为 1 ： 1 ： 1。

在画眼线时，拥有标准眼形的同学基本上只要照着上面说的标准眼妆画法来画，就没有太大问题。

下垂眼

拥有下垂眼的同学，内眼角高于外眼角。在画眼线时，要将下眼头的眼线画得明显一点，再加强上眼尾眼线的刻画。注意要把眼下三角区留出来，这样可以达到平衡眼形的目的。

近心眼

拥有近心眼的同学，两眼距离比较近，可以在眼头位置涂上浅色眼影或者高光，并着重刻画眼尾的眼线和眼影，将眼线和眼影向外拉长，就能达到在视觉上增大两眼间距的效果。

远心眼

拥有远心眼的同学，两眼间距明显较大，因此需要着重刻画内眼角。在画眼线的时候，将眼线往鼻梁的位置延伸 1 ~ 3 毫米，可以从视觉上拉近两眼的距离，并且不需要特别刻画和拉长眼尾的眼线。

内双

内双是指眼睛睁开后看起来是单眼皮，闭上后能看到一点儿折痕。内双的同学画眼线时请先睁开眼睛，然后想要眼线出现在哪里，就在哪里做个记号。之后就可以闭上眼睛，在记号到靠近睫毛根部的区域里填充眼线。

三白眼

三白眼的特点是上眼皮盖住了过多的虹膜和瞳孔，且虹膜距离下眼睑有一定的距离，眼白过多。老师建议拥有三白眼的同学戴美瞳来遮盖过多的眼白，这样人看起来会更有精神。此外，拥有三白眼的同学不适合画将眼睛框起来的全眼线，只画上眼线或者下眼线就好。

细长眼

细长眼的特点是眼睛又细又长，虹膜及眼白露出相对较少。拥有细长眼的同学画眼线时，需要让眼睛看起来更圆润，因此可以着重加强瞳孔正上方和正下方的眼线宽度，切忌加长眼头和眼尾的眼线。

圆眼

拥有圆眼的同学，上睑缘和下睑缘距离较大，虹膜和眼白露出较多。他们无论画上眼线还是画下眼线，都可以将眼线略微拉长，减弱圆眼的圆润感，使人看起来更秀气、精致。

丹凤眼

丹凤眼的内眼角略低于外眼角，画上眼线时可以着重画眼头，画下眼线时则着重画眼尾。

眼妆变化画法

打造可爱、无辜感的眼妆画法

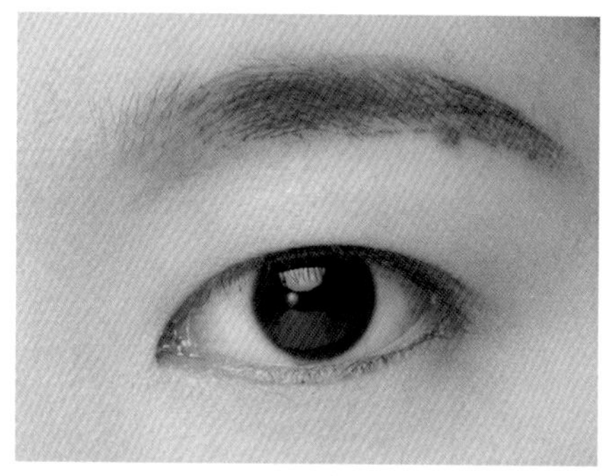

化眼妆前

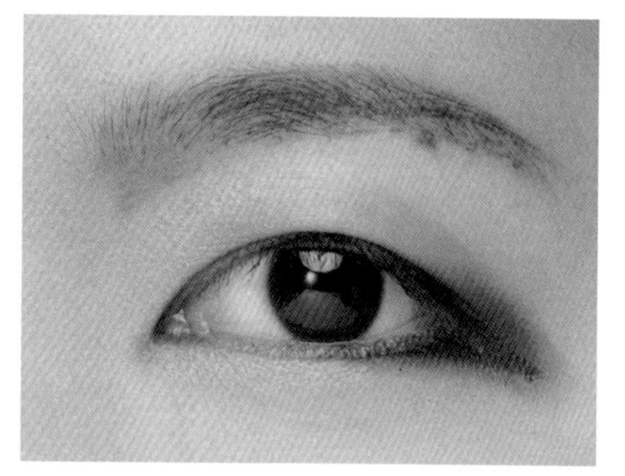

化眼妆后

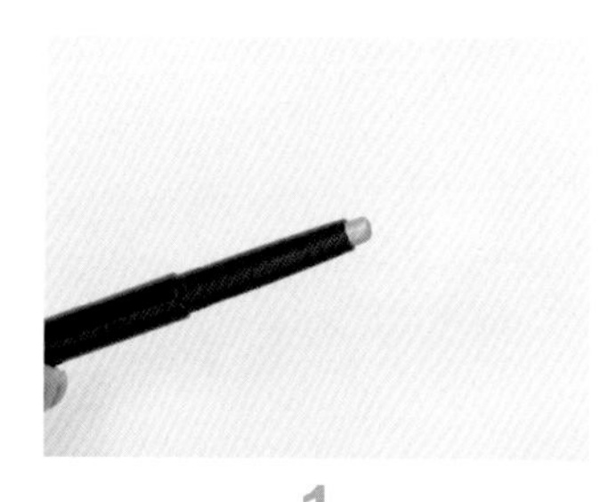

1

选一款浅色眼影。

2

在眼窝位置涂抹浅色眼影作为打底。

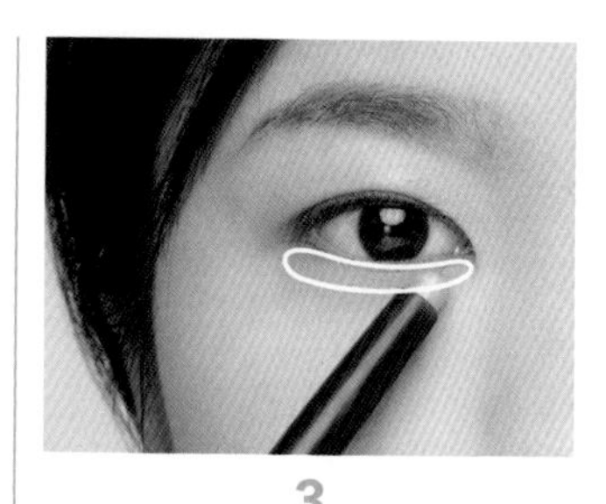

3

在下眼睑位置同样用浅色眼影打底。

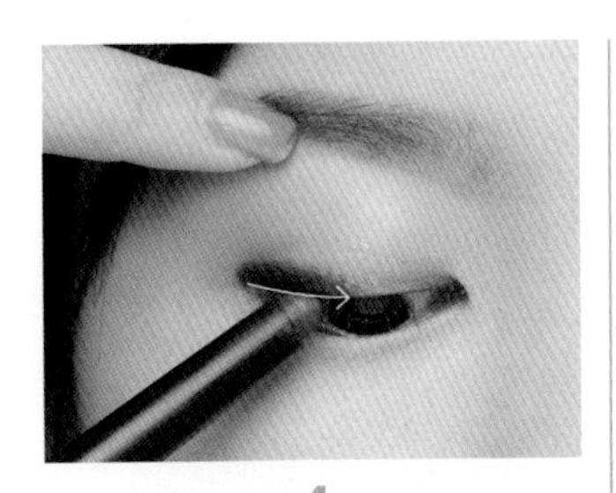

4

选择一款深色的眼影，从眼尾开始涂抹到眼中。

5

将深色的眼影涂在下眼尾 1/3 处，让眼尾呈现微微向下垂的效果。

6

用眼影刷将下眼尾的眼影晕开。

7

用工具比对眼头和眼尾的位置，用深色眼影填补眼尾三角区，让眼尾低于眼头。

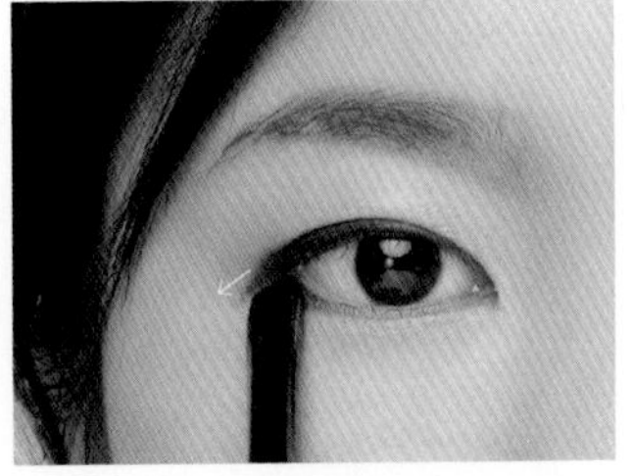

8

确定好位置之后，再次晕染眼尾的眼影。

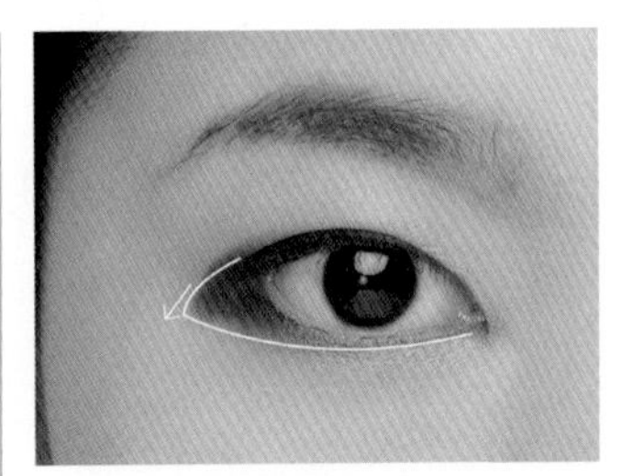

9

平视镜子，检查眼影的晕染效果，确定眼尾低于眼头。

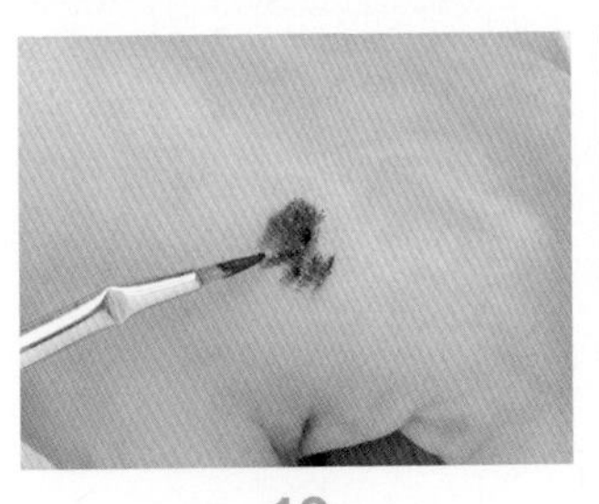

10

蘸取眼线膏。

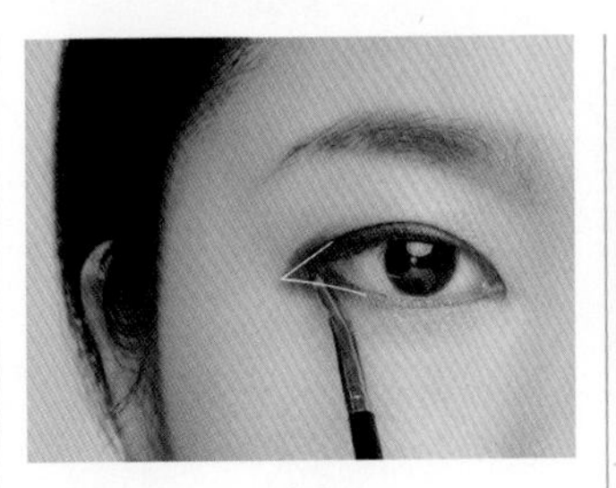

11

用眼线膏填补眼尾三角区。

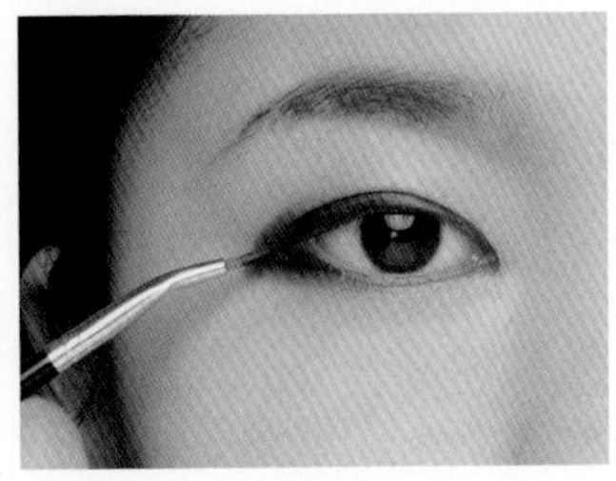

12

将上眼线稍稍斜向下拉，加强眼尾的下垂感。

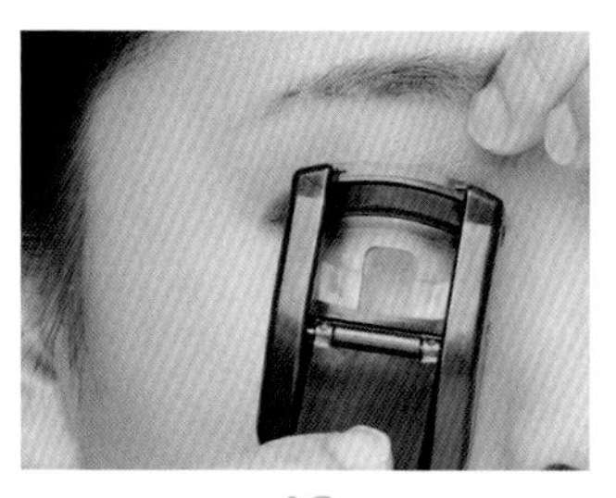

13

用睫毛夹将睫毛夹翘，无辜眼妆的睫毛效果不是妆容的重点，因此睫毛略微卷翘就好。

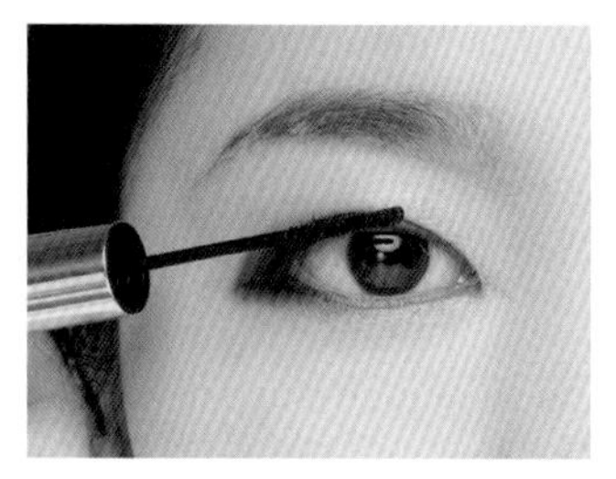

14

用睫毛膏将睫毛刷得更浓密一些。

小贴士

无辜感眼妆的重点是眼线部分。如果眼头比较尖，可以在眼头的部分将眼线加粗，并画圆一点，这样睁开眼睛时，眼头处会显得比较圆润。眼尾的眼妆要稍微往下画一点，使眼尾低于眼头。

下眼线的部分也是重点，眼中位置的眼线要画得离睫毛根部近一点才自然。

睫毛不是这款妆容的重点，要避免将睫毛夹得过翘，否则会减弱眼妆给人的无辜感。

放大双眼的眼妆画法

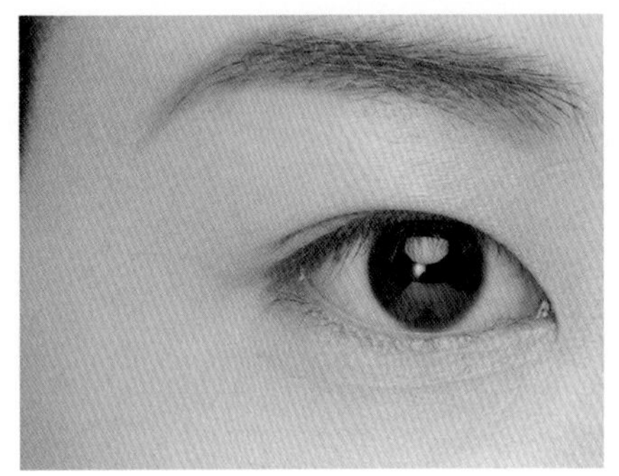
化眼妆前

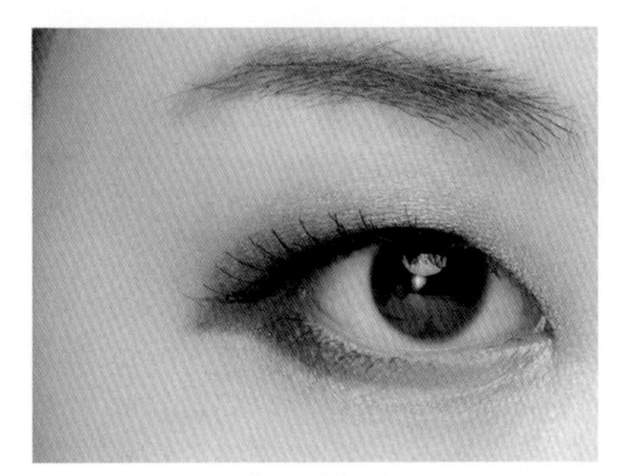
化眼妆后

1

选择一深一浅两种颜色的眼影。

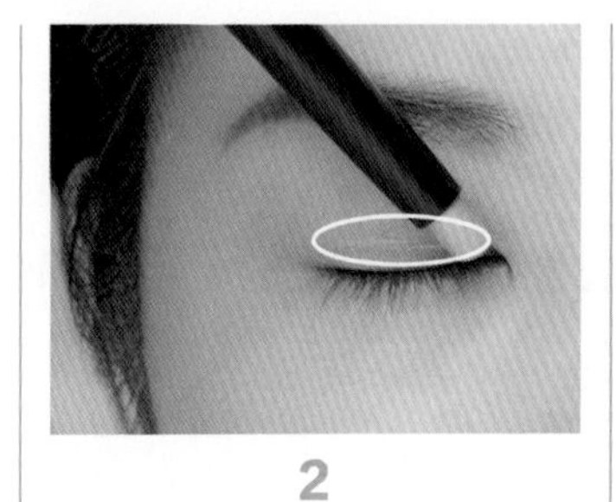
2

在图中所示的范围，用浅色的眼影打底。

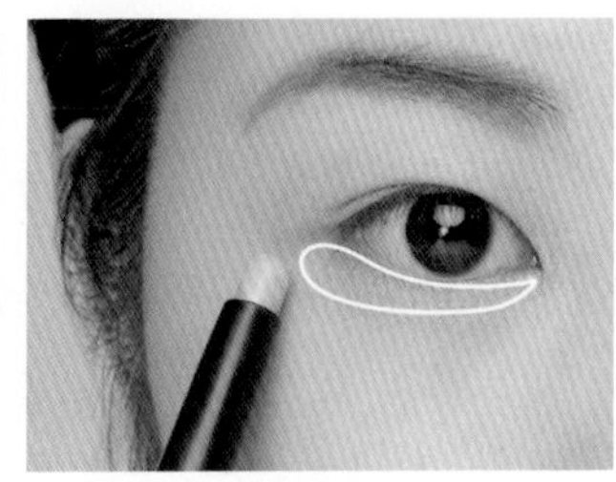
3

在下眼睑的位置，同样用浅色眼影打底。

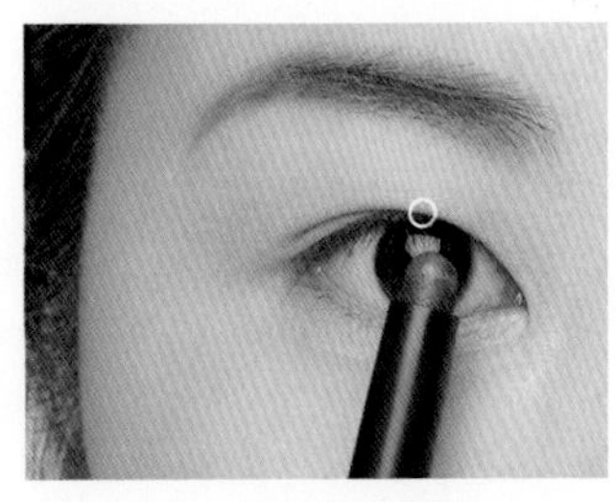
4-1

4-2

从瞳孔的正上方开始，沿着睫毛根部涂抹深色的眼影。

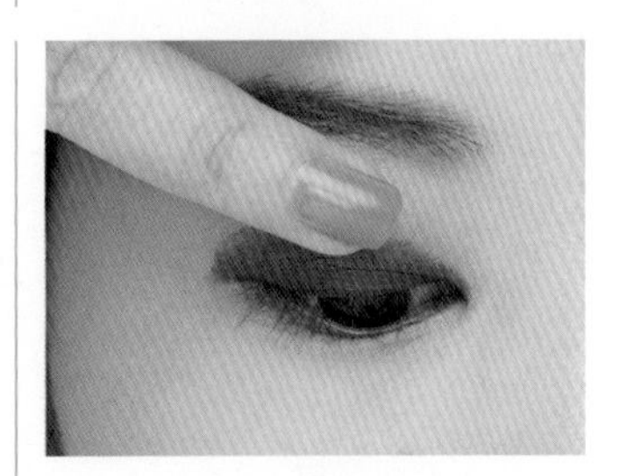
5

用手指将眼影晕开。

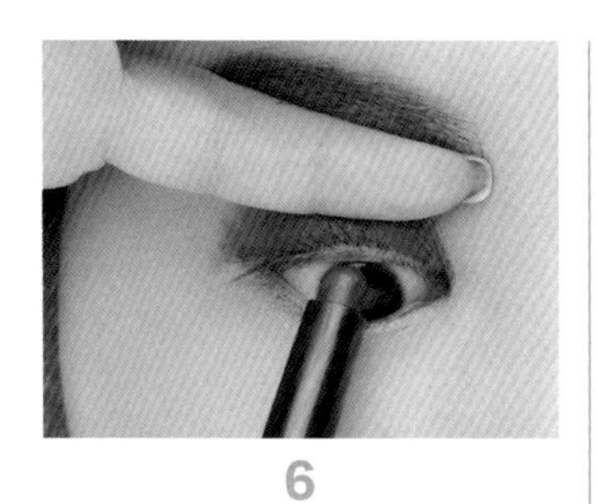

6

向上轻拉眼皮，将深色的眼影涂抹在上睫毛的根部。

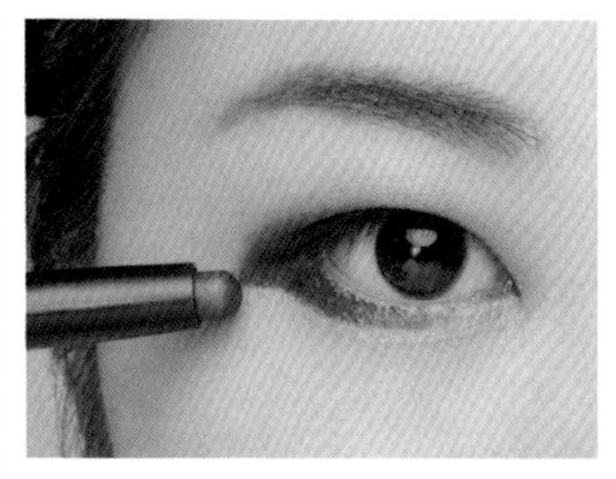

7

填充眼尾三角区和下睫毛根部的空隙，涂抹眼影的范围不能超过瞳孔。

8

蘸取浅色的眼影粉。

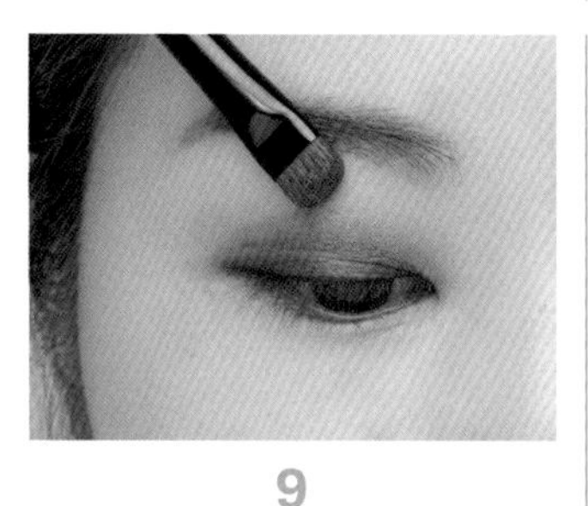

9

在眼窝上缘涂抹浅色眼影粉，达到提亮的效果。

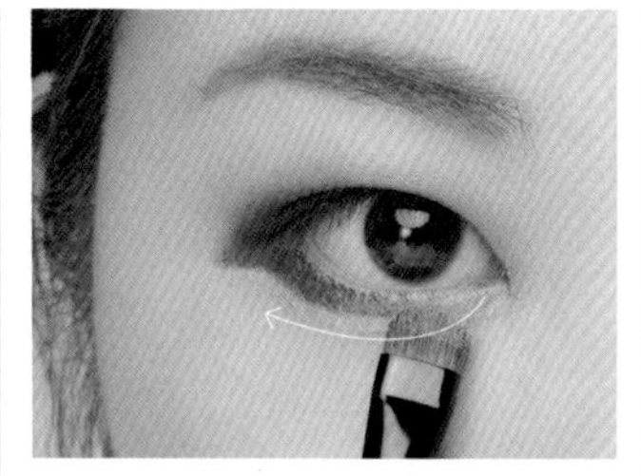

10

从眼头向眼尾，用眼影刷轻轻扫过下眼睑，使整个眼妆看起来更干净。

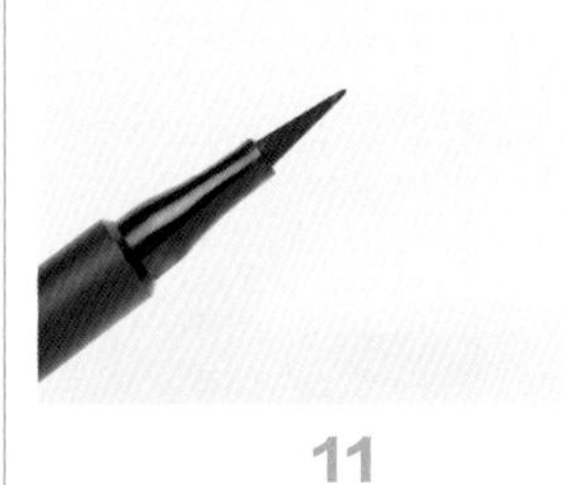

11

选择一支眼线液笔。

12

从瞳孔正上方开始，往眼尾方向画眼线。

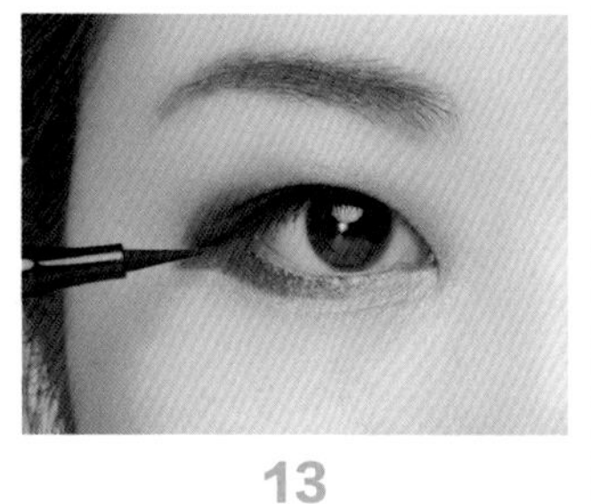

13

在眼尾处，将眼线拉长 5 ~ 6 毫米。

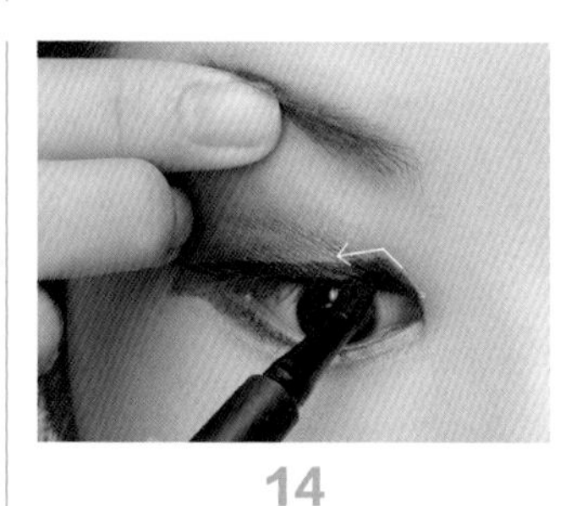

14

用手指撑开眼头堆叠的皮肤，确保将眼线画得饱满，使眼头的转角自然流畅。

15

剪掉假睫毛眼头的部分，留下较长的部分。在假睫毛根部涂上睫毛胶水。

16

在接近睫毛根部的位置也涂上一层薄薄的睫毛胶水。

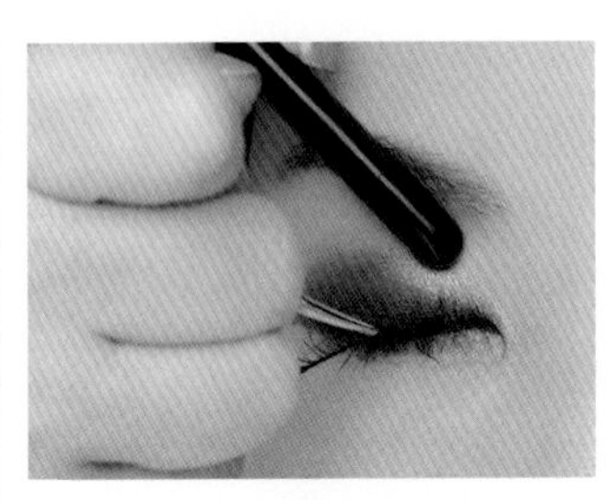

17

在距离眼头3毫米的位置，从眼头往眼尾粘贴假睫毛。

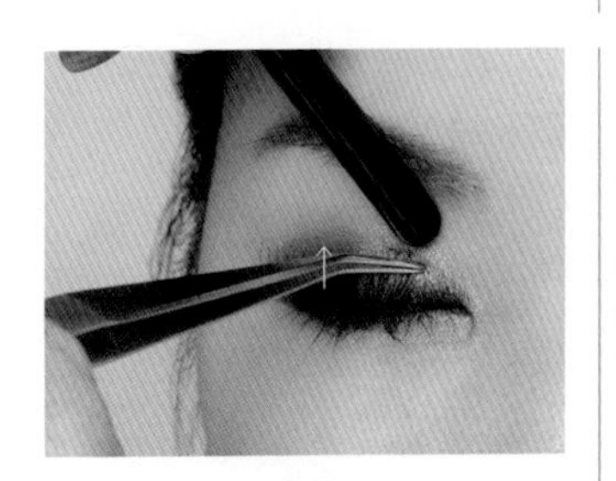

18

向上翻假睫毛进行定型，这样睁眼之后，假睫毛的卷翘程度会更好。

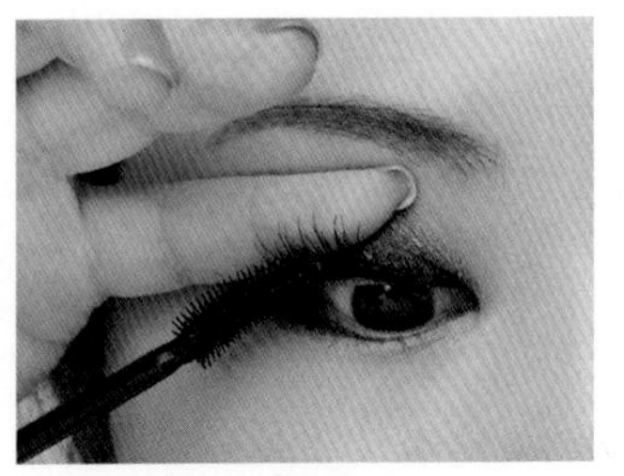

19

贴好假睫毛后，可以刷一次睫毛膏。如果担心睫毛膏弄脏眼影，可以将手指或其他工具放在睫毛上方，隔离眼影和睫毛膏。

20

浓密型的睫毛膏刷头都比较大，为避免弄脏下眼睑，可以用睫毛膏头部较细的部分刷下睫毛。

修饰过宽眼距的眼妆画法

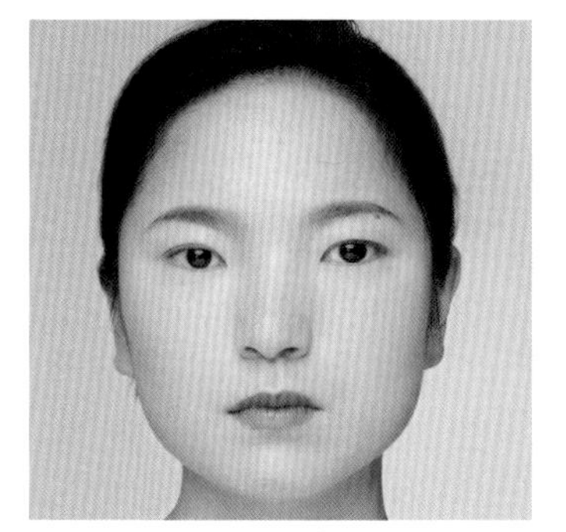
化眼妆前

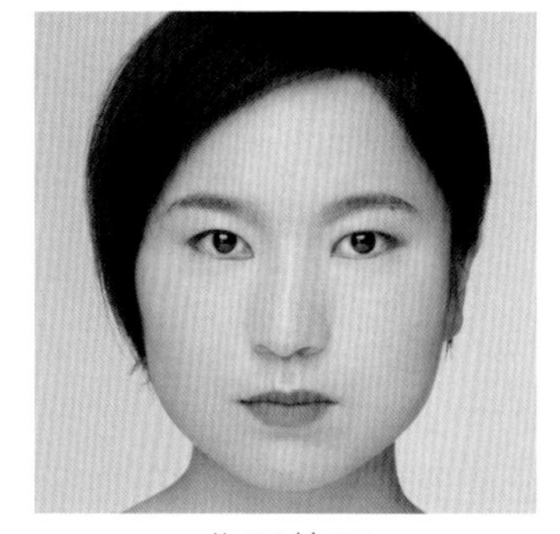
化眼妆后

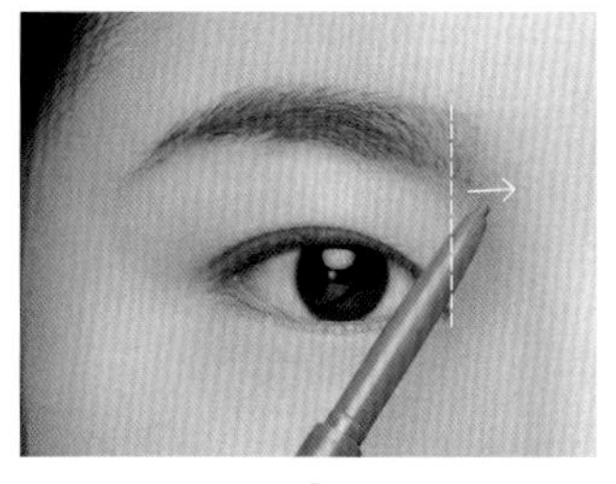
1

将眉头稍往眉心画一点，缩短眉心的距离，这样可以从视觉上缩短两眼的距离。

2

选择一支眼线液笔。

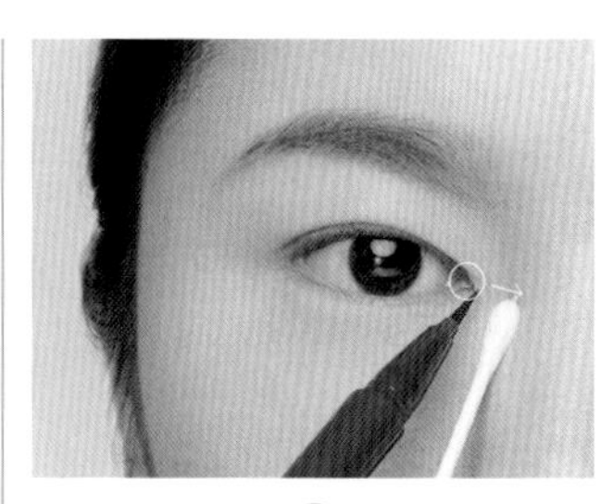
3

用棉签将眼头的皮肤往鼻梁的方向轻轻拉紧，用眼线做出开眼角的效果，如图所示，将眼线往鼻梁的位置画出 1 ~ 2 毫米。

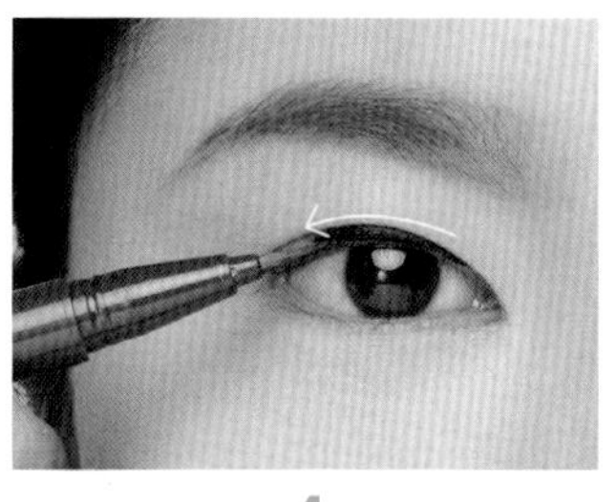
4

继续完成上眼线，从内眼角开始到瞳孔外侧边缘结束，画出眼线的基本形状。

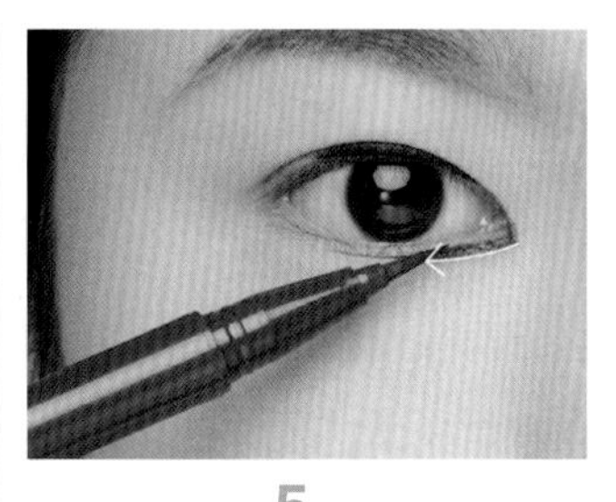
5

从下眼头开始画下眼线。

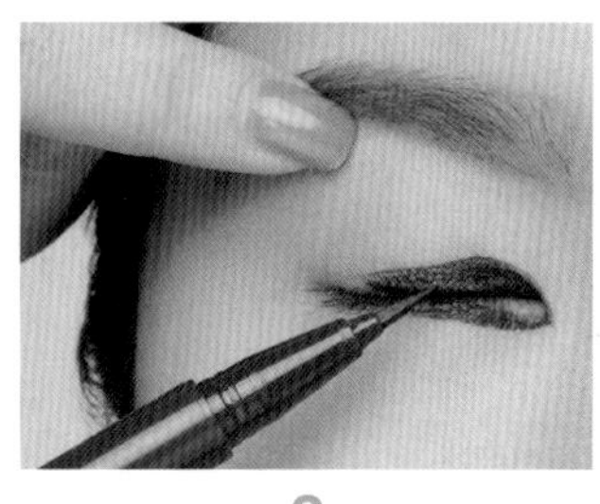
6

闭上眼睛，沿着眼头，将上下眼线连接起来，注意填补眼头转角处眼线之间的空隙。不要画眼尾。

7

选择一款深色的眼影。

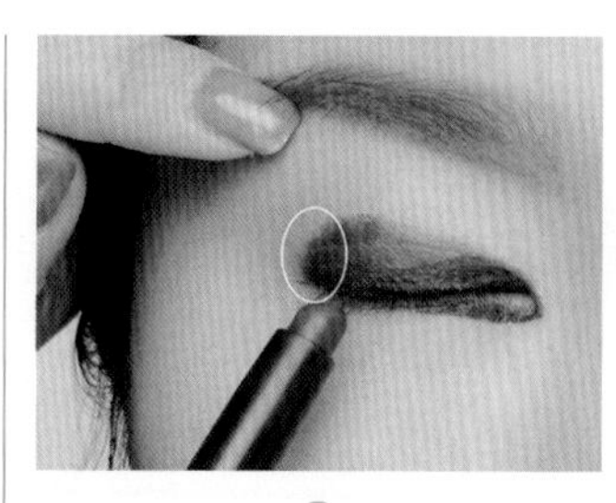

8

沿着睫毛根部画眼影，因为要拉近双眼之间的距离，所以此款眼妆不拉长眼尾。

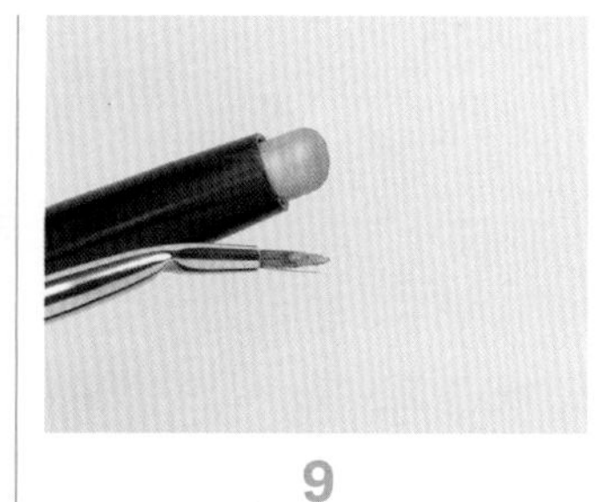

9

选择一款浅色的眼影，以接近自身肤色为佳。

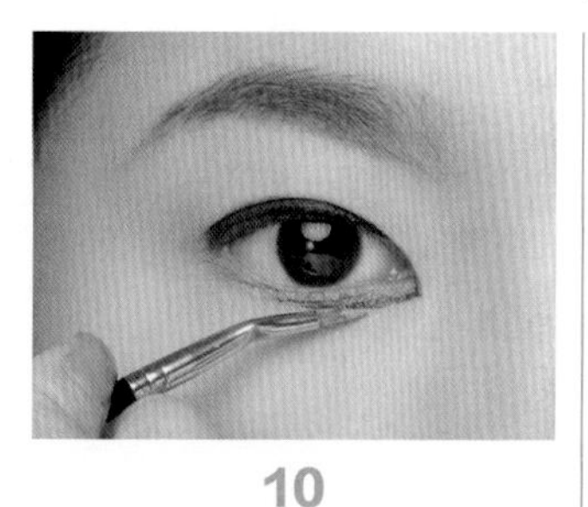

10

用浅色眼影填补内眼头留白的地方，可以从视觉上有效拉近眼距。

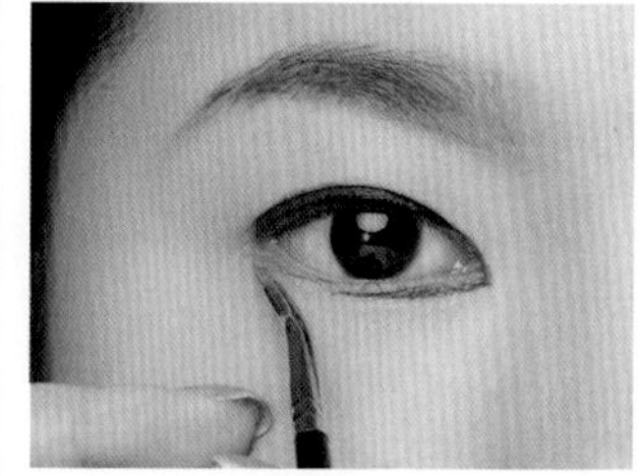

11

在眼尾下三角区涂抹浅色眼影，并晕染开。

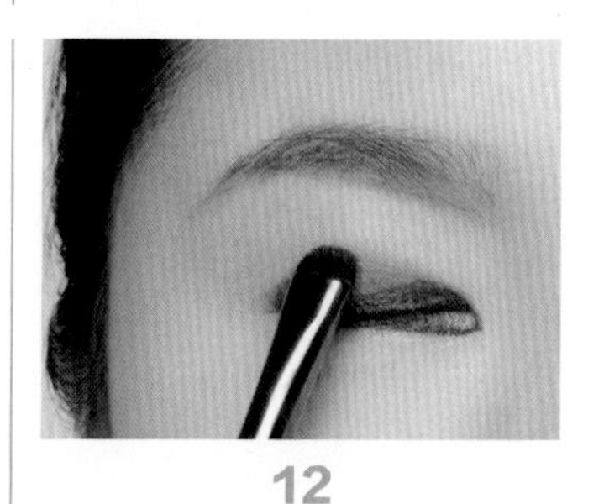

12

将上眼皮的眼影稍作晕染。

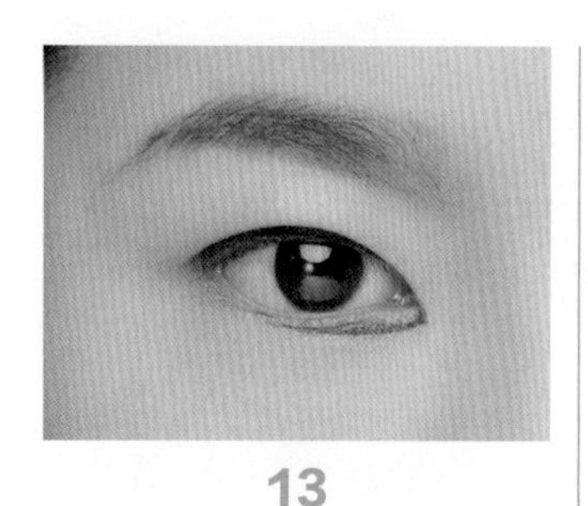

13

睁开眼睛，检查浅色眼影和深色眼影的融合是否自然，再进行微调。

14

用刷毛较为扁平的眼影刷蘸取深灰色的眼影。

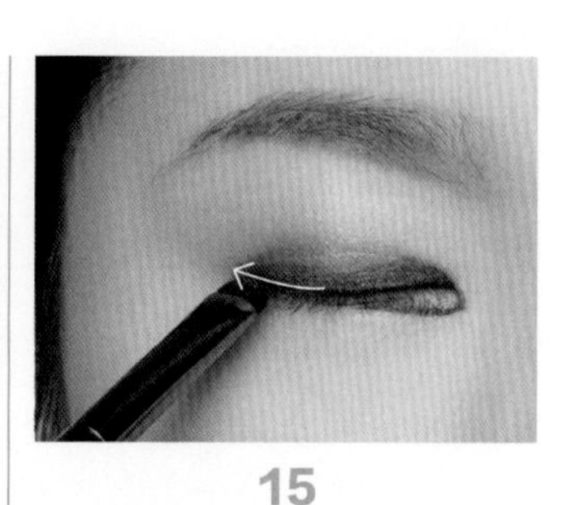

15

将眼影涂在上睫毛的根部。

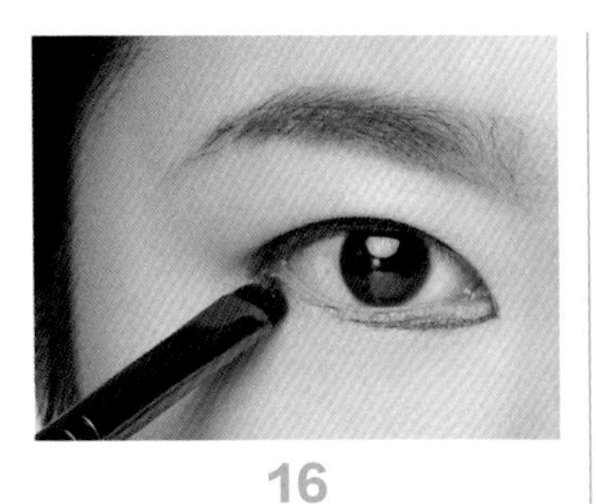

16

微微晕染眼尾的三角区，让上下眼睑的眼影看起来更协调。

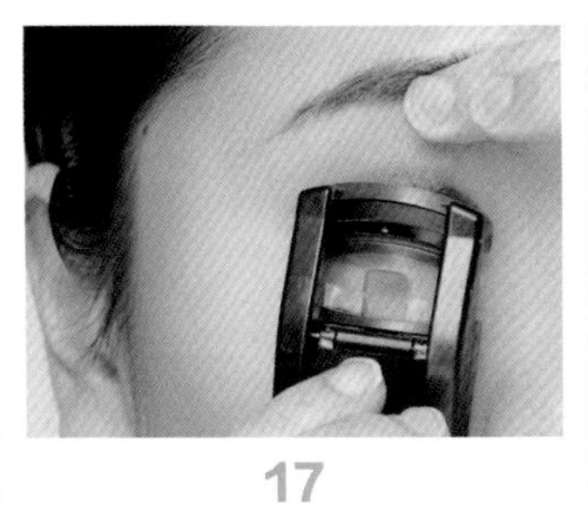

17

将睫毛夹得更卷翘。

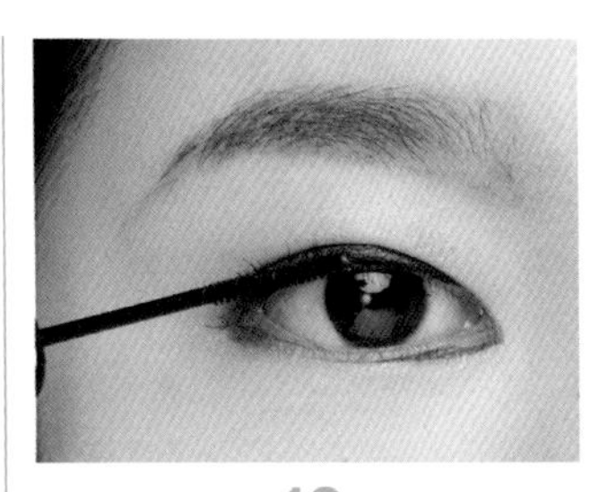

18

用睫毛膏将睫毛刷得纤长。

小贴士

此款眼妆的重点是描绘内眼角的眼线，画出伪眼头，提亮内眼角，通过明暗效果拉近眼距。

修饰过近眼距的眼妆画法

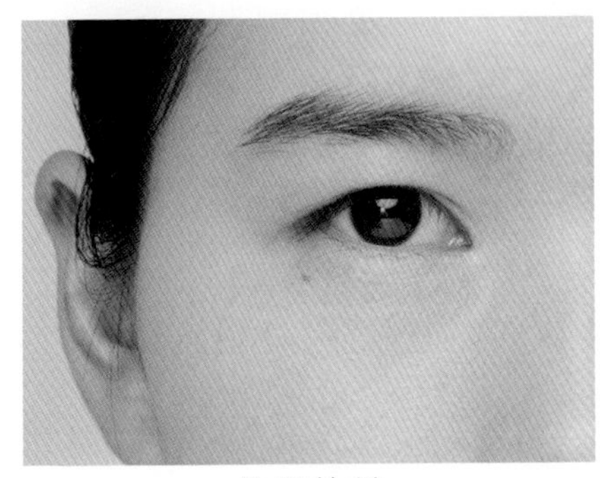
化眼妆前

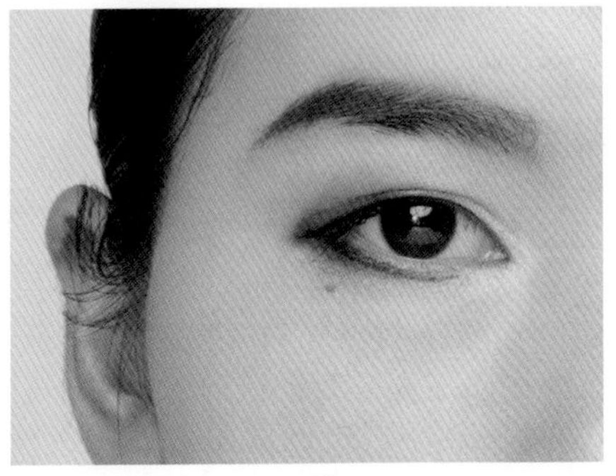
化眼妆后

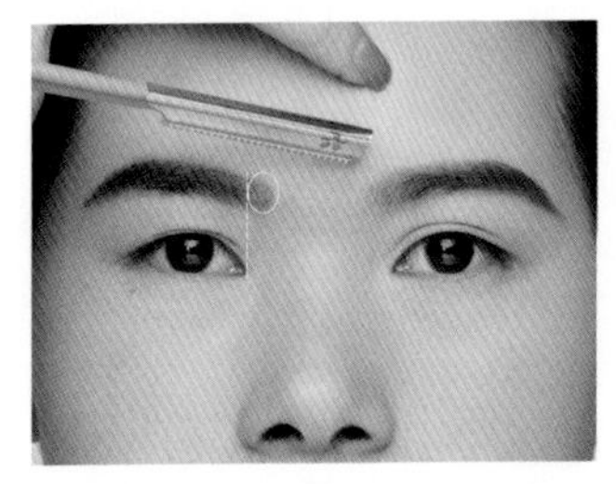
1

修掉眉心的毛发，让眉心变得开阔，为画眼头做准备。

2

选择一款与肤色相近的眼影，将其涂抹在眼头的位置。

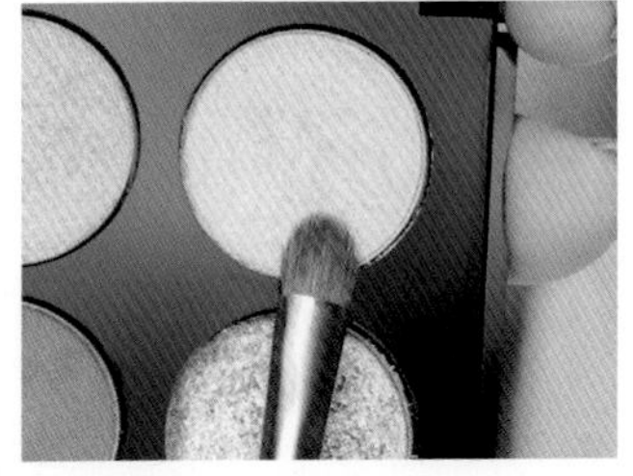
3

用小号眼影刷蘸取带珠光的眼影粉。

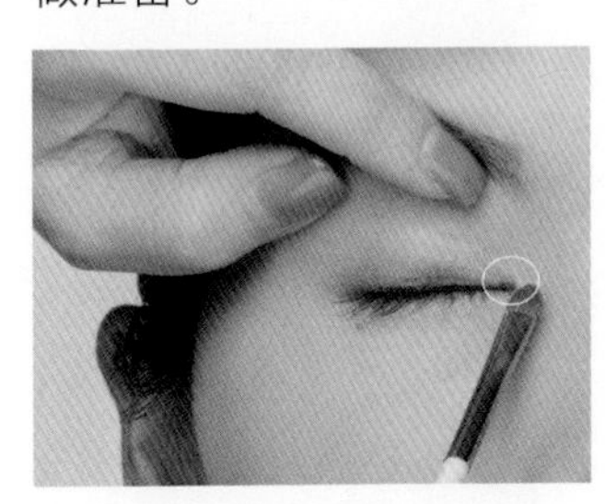
4

将眼影粉涂抹在眼头的上下，达到提亮的效果。

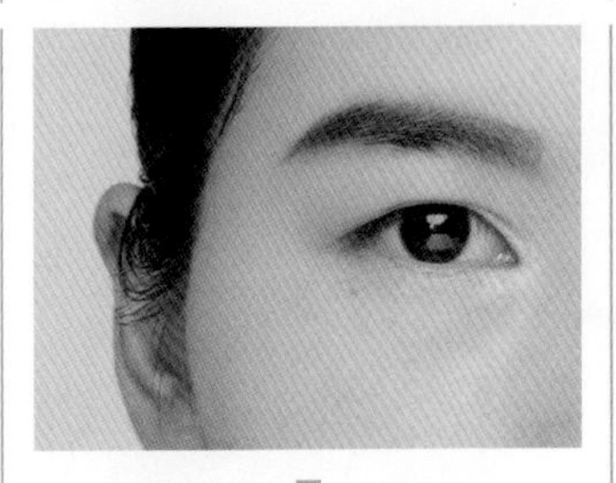
5

睁开眼睛，正视镜子，观察提亮的效果，看看是否需要补涂。

6

选取一款深色眼影。

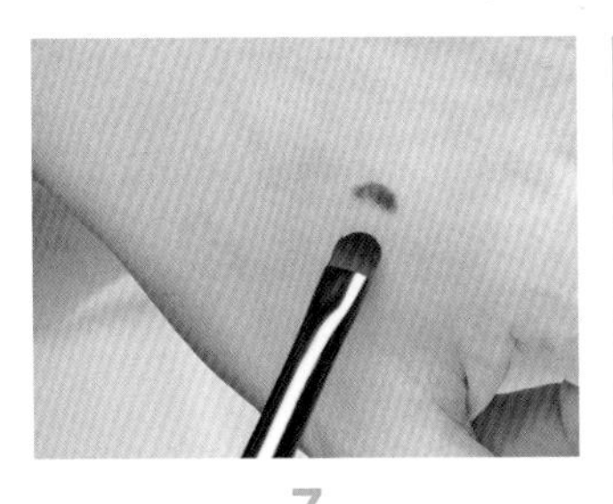

7

在手背轻轻按压化妆刷，调节用量。

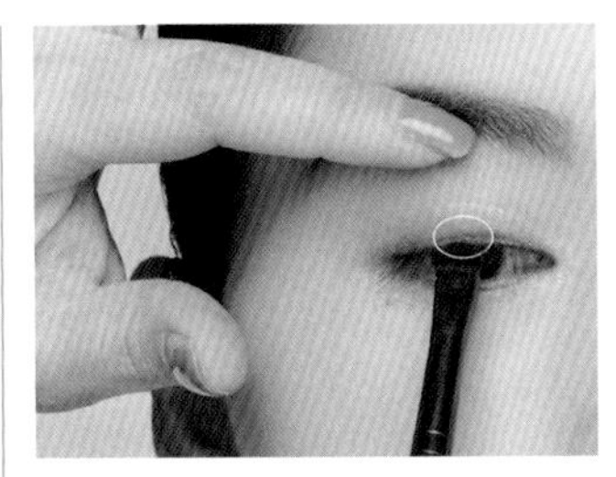

8

以瞳孔为基点，从瞳孔的正上方开始涂抹眼影。

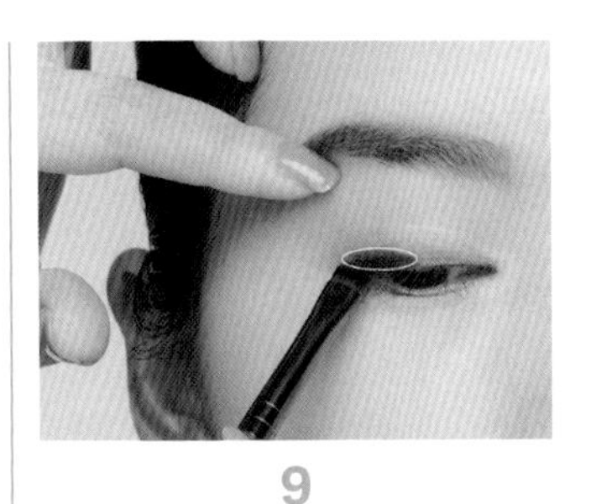

9

贴着睫毛根部，逐渐向眼尾晕染。

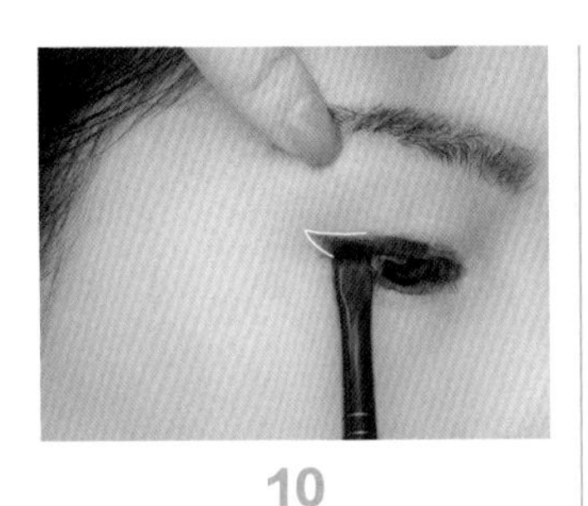

10

在眼尾的位置将眼影拉长 3 ～ 4 毫米。

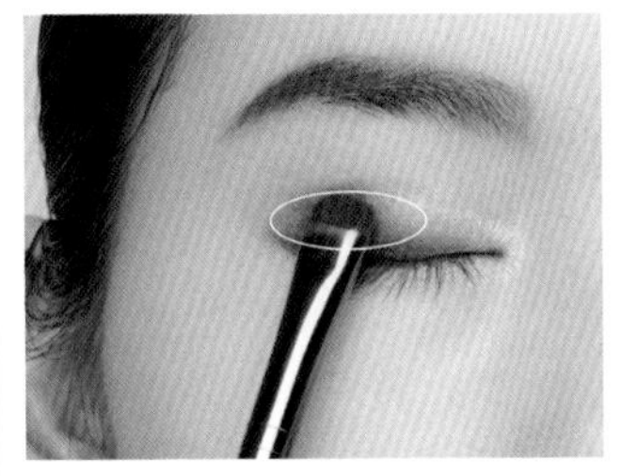

11

在眼窝靠近眼尾的位置，稍稍向斜上方晕染，从视觉上增加眼睛的长度。

12

填补眼尾的三角区，并逐渐往眼头方向晕染，注意边缘不要超过瞳孔正下方。

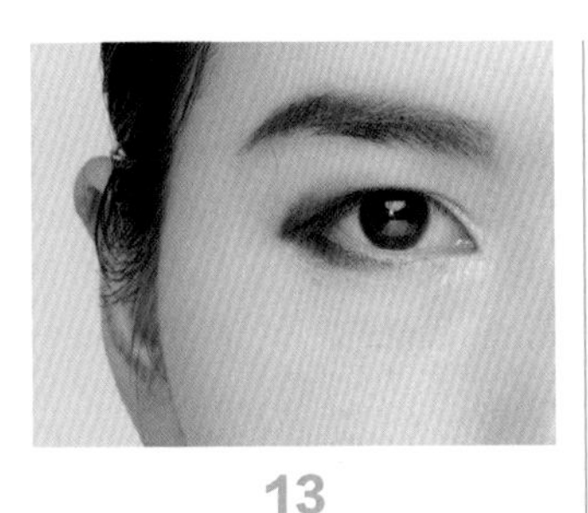

13

检查眼影晕染的效果。

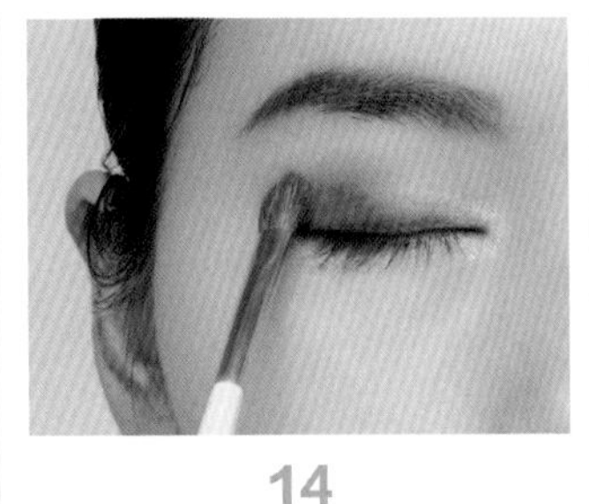

14

用较大的眼影刷晕染眼尾的眼影，让眼影自然过渡。

15

化此款眼妆时，主要在眼睛的后半部分画眼线，千万不要画眼头，并且眼线是叠加在眼影之上的，以便加强拉长眼尾的效果。

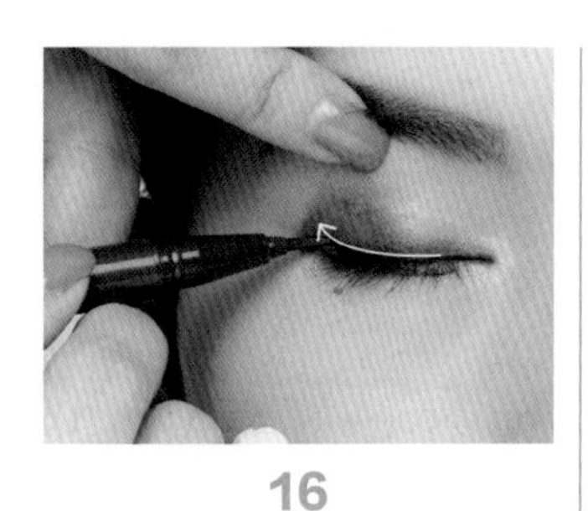

16

眼睛微闭，用眼线液笔拉长上眼尾的眼线。

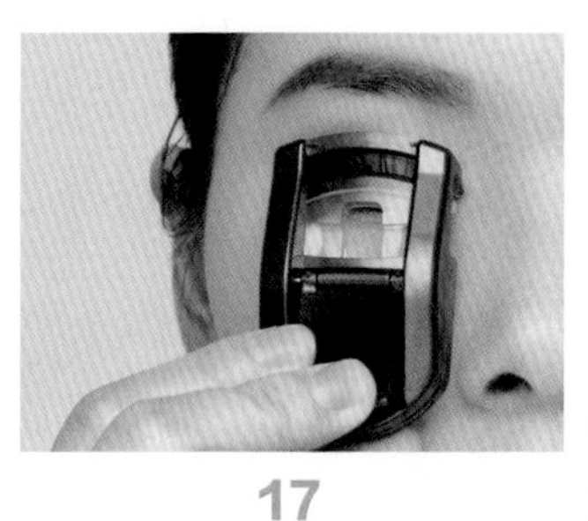

17

将睫毛夹得更卷翘。

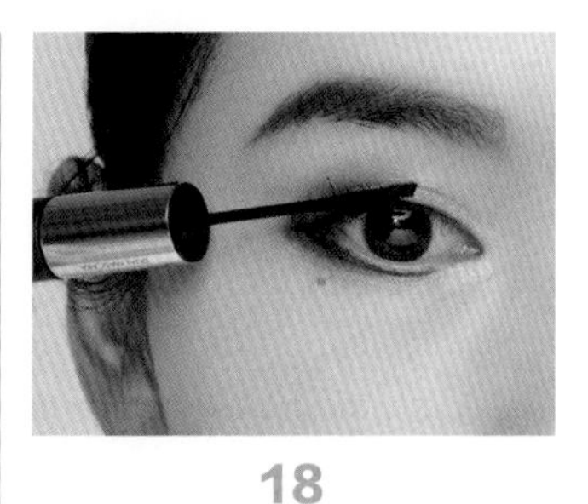

18

刷睫毛膏时，着重刷眼尾部分的睫毛，眼头部分的睫毛轻轻带过就好。

时髦并不仅仅停留在衣服上，它是在空气中的，它是思想方式，也是我们的生活方式，是我们周围正在发生的事。

——加布里埃·香奈儿

调整大小眼的眼妆画法

大小眼这种情况是普遍存在的，两边双眼皮不对称、眼皮脂肪含量不同、眼窝骨骼形状不同等等都会影响眼睛的大小。

在调整大小眼的时候，我们要掌握一个原则：调整稍小的那只眼睛，让两只眼睛看起来更协调。

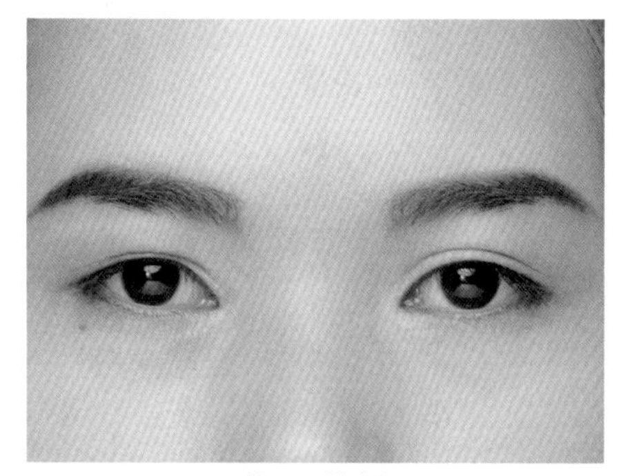

化眼妆前

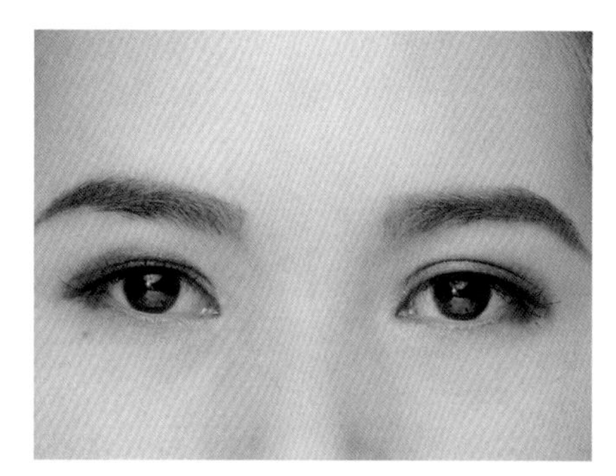

化眼妆后

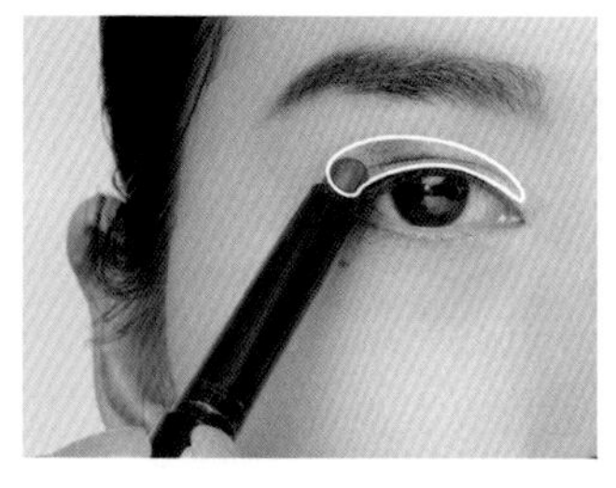

1

准备一款深色的眼影，在睁开眼睛的前提下，将较小的眼睛与较大的眼睛进行对比，根据较大的眼睛双眼皮褶皱的位置，确定较小的眼睛一侧涂抹眼影的位置。

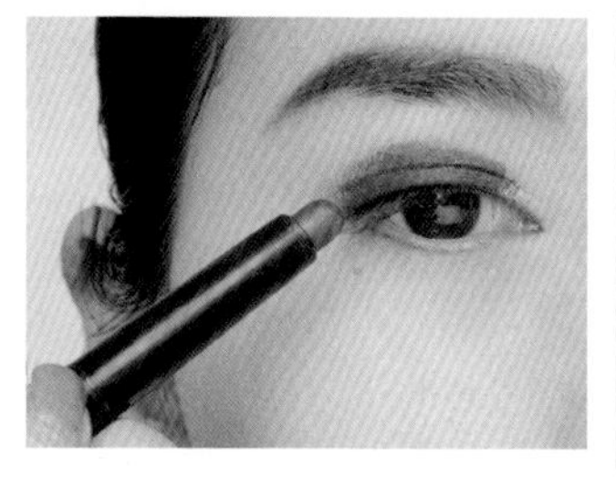

2

将深色眼影涂抹在上一步确定的范围内，眼头和眼尾先不上色。

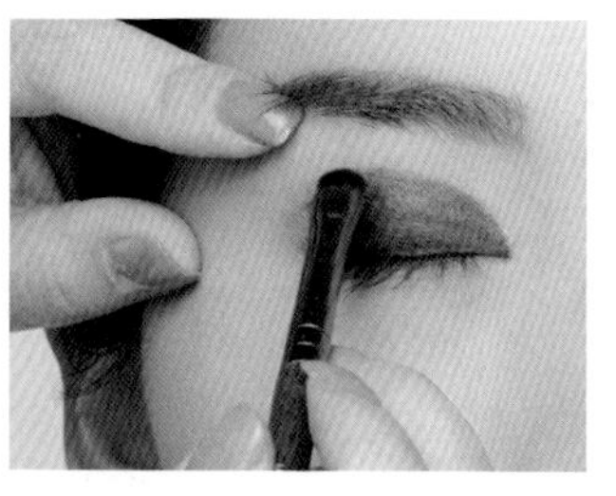

3

用眼影刷晕染眼影，并向眼头和眼尾过渡。

4

化这款眼妆时，针对较小的眼睛，深色眼影的涂抹范围比一般眼妆的大。

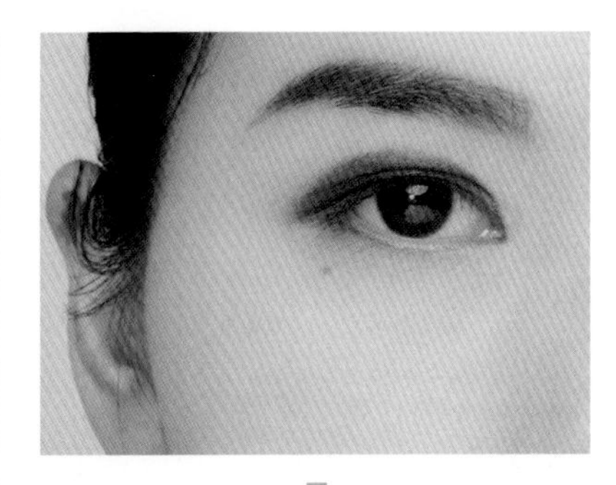

5

睁开眼睛，确认晕染范围是否准确。

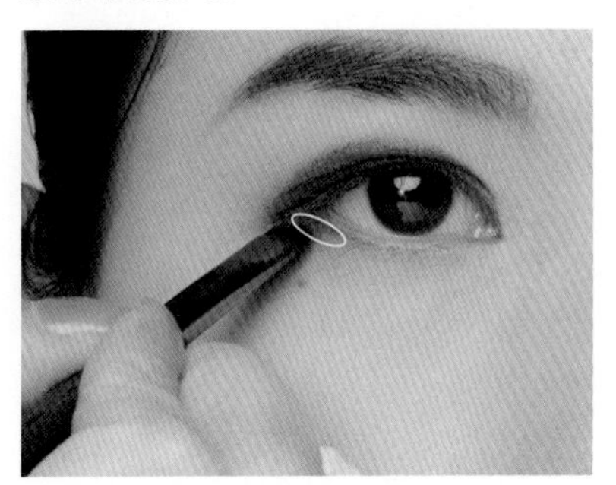

6

在眼下三角区晕染同色眼影。

7

沿着睫毛根部逐渐往前晕染，注意晕染范围不能超过瞳孔正下方。

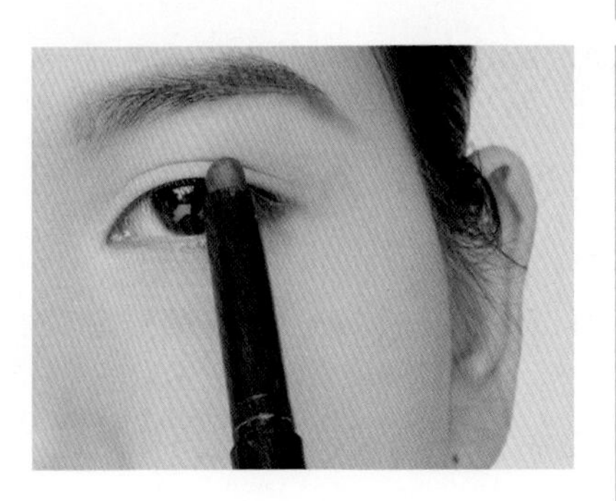

8

再画稍大的眼睛。在眼窝处涂抹眼影。

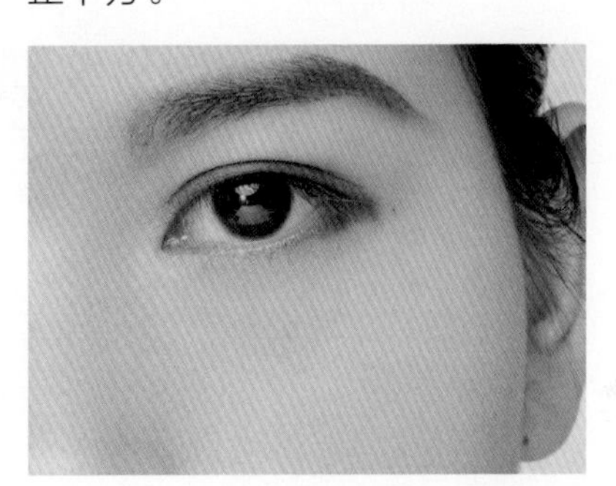

9

晕染眼影，并注意观察与另一侧的眼影是否协调。

10

蘸取高光眼影粉。

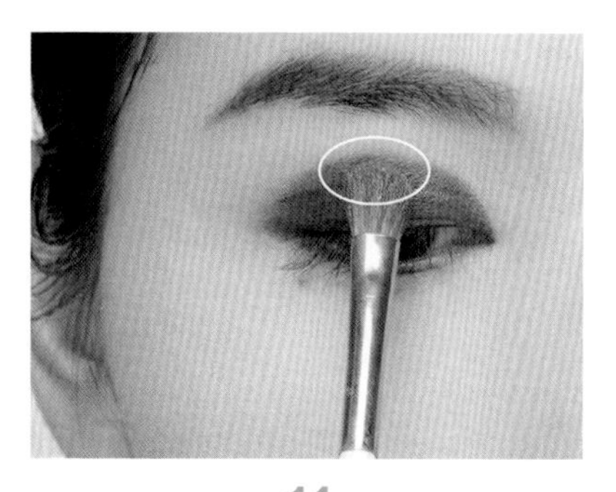

11

将眼影点涂在眼皮中央。

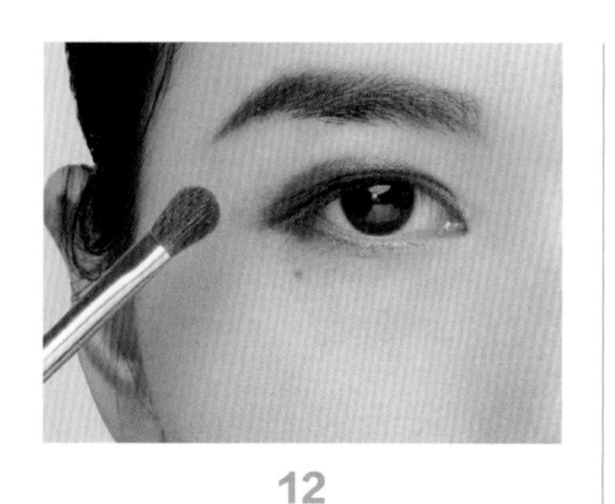

12

晕染眼影，让眼影边缘自然过渡。

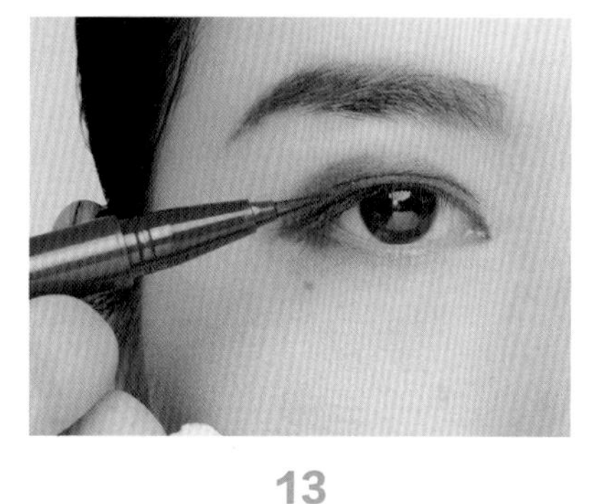

13

在平视的状态下比较两只眼睛的大小，确定较小的眼睛眼线的长度和宽度。

14

确认眼线的位置后画眼线，并将眼线适当加粗。

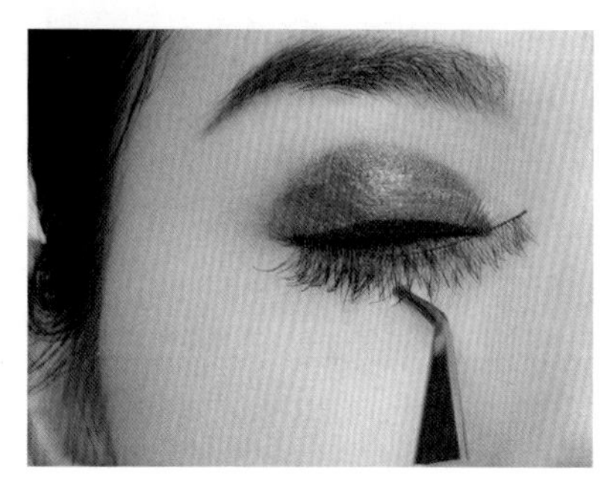

15

将假睫毛与眼睛进行比对，确定假睫毛的长度。

16

将假睫毛多余的部分剪掉。剪假睫毛时要注意，贴在小眼睛那一侧的假睫毛剪眼头，大眼睛那一侧的剪眼尾。

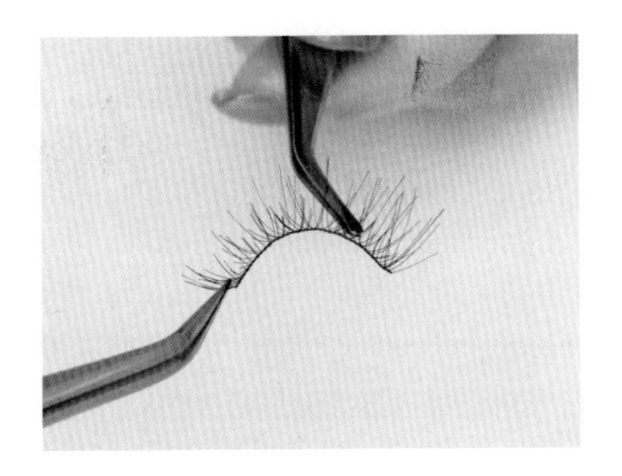

17

将假睫毛弯曲，让睫毛梗更柔软，更贴合眼形。在假睫毛根部涂上睫毛胶水。

18

轻拉上眼皮，将假睫毛粘在睫毛根部。

19

刷一层睫毛膏。

小贴士

在运用眼妆调节大小眼的时候，千万不要认为将眼线画得越粗，眼睛就越大，其实这样做反而会给别人带来压迫感，效果也不一定理想。想让眼睛变大，更好的方法是画眼影和贴假睫毛。

贴双眼皮贴的眼妆画法

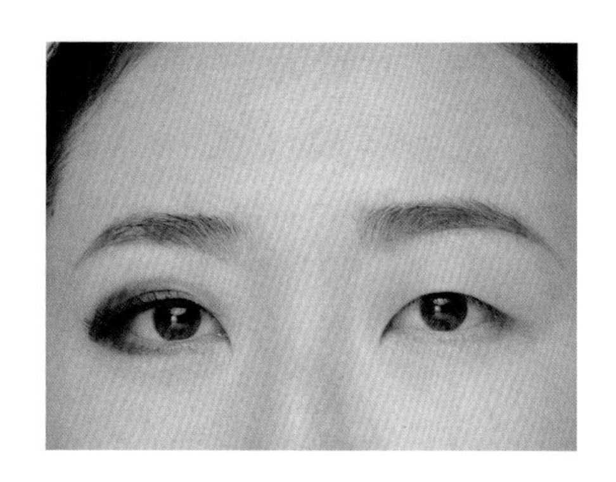

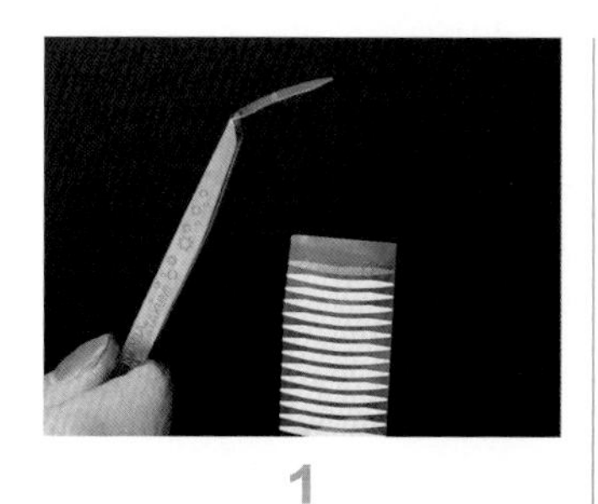

1

准备一个小镊子，用来取双眼皮贴。老师不建议同学们用手指取双眼皮贴，因为手上的油脂会影响双眼皮贴的黏性，从而影响持久度。

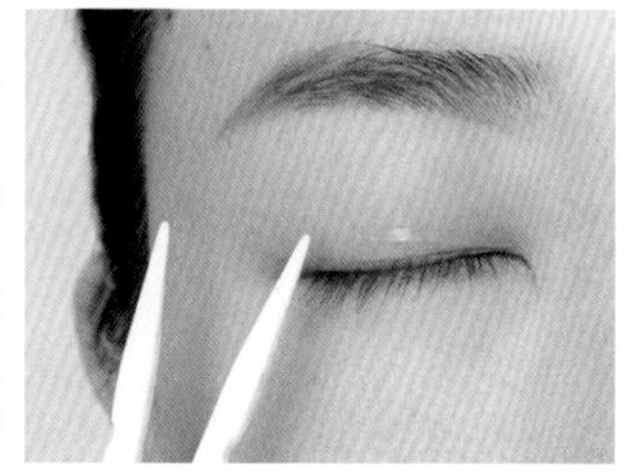

2

在贴双眼皮贴之前，必须先确定双眼皮的位置。双眼皮的位置和眼皮的脂肪含量、眼睛轮廓的深浅等有关系，多试几次就能找到适当的位置。

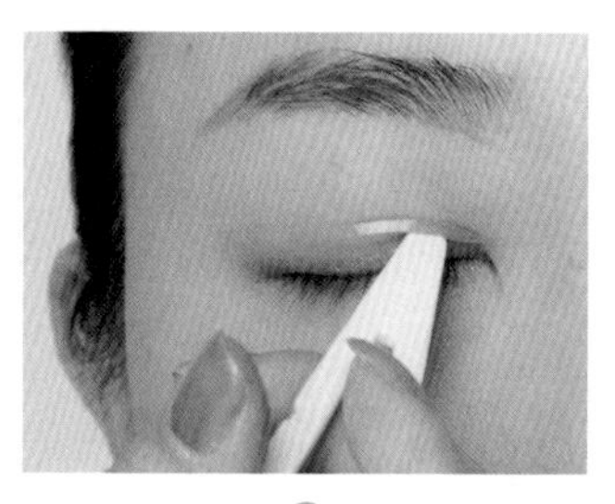

3

用双眼皮贴附带的小叉子将双眼皮贴往内按压。

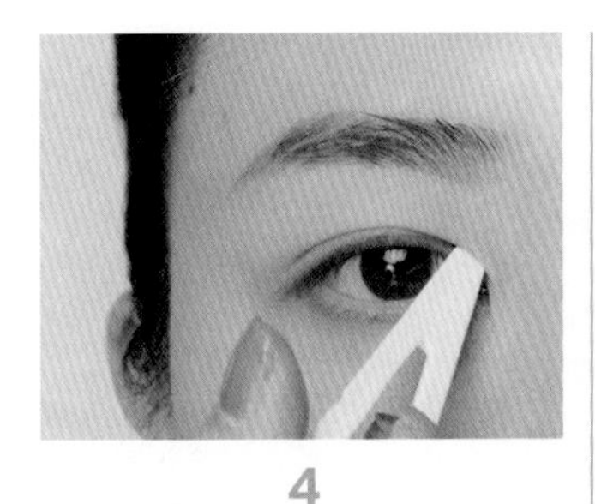

4

利用双眼皮贴的黏性使眼皮粘住，形成一条褶皱线。

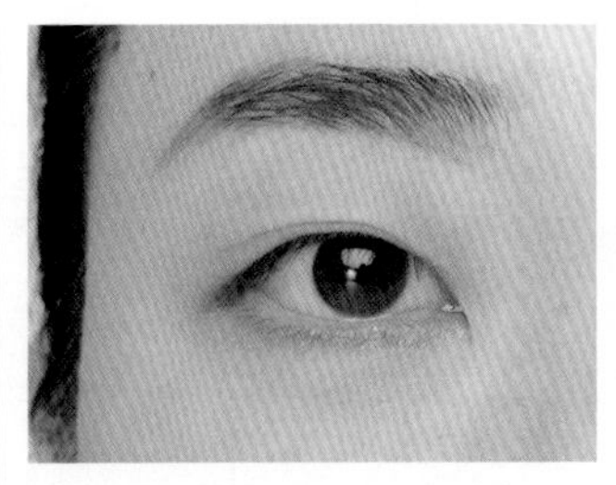

5

睁开眼睛，检查平视状态下，双眼皮的褶皱是否明显，弧度是否自然。

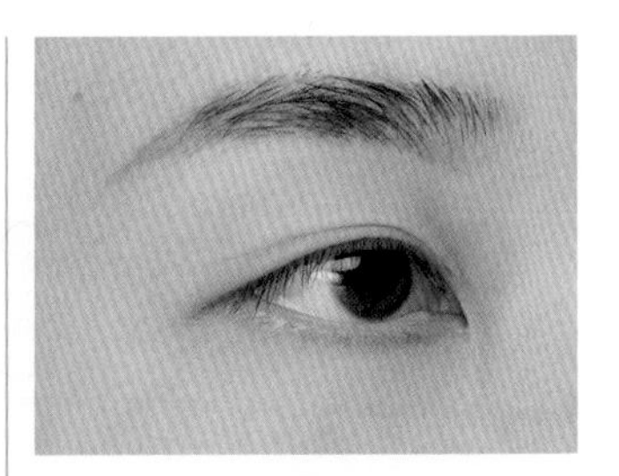

6

从侧面看的效果。

7

准备一支深棕色的眼影棒。

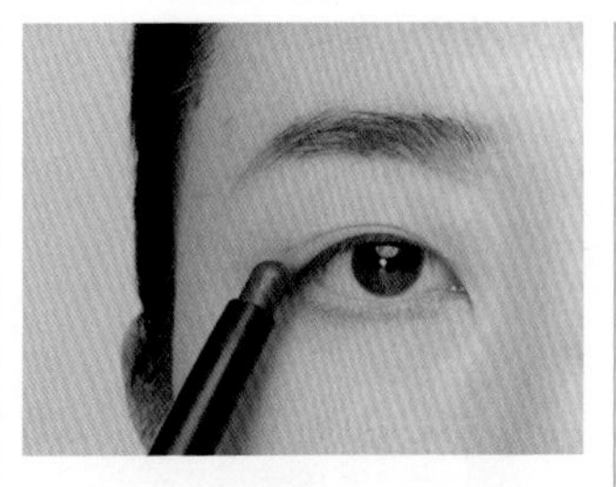

8

从瞳孔的正上方开始，沿着睫毛根部向眼尾方向涂深色眼影。

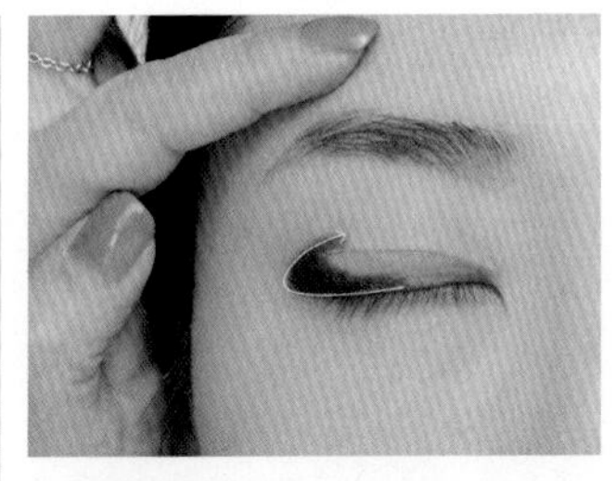

9

在眼尾的位置，慢慢沿着眼窝边缘，按照图中箭头的方向涂抹眼影，使眼影呈现“C”形，并晕染开。

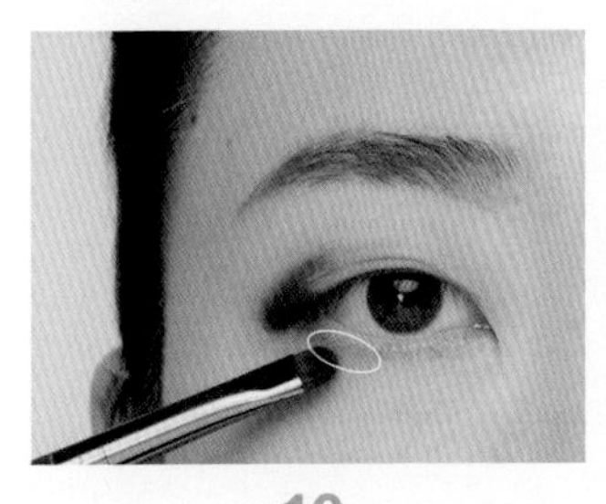

10

用眼影刷蘸取之前用过的深棕色眼影，在图中标示的位置将眼影晕染开。

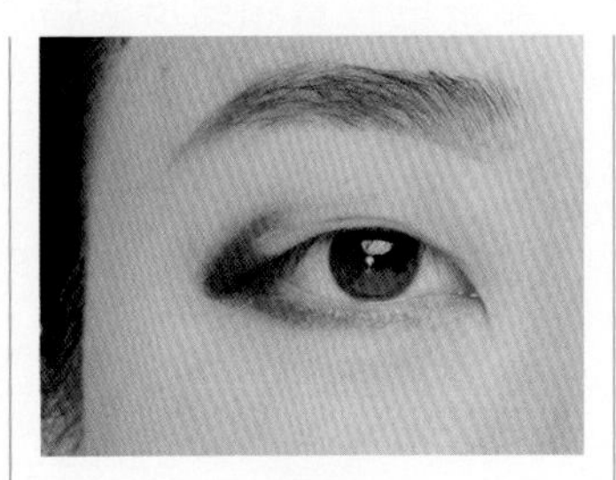

11

晕染后的效果。

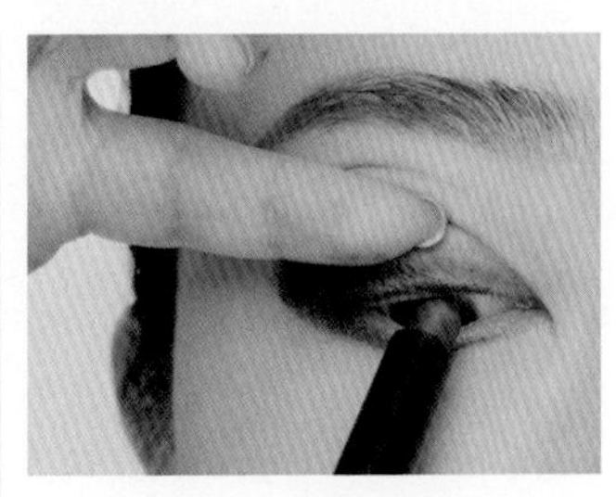

12

用眼影棒填满睫毛根部的空隙。

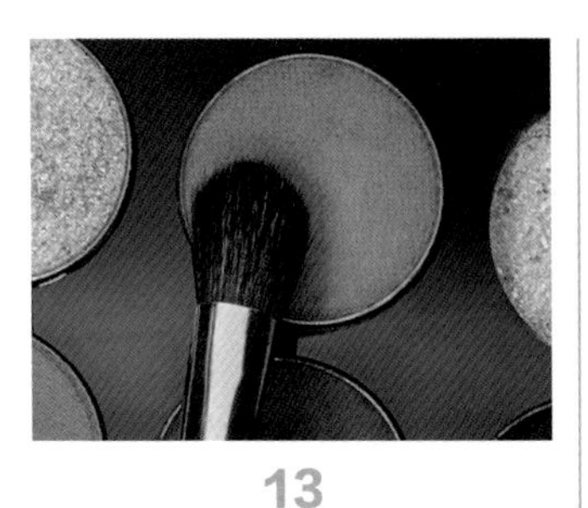

13

蘸取与眼影棒颜色相近的眼影。

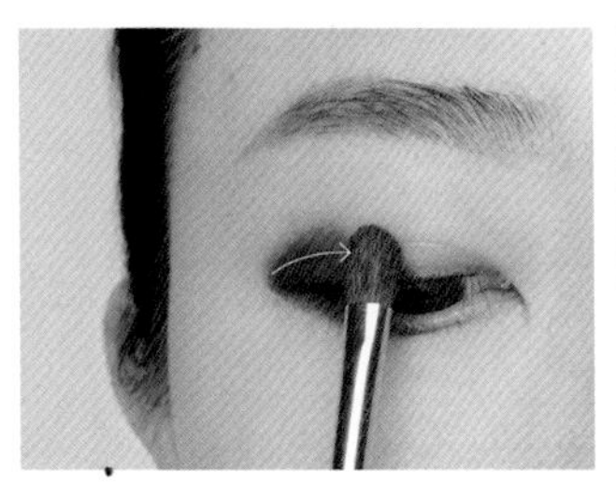

14

在眼尾处涂抹眼影，按图中箭头的方向将眼影晕染开。

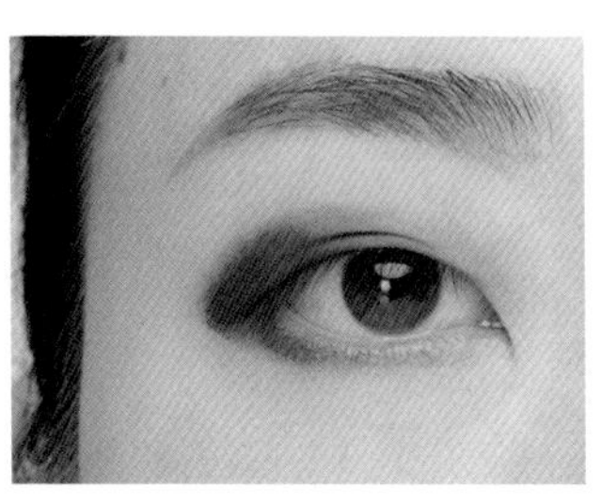

15

增加眼影的层次，同时修饰露出的双眼皮贴。

16

用镊子夹取假睫毛。

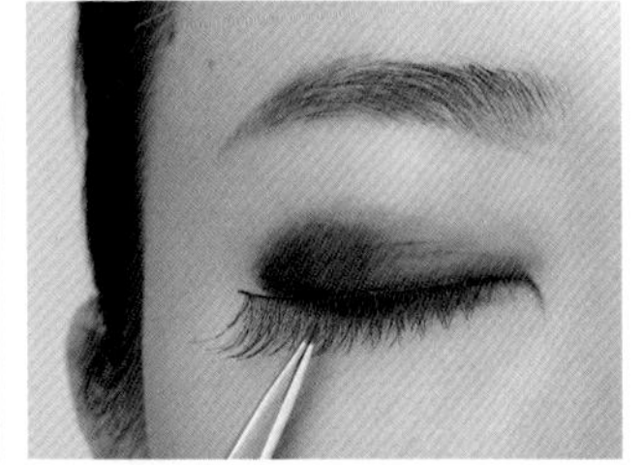

17

与眼睛比对，确定需要的假睫毛的长度。

18

剪去眼头多余部分的假睫毛。

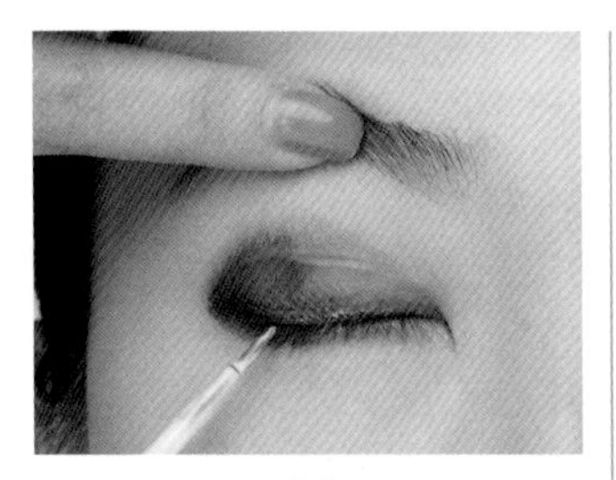

19

在假睫毛和靠近睫毛根部的位置上涂睫毛胶水。

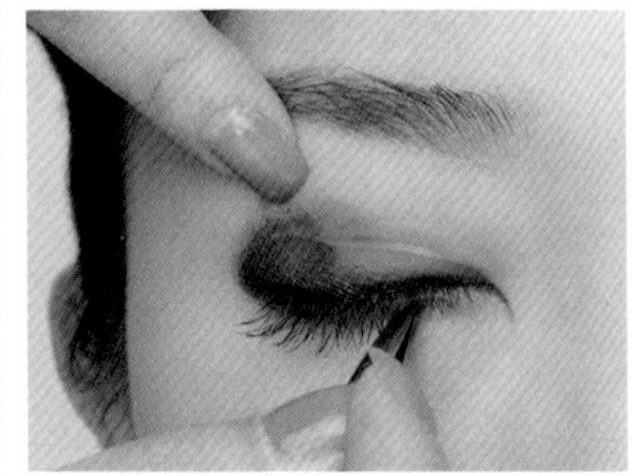

20

从眼尾开始，将假睫毛粘贴在睫毛根部。

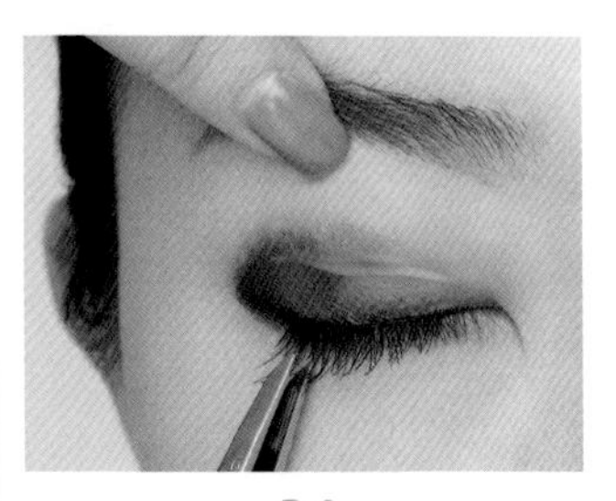

21

粘完假睫毛后千万不要立即松手，要保持按压眼皮的姿势，让假睫毛粘牢固。

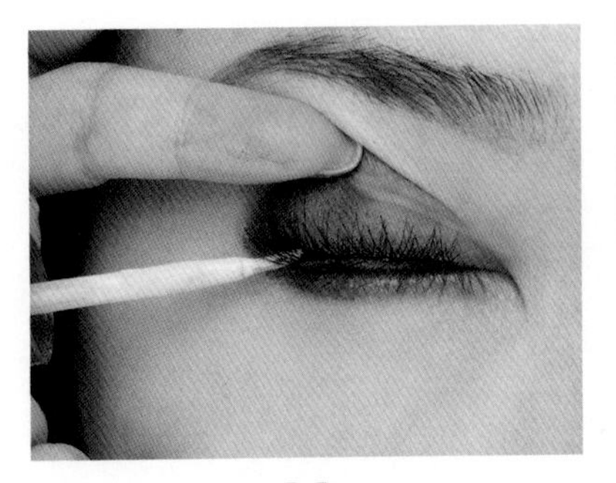

22

假睫毛的重量会让假睫毛向下倾斜，为了让假睫毛更加卷翘，可以将眼皮轻轻往上拉，使假睫毛微微向上翻，进行固定。

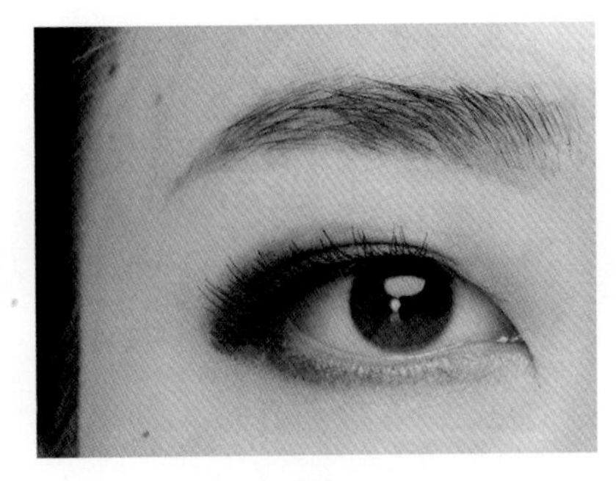

23

这样就能固定出又卷又翘的假睫毛。

24

用眼线液笔沿着假睫毛根部画眼线。

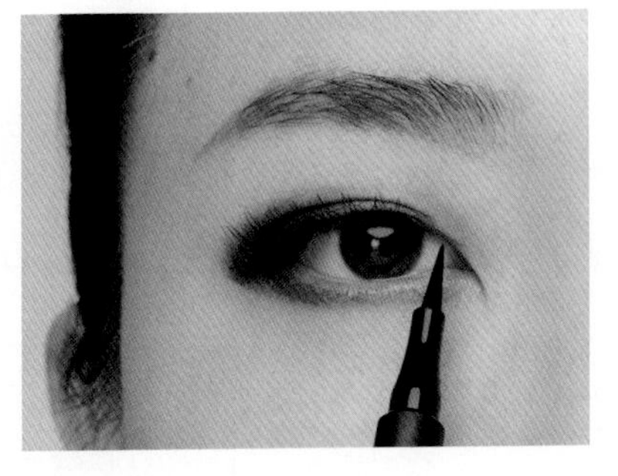

25

睁开眼睛，检查睫毛根部，并填补睫毛间的空隙。

26

准备浓密型大刷头的睫毛膏。

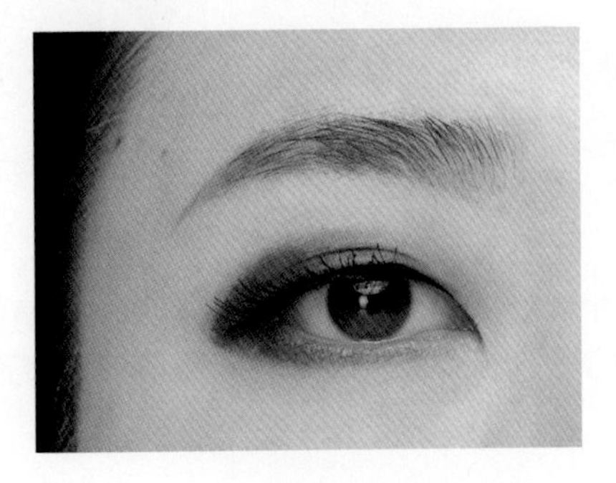

27

刷一层睫毛膏，使真假睫毛融合得更自然。

假双眼皮眼妆画法

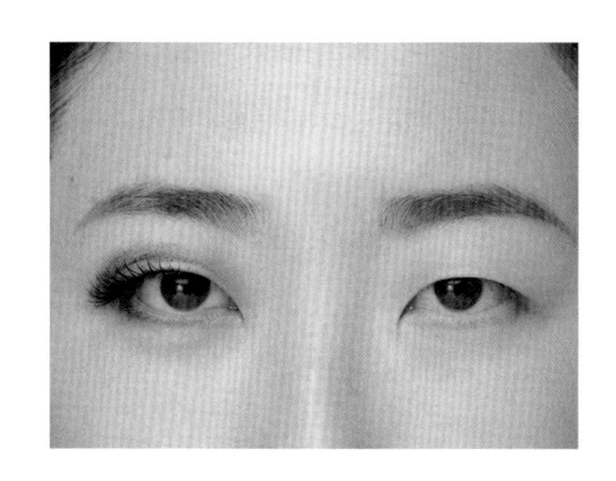

1

准备一支深灰色的眼线笔。

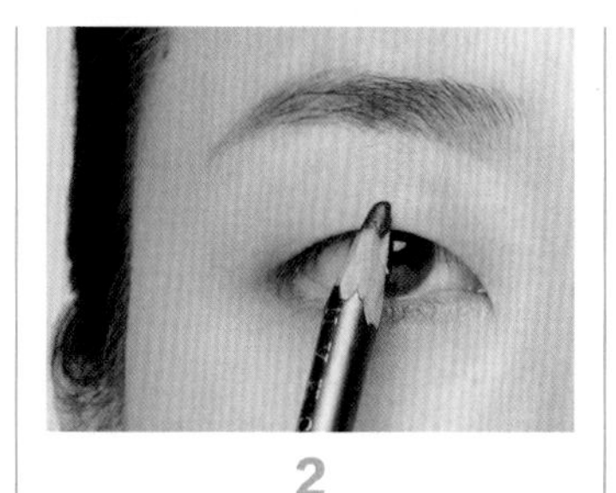

2

在平视的状态下，确定假双眼皮褶皱的位置。

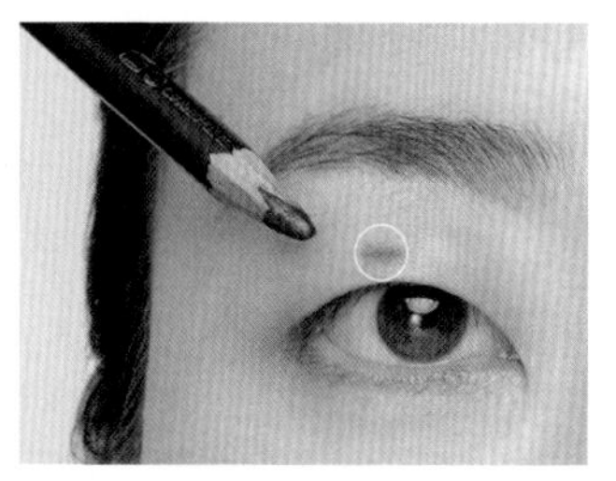

3

在确定的假双眼皮褶皱的位置画一个记号。

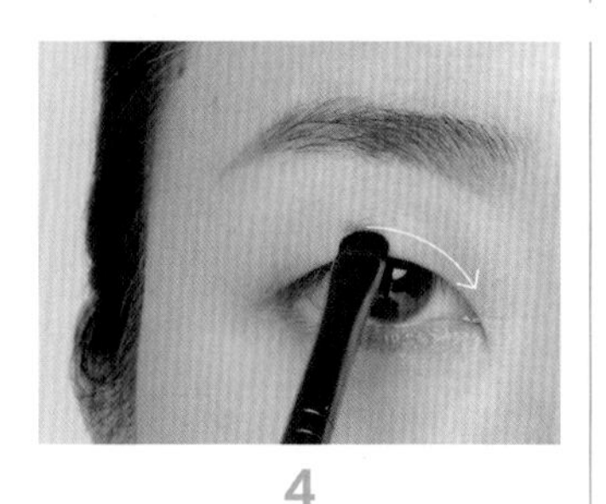

4

用眼影刷将刚刚做的记号向眼头方向晕染开。

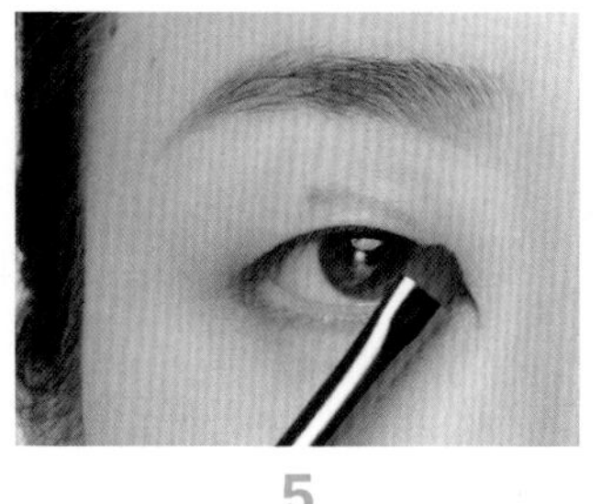

5

晕染时，注意拿捏假双眼皮弧度的流畅性和假双眼皮的宽度。

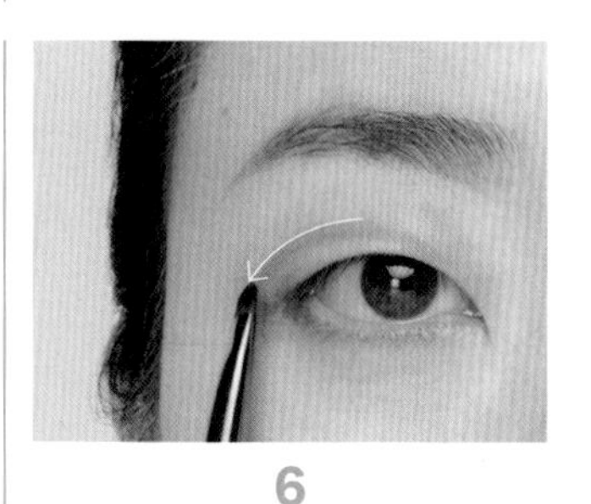

6

往眼尾晕染时，略微画宽一点儿，因为如果眼尾的假双眼皮褶皱和睫毛的距离太近，画完眼影就看不出假双眼皮了。

7

准备一支除黑色外其他颜色的极细眼线液笔。

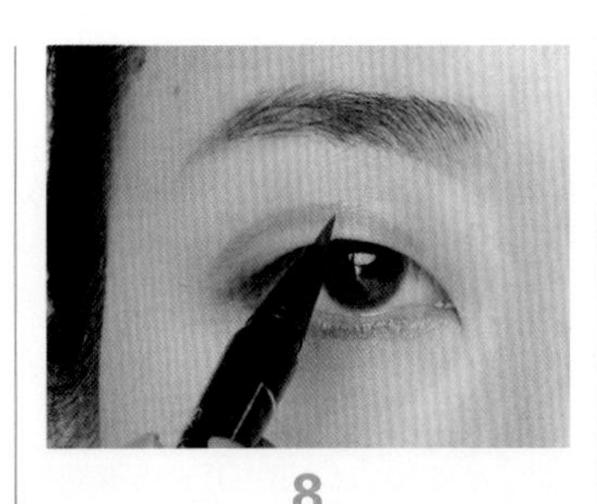

8

在刚刚晕染开的假双眼皮中间，叠加深色眼线。

9

用眼影刷蘸取深色的眼影。

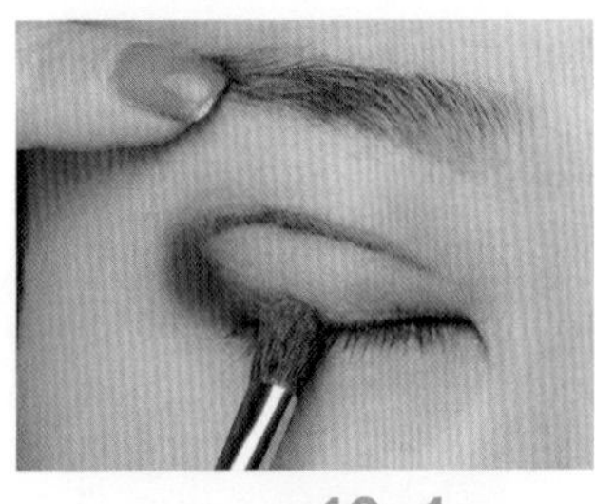

10-1

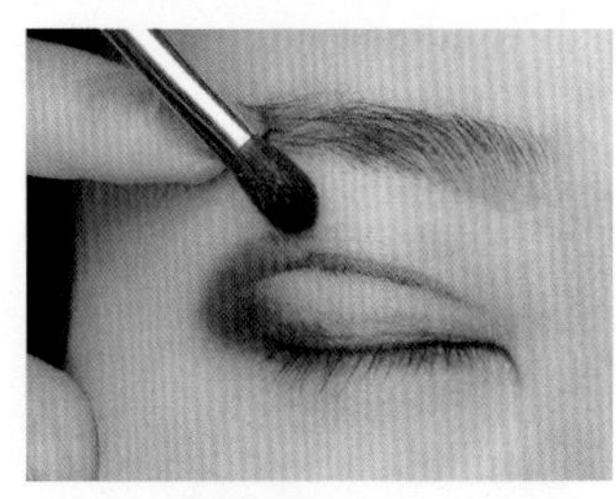

10-2

沿着睫毛根部，将深色眼影从眼尾开始逐渐往前晕染。

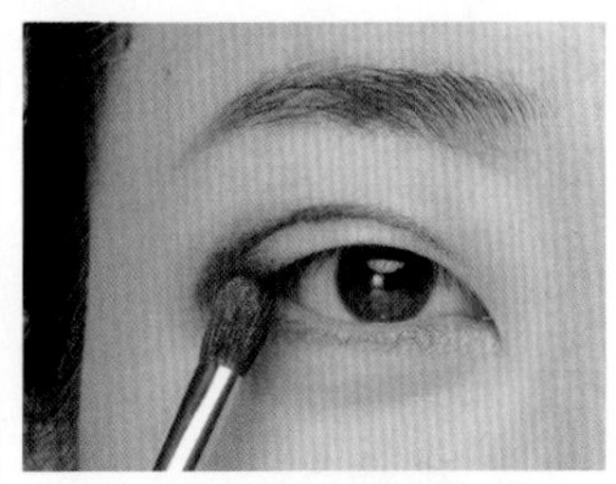

11

用深色眼影将步骤 8 中叠加的深色眼线从眼中往眼尾晕染，使其与眼尾处的深色眼影自然衔接。

12

准备一支浅色眼影棒。

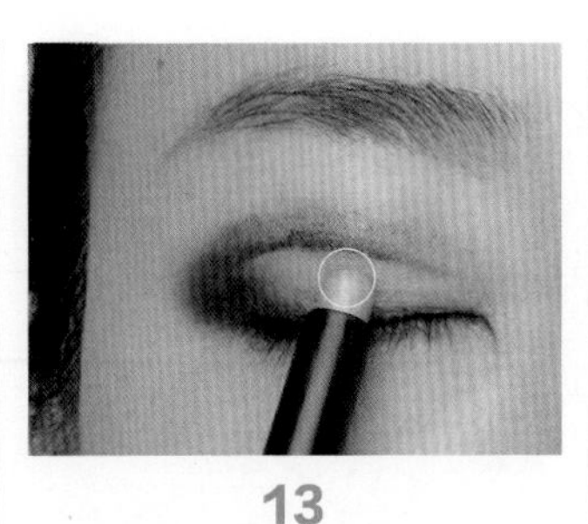

13

将眼影点涂在眼窝的正中间。

14

蘸取高光眼影粉。

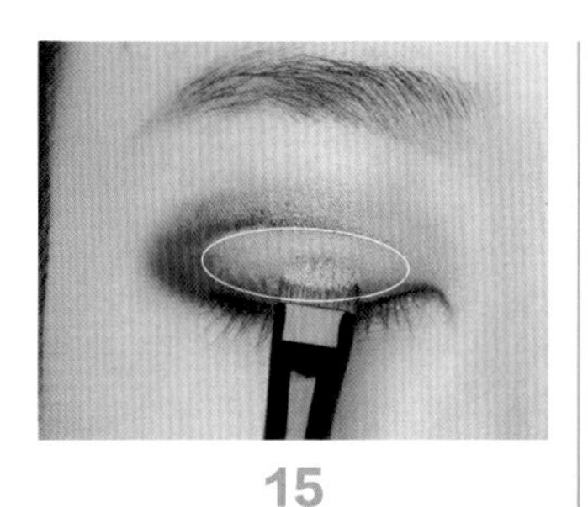

15

在图示的范围将眼影粉晕染开。

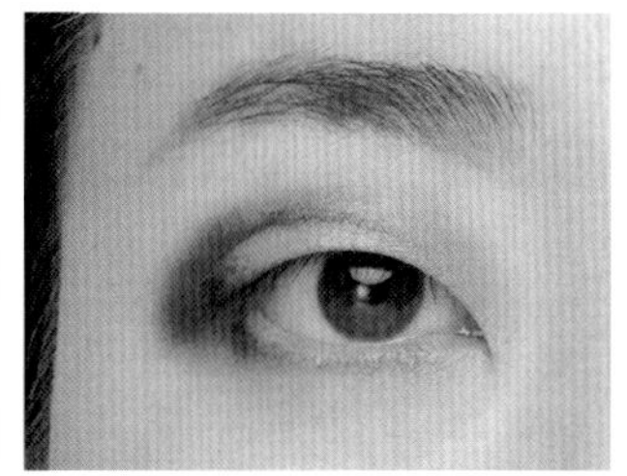

16

将深色眼影与浅色眼影晕染开，使连接处自然过渡。

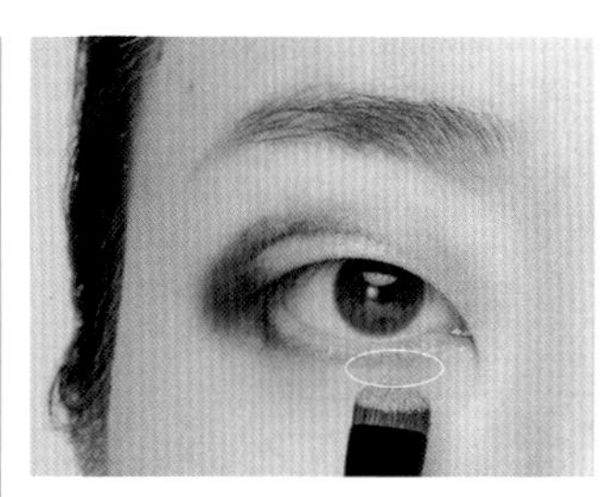

17

将高光眼影粉晕染在下眼睑（位置如图所示），起到提亮的作用。

18

选一款较长的假睫毛，修剪长度并在假睫毛根部涂上假睫毛专用胶水。

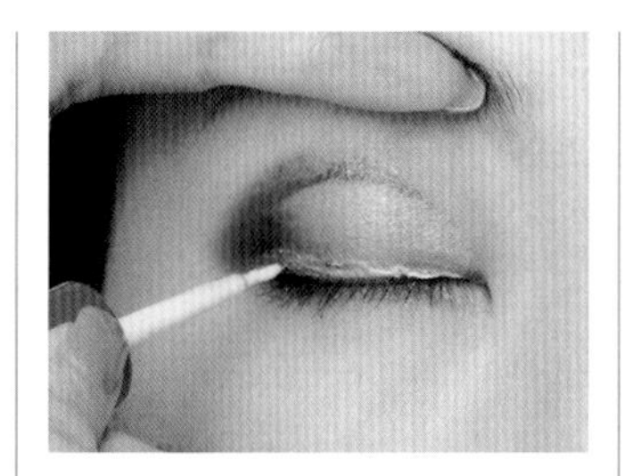

19

在接近睫毛根部的眼皮上也涂上一条比平时的略宽的胶水，这样可以让假睫毛粘得更牢固。

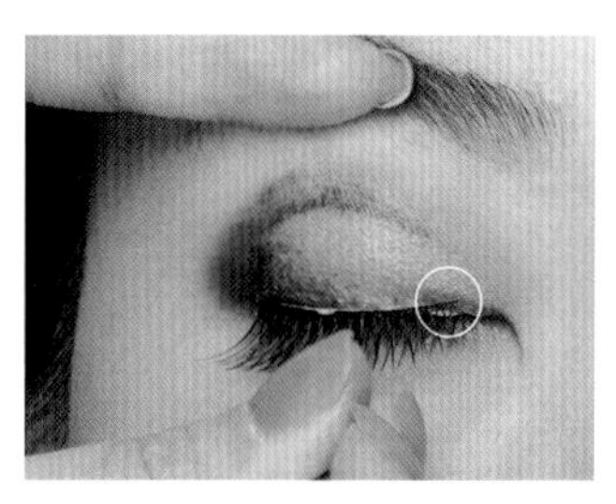

20

将假睫毛粘在睫毛根部，注意让眼头的假睫毛紧挨着睫毛根部，不要贴成图中的样子。

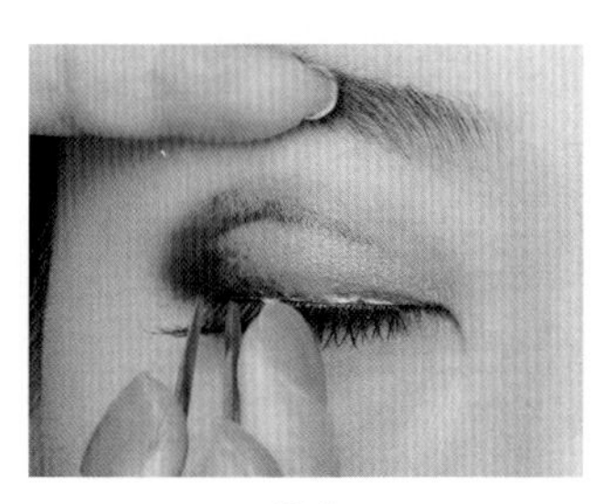

21

藏好眼头后，保持按压 8 ～ 10 秒。

22

用镊子轻轻夹着假睫毛往上翻，固定 10 秒。

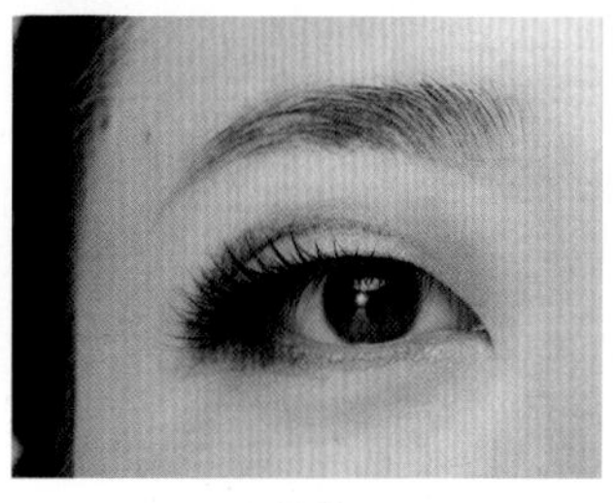

23

粘完之后睁开眼睛，调整假睫毛的卷翘度。

24

准备一支大刷头的睫毛膏。

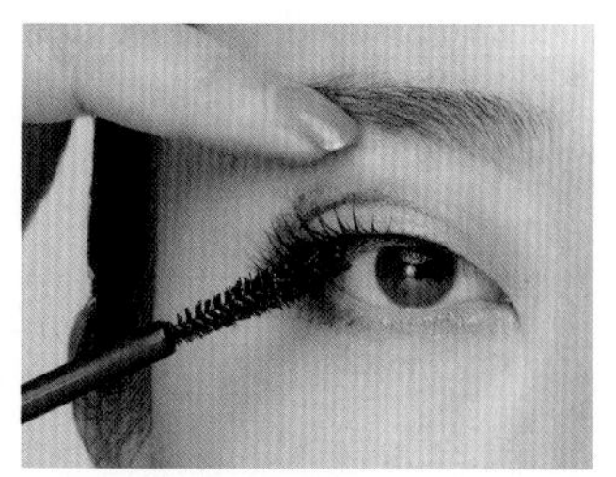

25

轻轻提拉上眼皮，刷一层睫毛膏。

26

再用眼线液笔将假睫毛间的空隙填满。

小贴士

化假双眼皮眼妆时，不需要画眼线，因为这样会让假双眼皮变窄。

深邃欧美眼妆画法

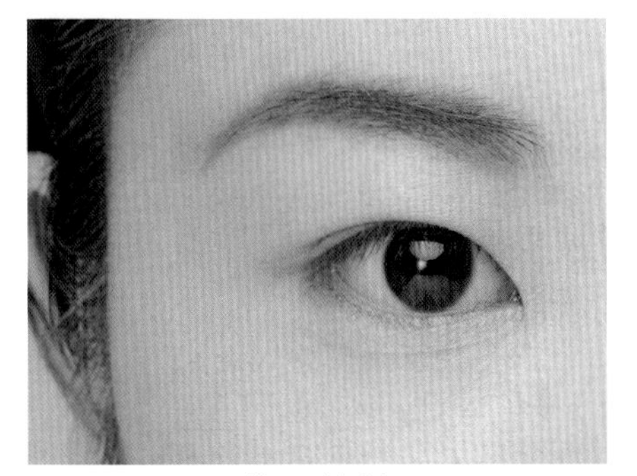

化眼妆前

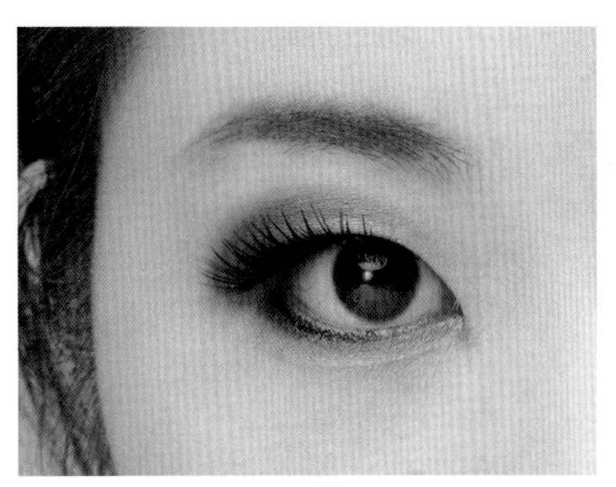

化眼妆后

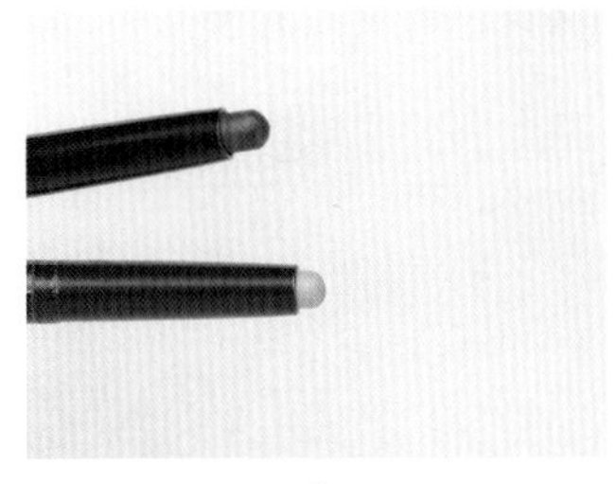

1

先准备一深一浅两支眼影棒。

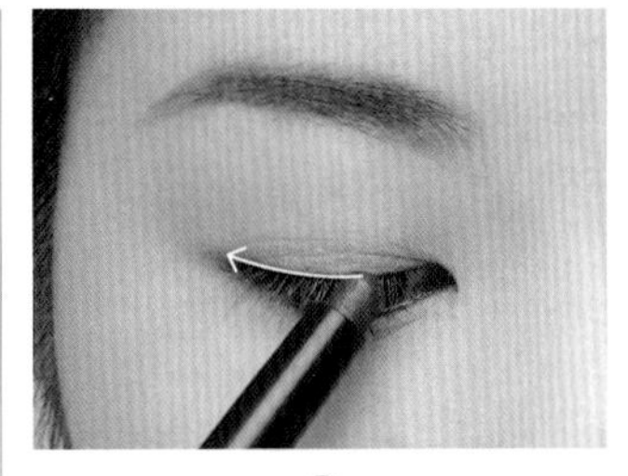

2

眼睛向下看，从瞳孔正上方开始，用深色眼影棒往眼尾方向晕染。

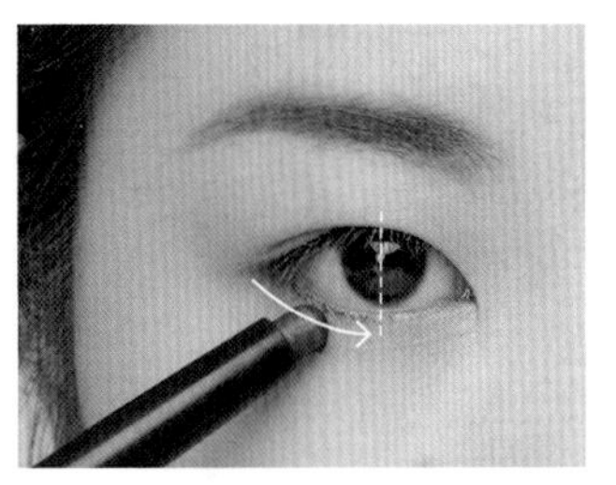

3

涂下眼睑时，要从眼尾往眼头涂，涂抹范围不可超过瞳孔正下方。

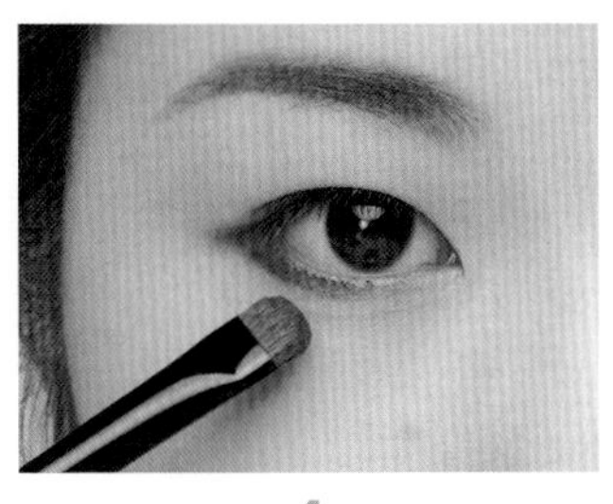

4

用眼影刷将下眼睑的眼影晕染开。

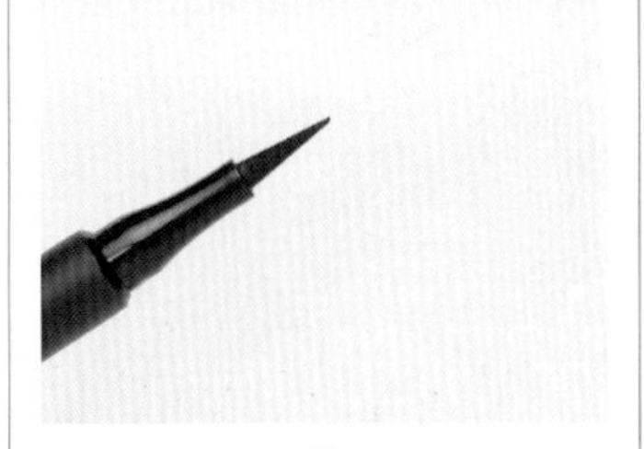

5

选择一支黑色的眼线液笔。

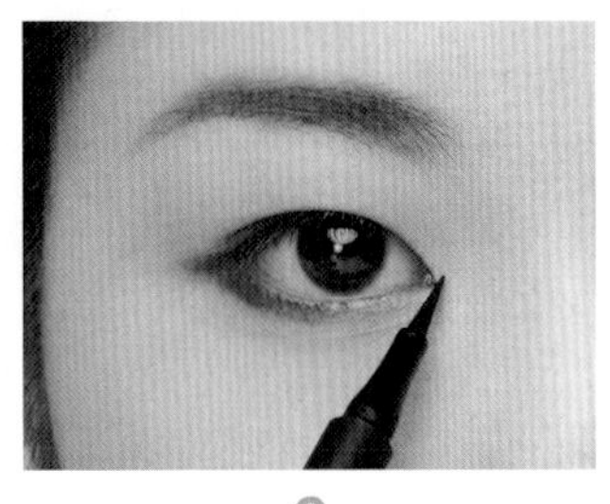

6

用眼线液笔画眼头时，要将眼线略微延伸出眼头。

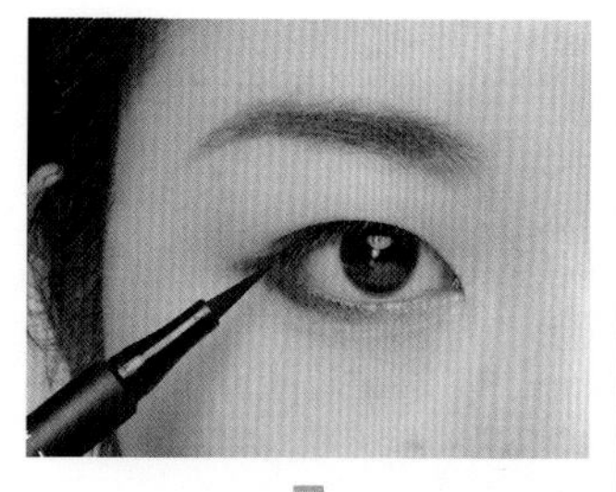

7

填补睫毛根部的空隙并拉长眼尾，使眼神看起来更柔媚。

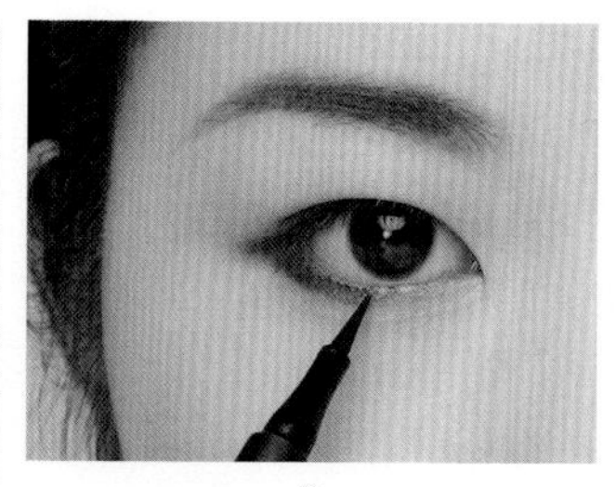

8

画下眼线时，用点的方式，描绘出若隐若现的效果。

9

欧美眼妆中，浓密的假睫毛是妆容的重点。

10

将假睫毛和眼睛比对，剪出适合眼睛长度的假睫毛。

11

在假睫毛根部涂上睫毛胶水，并微微晾干。

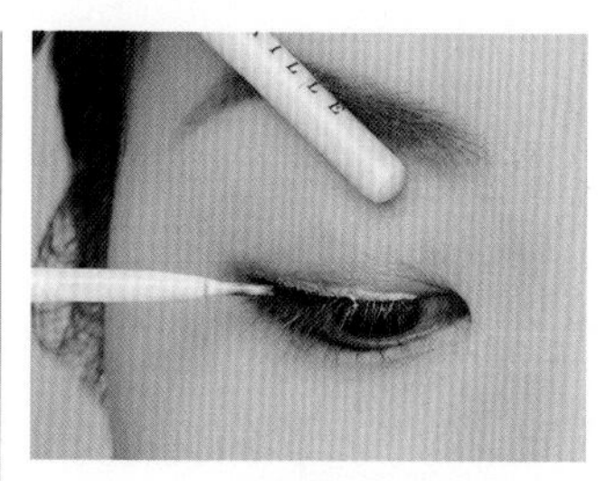

12

在眼睛的睫毛根部也涂上胶水，这样假睫毛会粘得更牢固。

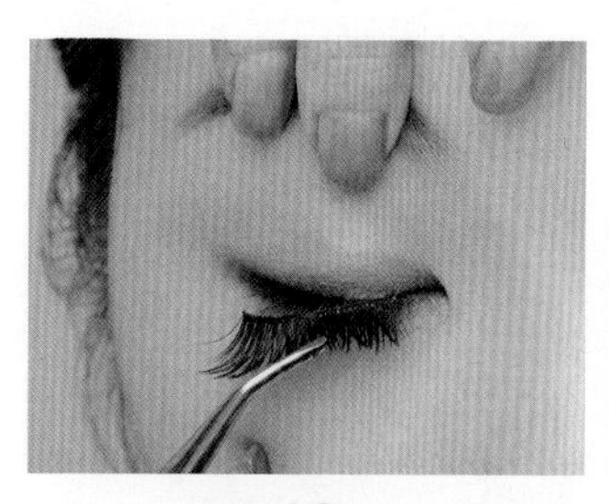

13

从眼头往眼尾粘假睫毛，假睫毛和眼头间留出 3 毫米的距离。

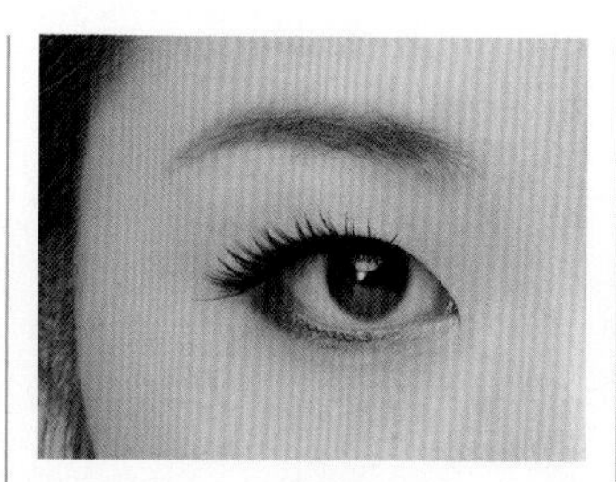

14

睁开眼睛，调整假睫毛的卷翘度。

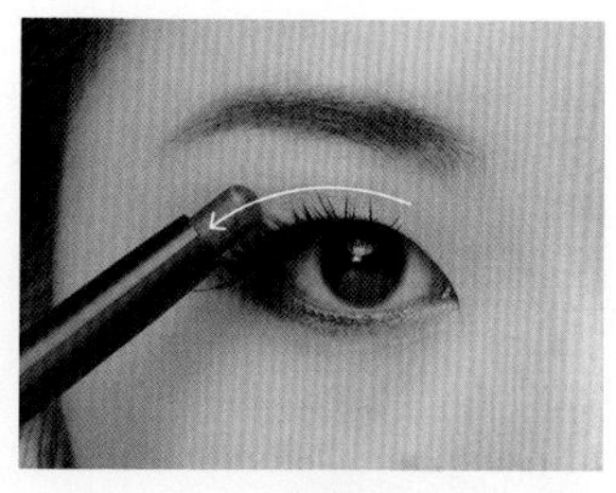

15

保持睁眼的状态，确定适用于此款妆容的眼窝位置，假睫毛的尾部不能盖住即将要画的眼窝线条。

16

微微闭眼，将深色眼影按照眼中→眼尾→眼窝中间的方向涂抹。

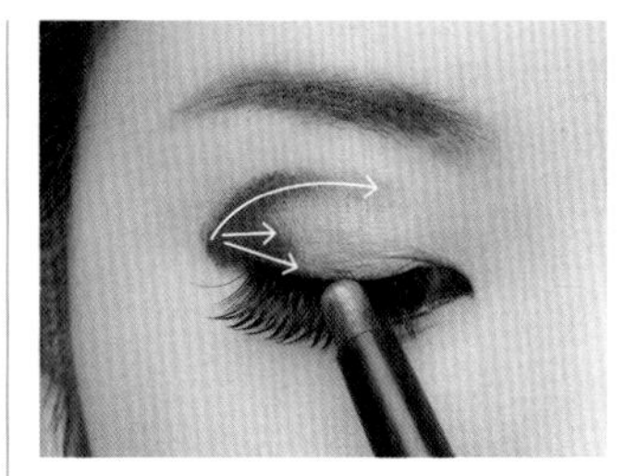

17

再从眼尾往眼中涂抹深色眼影。

18

将颜色较浅的眼影按照图中箭头的方向涂抹在眼头处。

19

在整个眼窝涂抹浅色眼影。

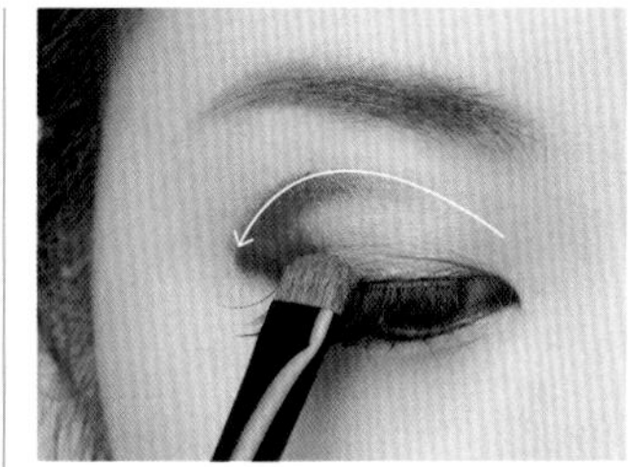

20

用眼影刷将深色和浅色眼影晕染开（沿箭头所示方向晕染即可）。

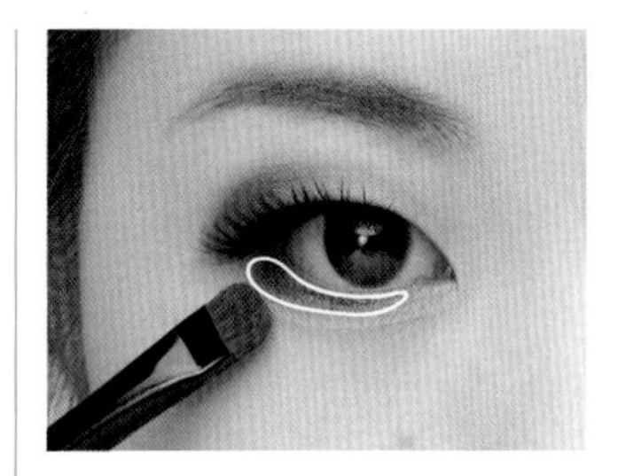

21

在图中标示的区域涂抹下眼影并晕染开。

22

蘸取绿色系的眼影。

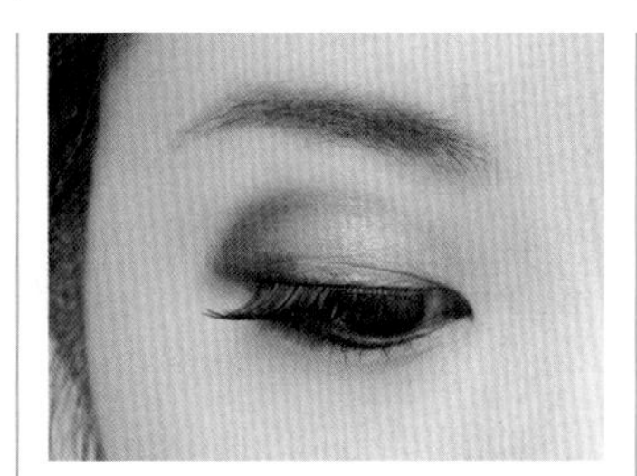

23

将眼影点涂在眼球上方，眼窝正中间的位置。

24

蘸取紫色系的眼影。

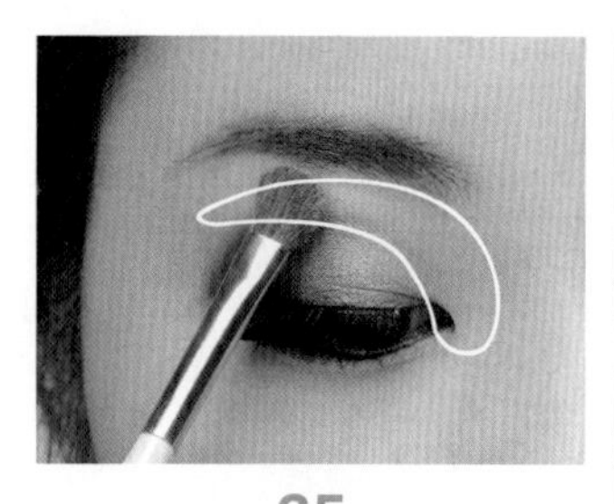

25

在图中标示的区域将眼影晕染开。

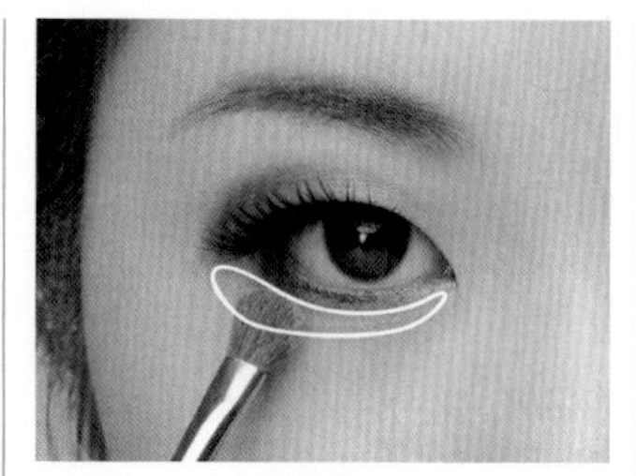

26

在下眼睑也刷一层紫色眼影，并晕染开。

27

蘸取更深一点的紫色系眼影。

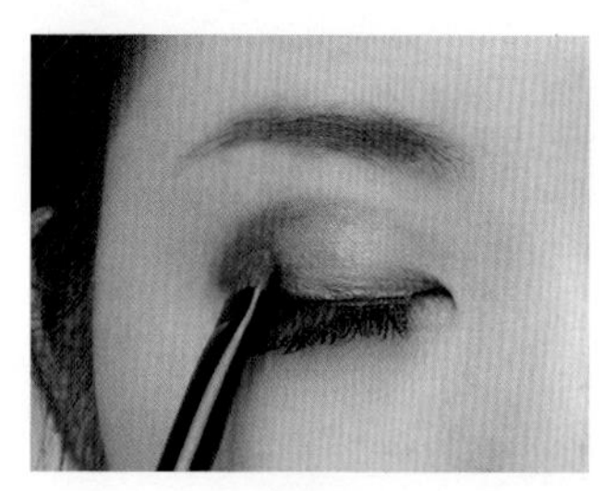

28-1

28-2

将紫色眼影点涂在眼尾和眼窝处。

29

选择黑色的眼线液笔，用点的方式画下眼线，一直画到眼尾。

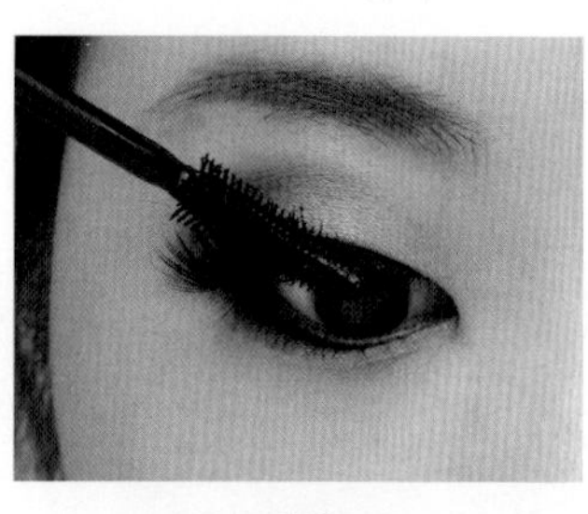

30

选择浓密型的睫毛膏，将真睫毛和假睫毛自然地刷在一起。

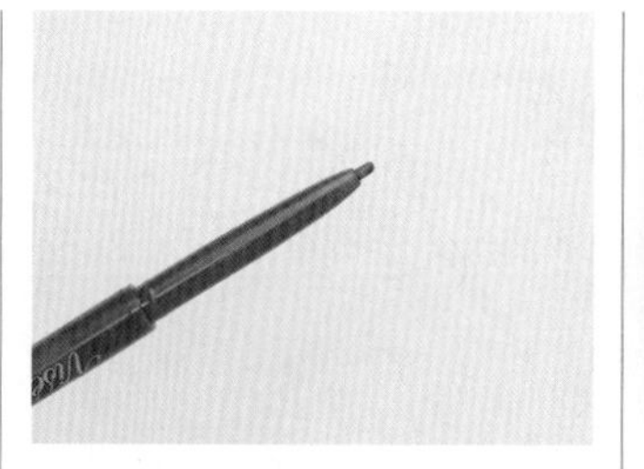

31

选择浅灰色的眼线胶笔。

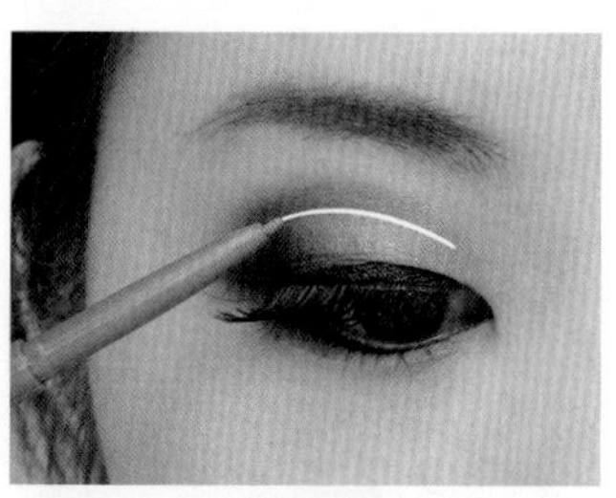

32

用眼线胶笔轻轻描绘眼窝线。

唇妆画法

唇妆的标准画法

1

准备一支口红，根据唇形，均匀地涂满双唇。

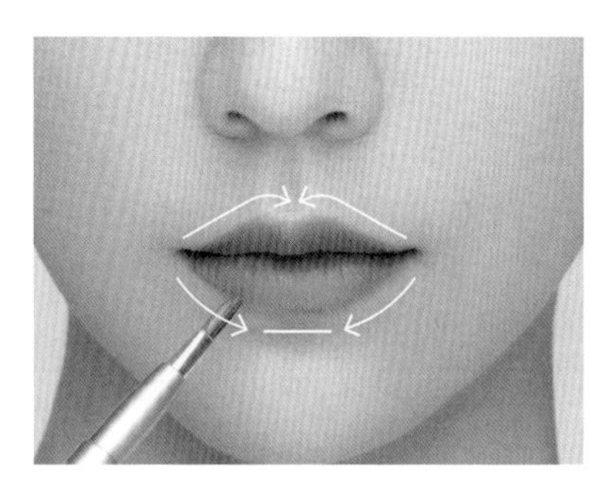

2

选择比口红深一个色号的唇线笔，按照图示的箭头方向勾勒唇线。

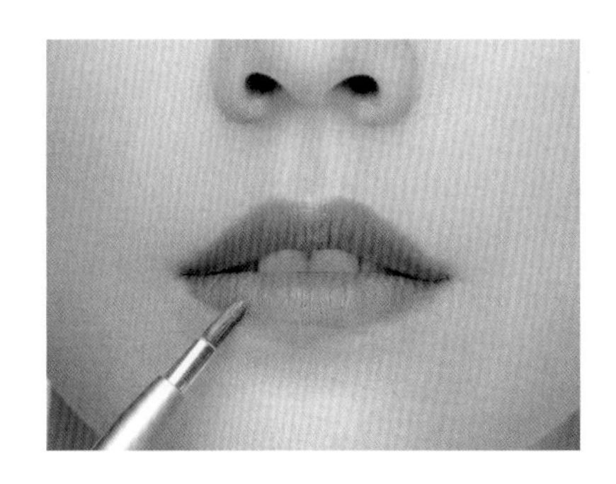

3

着重勾勒两侧嘴角的唇线。

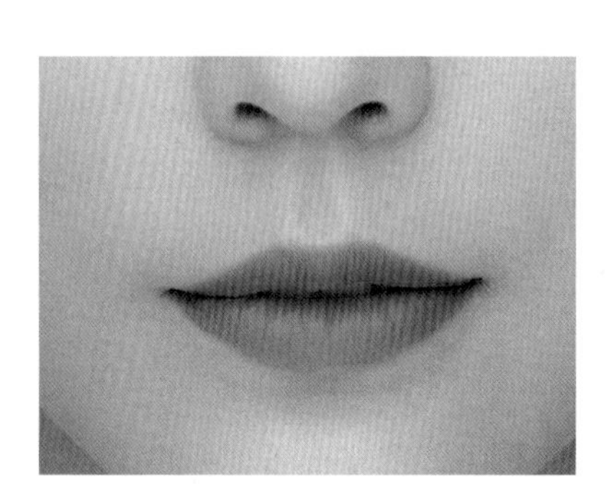

4

完成。

唇妆变化画法

嘴唇轮廓不明显的唇妆画法

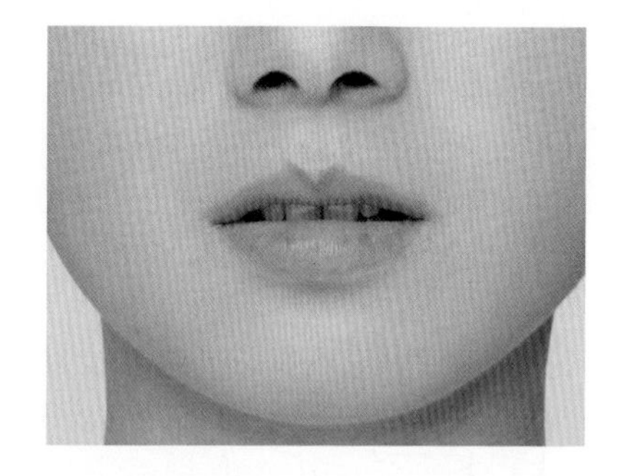

1

在唇峰位置画一个“V”字，唇峰可以稍稍往唇外扩 1 ~ 2 毫米，“V”字下面的角则低于唇峰 1 ~ 2 毫米。

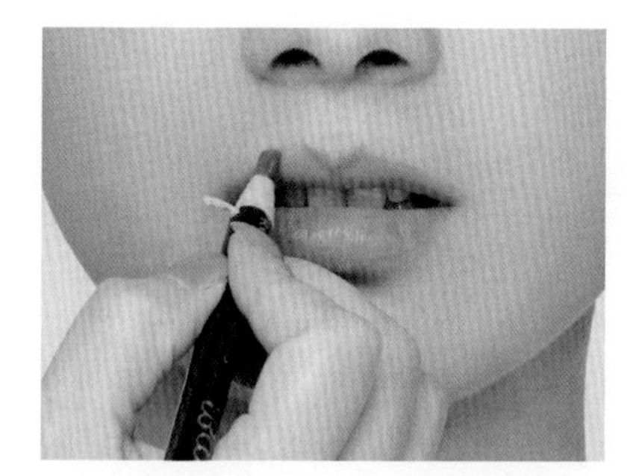

2

由两侧嘴角往唇峰处画一条明显的唇线。

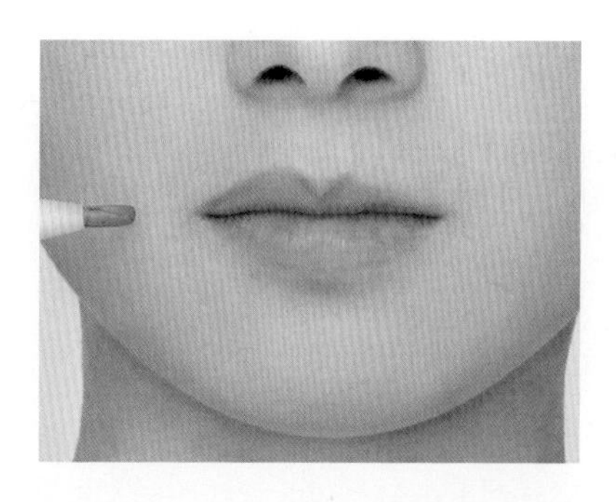

3

画完上嘴唇一侧的效果。

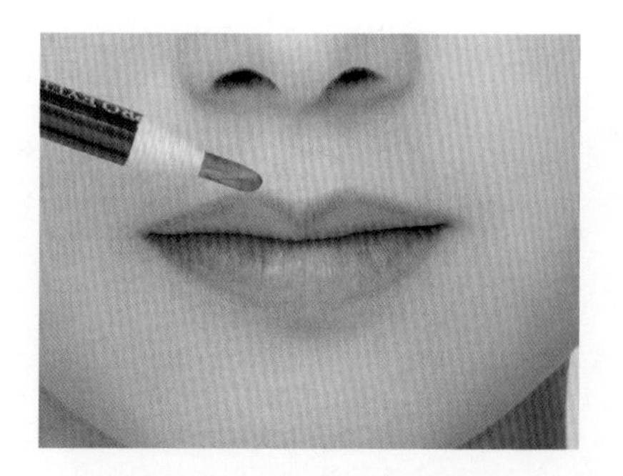

4

继续勾勒上下唇的唇线，下唇唇线从嘴角往嘴唇中间画。

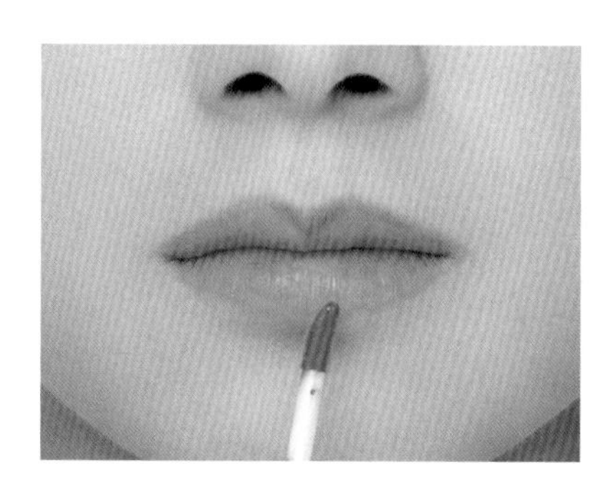

5

用唇釉或其他唇部彩妆品填补唇线内的区域。

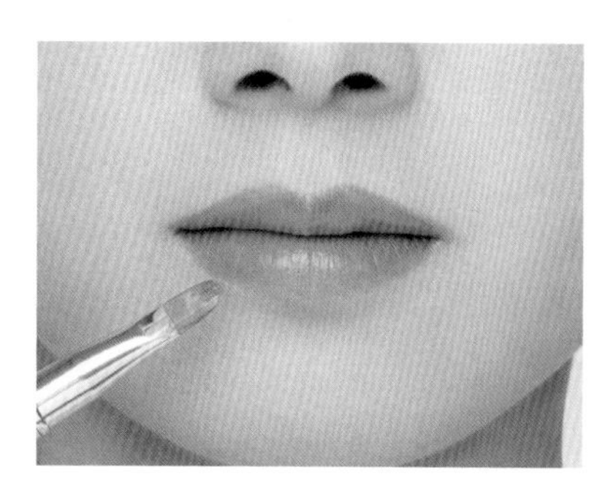

6

用唇刷将唇釉等彩妆品涂匀，自然过渡到唇线。

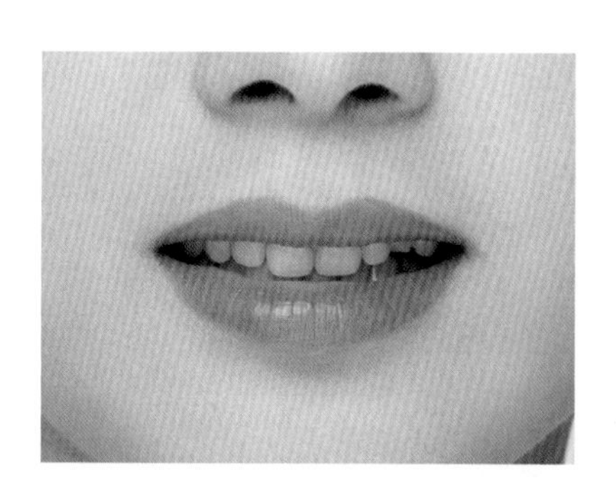

7

完成。

嘴角下垂的唇妆画法

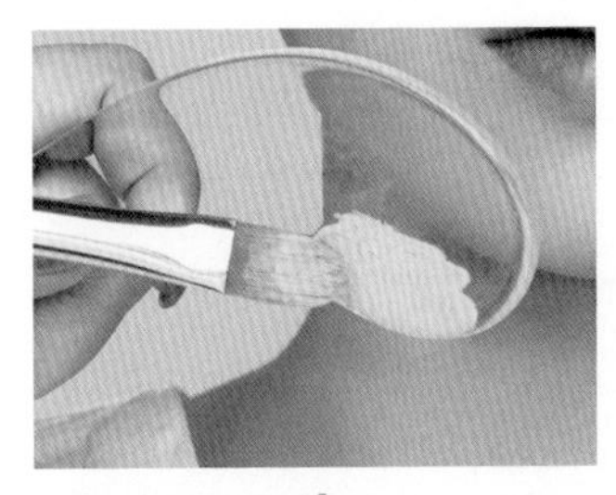

1

选择一款颜色与肤色相近的遮瑕产品，将其挤在透明隔板上，用遮瑕刷均匀蘸取。

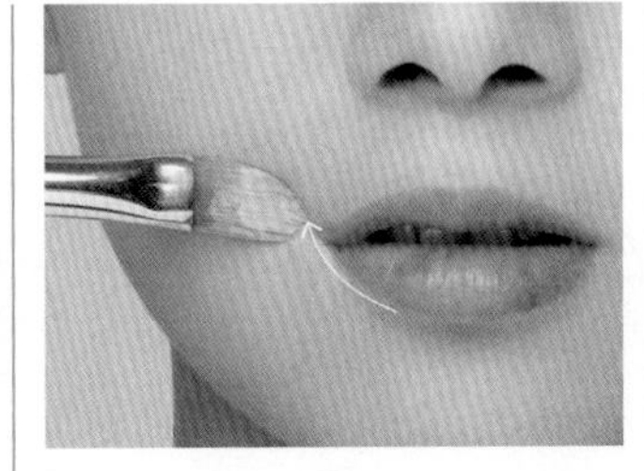

2

从嘴唇下缘开始，用遮瑕刷沿着唇线的方向，斜向上刷。

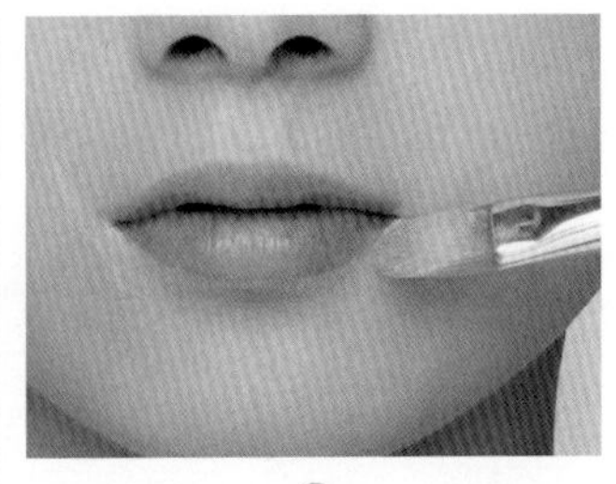

3

在刷的过程中，要注意盖住下垂的嘴角。

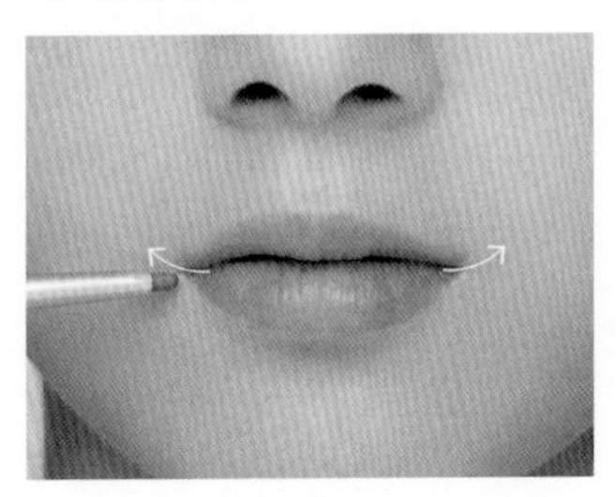

4

用唇线笔，按照图示箭头的方向，画出上扬的嘴角线条。

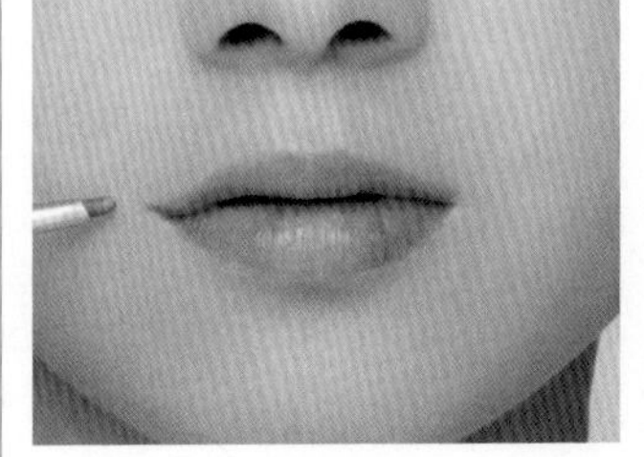

5

画完一侧的效果，能看到嘴角明显上扬了。

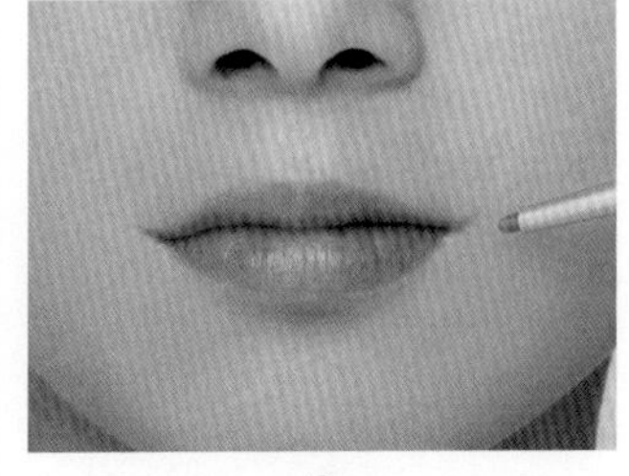

6

注意使两侧嘴角上扬的弧度保持一致。

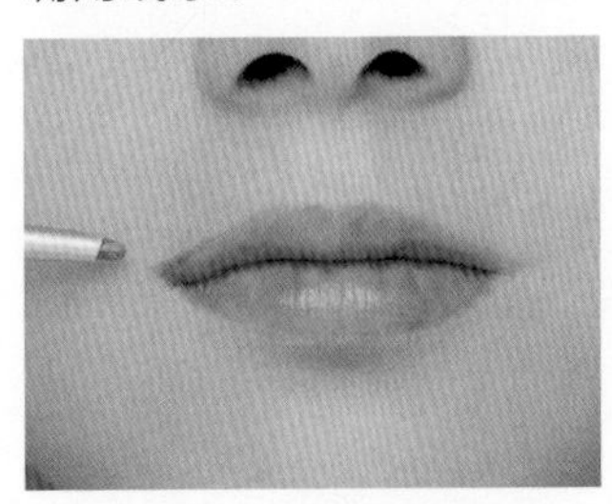

7

将原本的嘴角与画出来的嘴角线条相连，并填补空白区域。

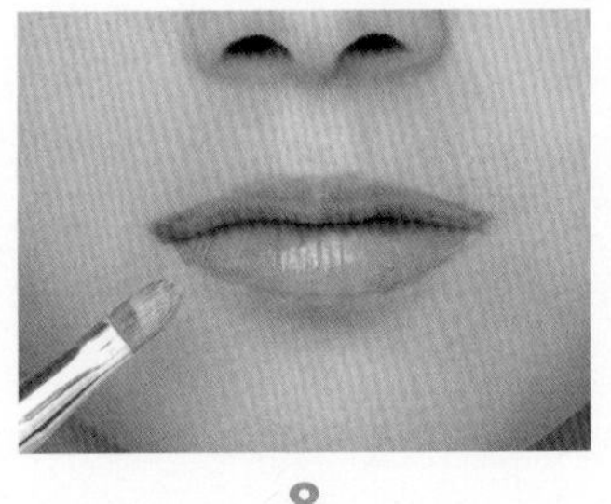

8

加强嘴角下缘位置的遮瑕。

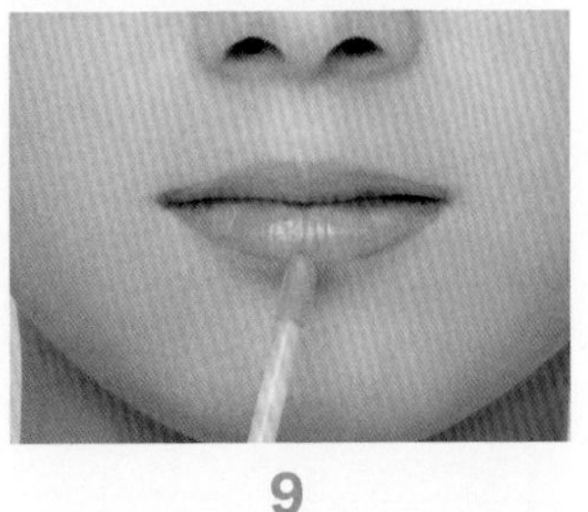

9

涂抹唇釉或其他唇部彩妆品，叠盖并柔化唇线痕迹。

薄唇的唇妆画法

1

先用白色的唇线笔，沿着原本的唇线外围勾勒唇线，进行第一次外扩。

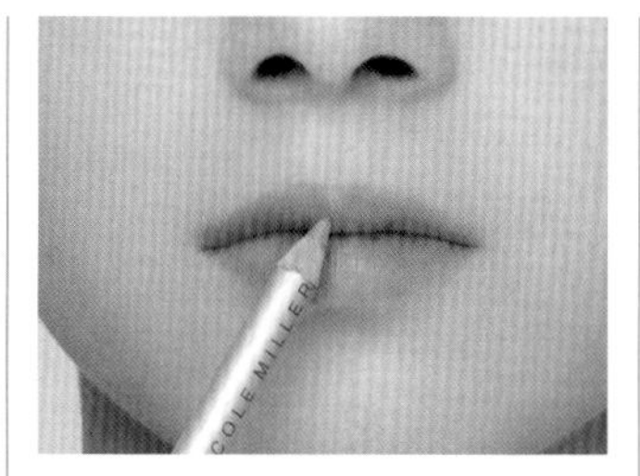

2

用比肤色深的唇线笔，找到上唇厚度的 1/2 处，确定唇珠位置。

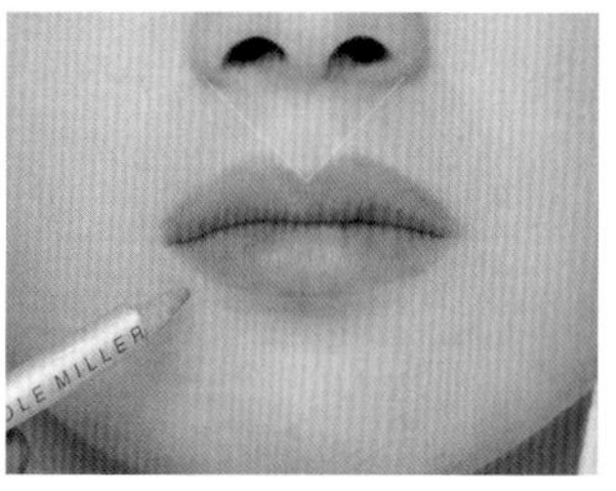

3

沿着上唇线的弧度，将唇线往外画 1 ～ 2 毫米。

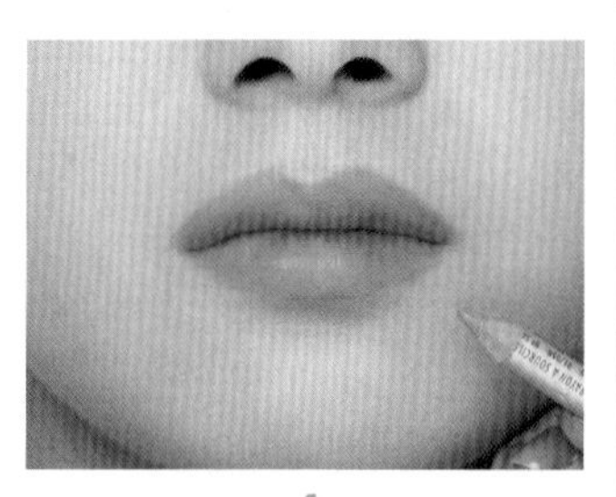

4

勾勒下唇线时，也按照本身的唇形，在唇线外侧 1 ～ 2 毫米处画线。

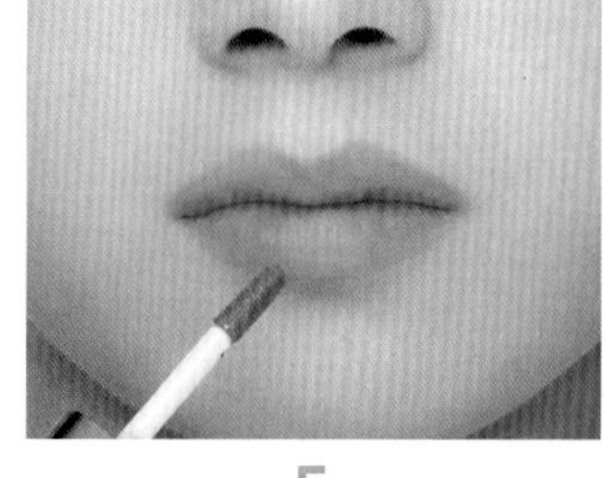

5

将唇釉或其他唇部彩妆品涂抹在唇线内的区域。

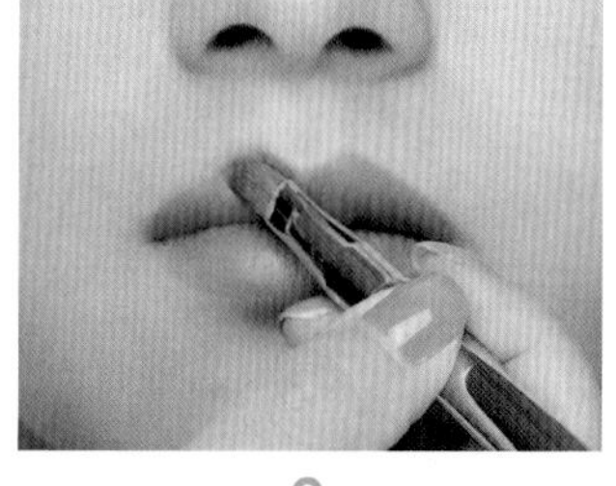

6

为了明确唇形，可用唇刷沿着唇线边缘再涂抹一次。

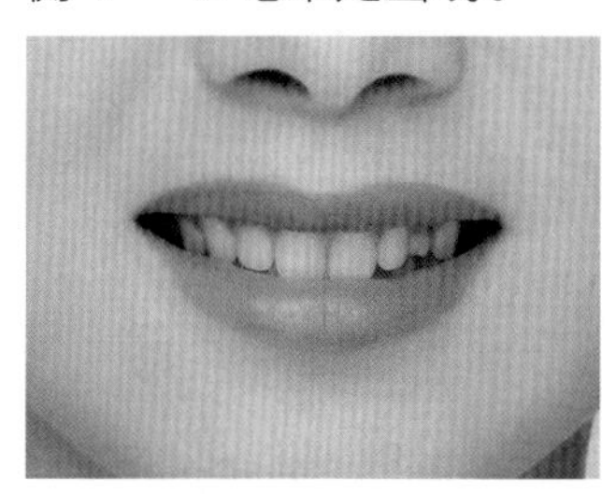

7

完成。

厚唇的唇妆画法

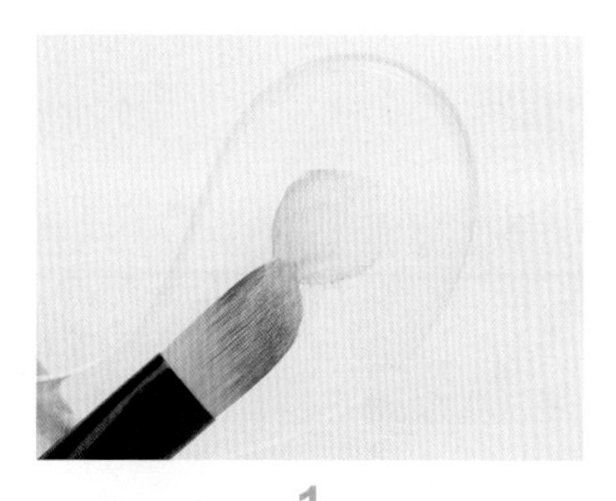

1

选择一款颜色与肤色相近的遮瑕产品。

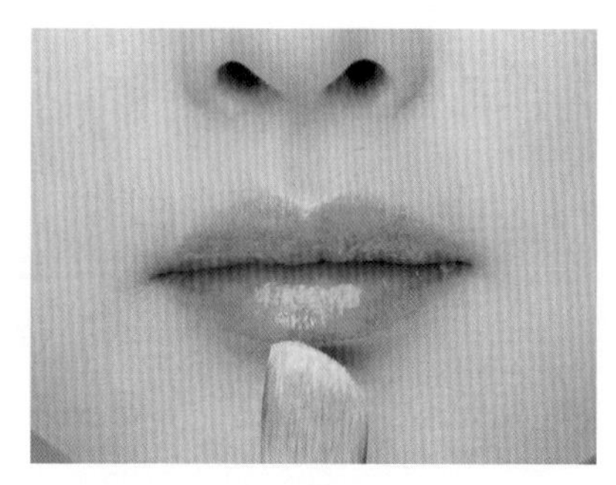

2

用遮瑕刷沿着唇线，向着嘴唇内侧涂一层遮瑕产品。

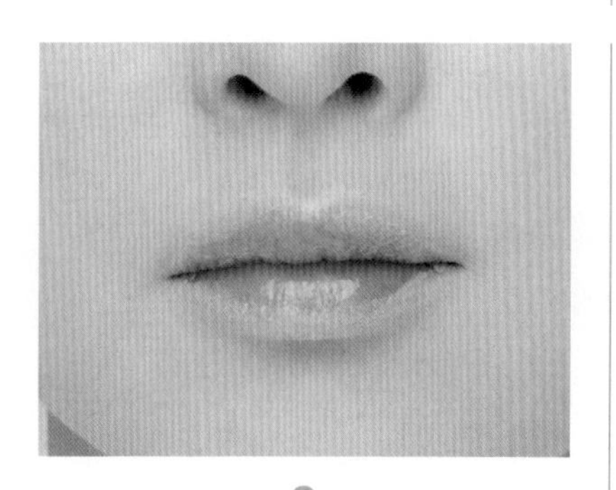

3

以盖住嘴唇边缘 2 ~ 3 毫米为佳。

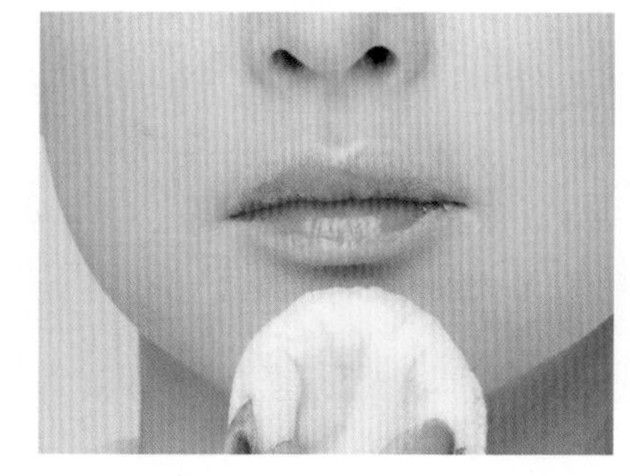

4

蘸取定妆粉，给涂抹了遮瑕产品的部位定妆。观察遮瑕产品是否遮盖住了原本的唇线。

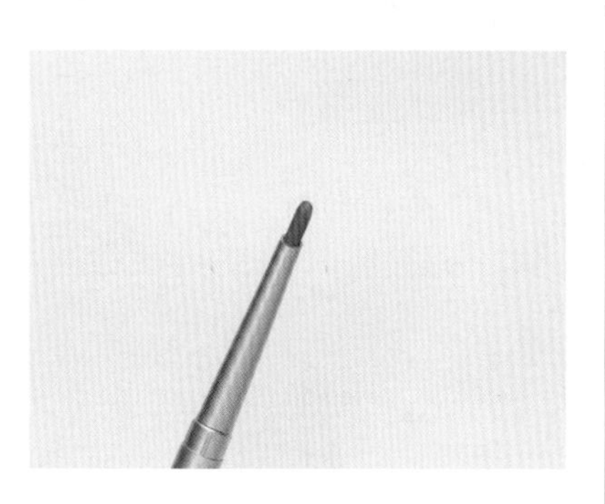

5

准备一支防油唇线笔。

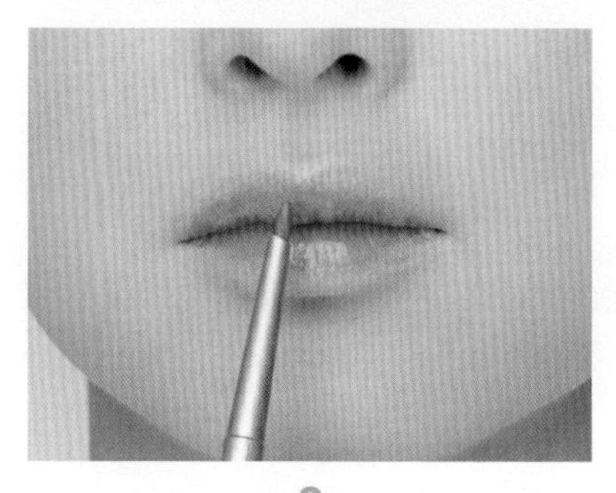

6

在原本的唇线内侧 2 毫米的位置，描绘出预期的唇形。

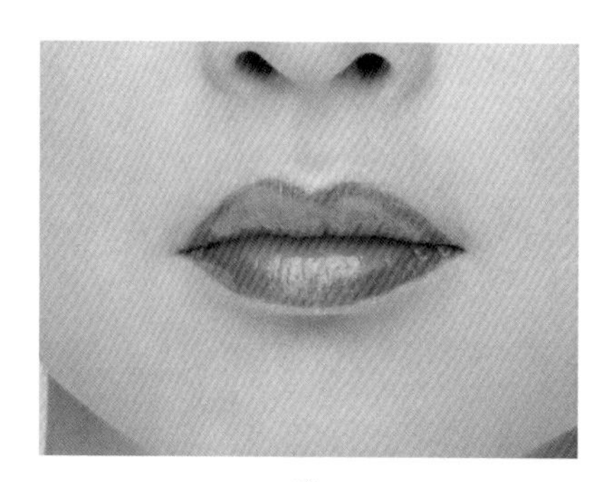

7

勾勒完唇线的效果。

8

准备一支唇釉。

9

将唇釉涂抹于唇线内。

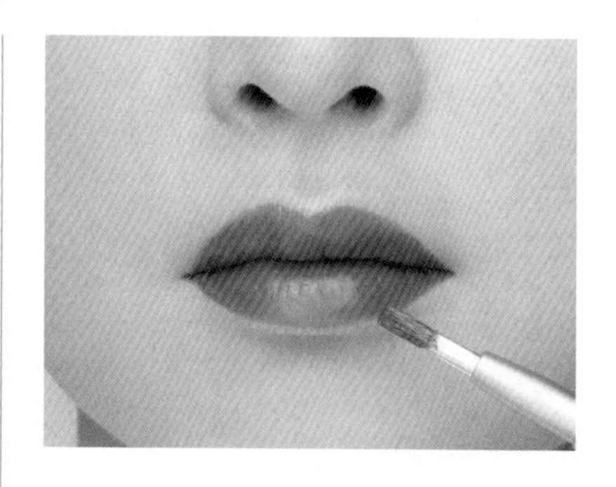

10

用唇刷将唇釉涂抹均匀。

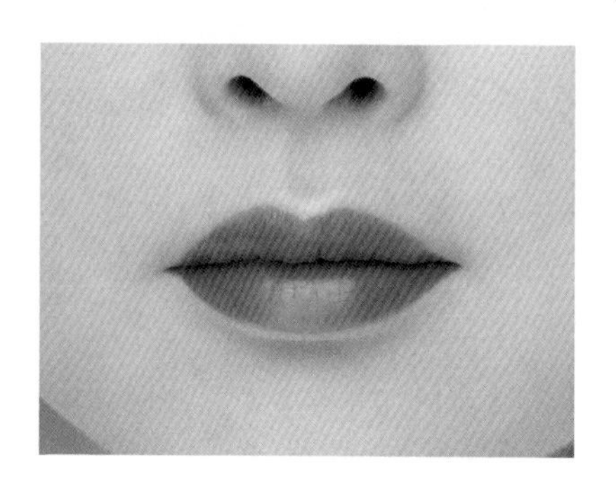

11

完成。

我痴迷彩妆的原因之一，就是通过眼线和口红的变化能彻底改变一个人的态度。

——音乐天后 碧昂丝

Chapter

04

第四章

找对三角区，化好立体妆容

人的五官中，最受关注的眉、眼、鼻、口都集中在面部的中央区域，我们在化妆时，投入更多精力来精雕细琢的也是这个区域。

连接眉、眼、鼻、口之后会得到一个三角区，只要把这个三角区找出来，就能快速地化出立体妆容。

黄金三三三法则

首先，老师会为大家解析“黄金三三三法则”，教大家如何找到自己的三个三角区，并快速地化出立体妆容。

“黄金三三三法则”及在此基础上衍生的“黄金三三三化妆法”展示了化妆过程中的很多小细节。大家只要加紧练习，记好步骤，便能每天在三分钟内快速化妆，亮眼地出门喽！

第一个三角区

在双眉正上方 2 厘米处画一条水平的直线，并延伸到两侧发际线，再将直线与发际线的交点分别与同侧嘴角连起来，这两条线于下巴处相交，形成的这个大三角形区域就是面部的焦点所在，也是上粉底的区域。

第二个三角区

找到下眼睑的最低点，水平向眼头和眼尾延伸，画一条长度与眼长差不多的线段。然后，找到位于瞳孔正下方 3 厘米处的一个点，并分别与刚才画的线段的两端连接，形成的这个三角形的区域就是我们需要修饰眼袋、黑眼圈的地方，也是需要提亮的区域。

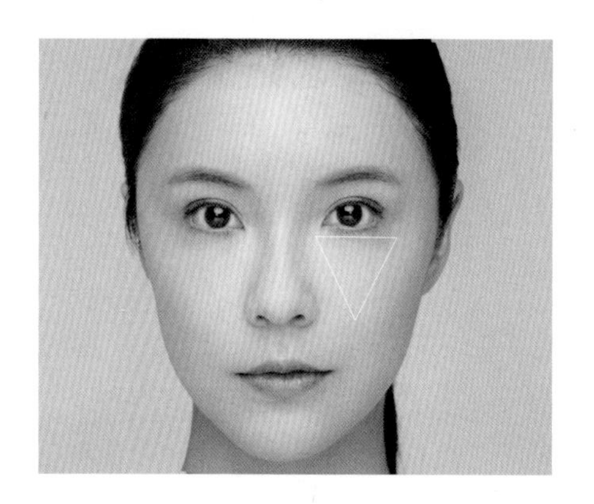

第三个三角区

将瞳孔正下方约 1.5 厘米处的一个点和笑肌的最低点连起来，从两个端点分别往眼尾处延伸直到两条线相交，所形成的三角形区域就是涂抹腮红的位置。

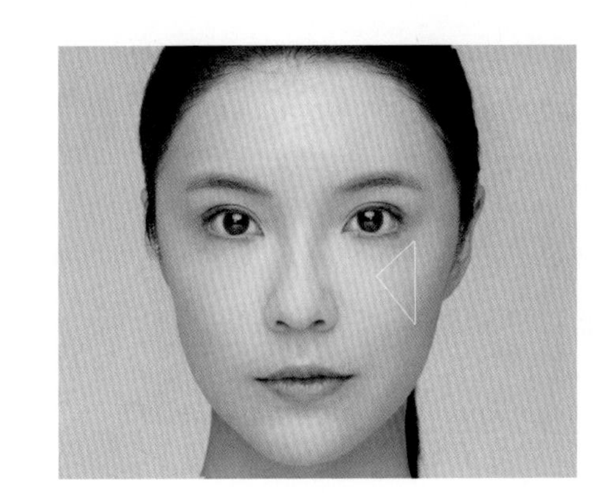

小贴士

在化妆的时候，新手往往容易手忙脚乱，不知道从什么地方开始，不是漏了这里就是漏了那里。其实只要记好“从内到外，从上到下”的原则，就能一步不漏，从容地化好妆了。

从内到外：妆前乳（防晒、隔离）→粉底→遮瑕→腮红→散粉→修容

从上到下：眉→眼→鼻→唇

化妆时，先完成“从内到外”的步骤，再完成“从上到下”的步骤。整个妆容完成后，可再微调腮红和修容。

黄金三三三化妆法

1

挤出适量粉底液。

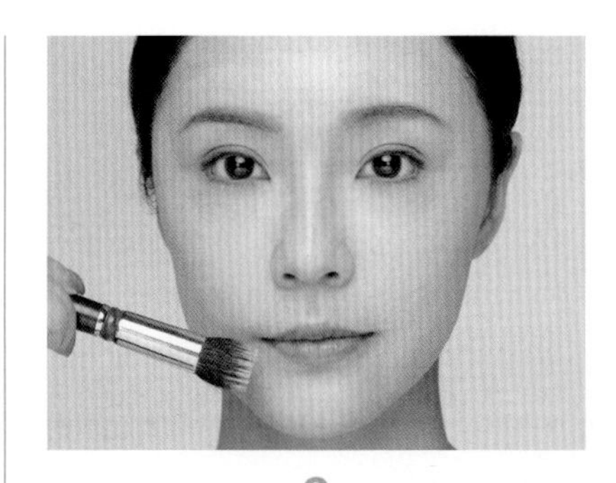

2

用粉底刷将粉底均匀涂抹在第一个三角区中。

3

用刷子将粉底刷开，与脸周肌肤颜色自然过渡。

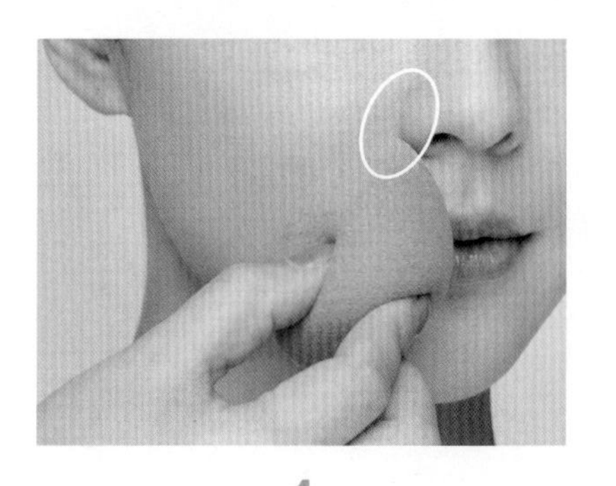

4

用美妆蛋比较尖细的那一端压匀鼻翼、嘴角处的粉底。

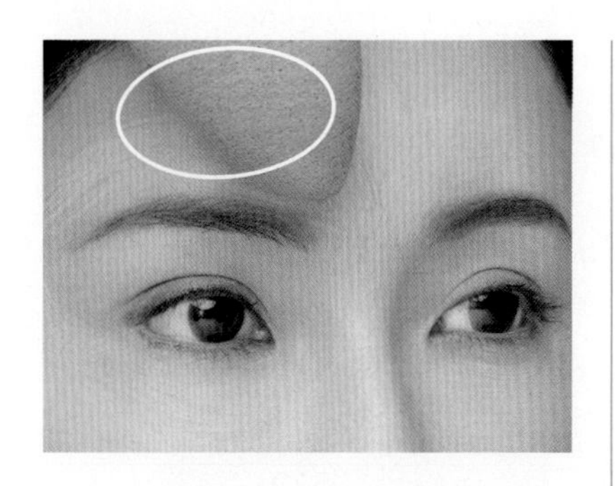

5

将额头、发际线等位置的粉底刷刷痕均匀推开。

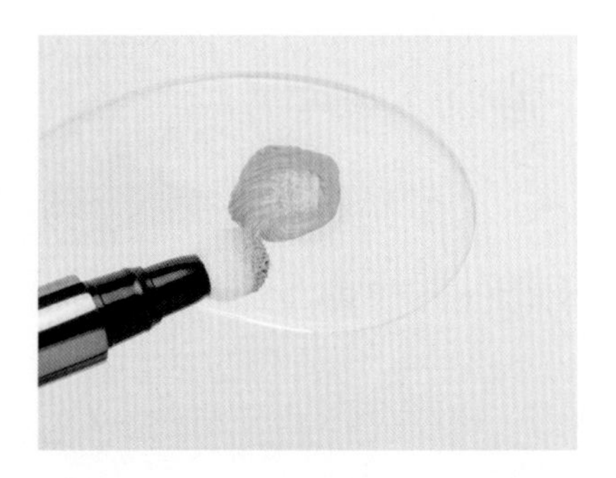

6

选择比涂在第一个三角区的粉底浅 1 ～ 2 个色号的粉底。

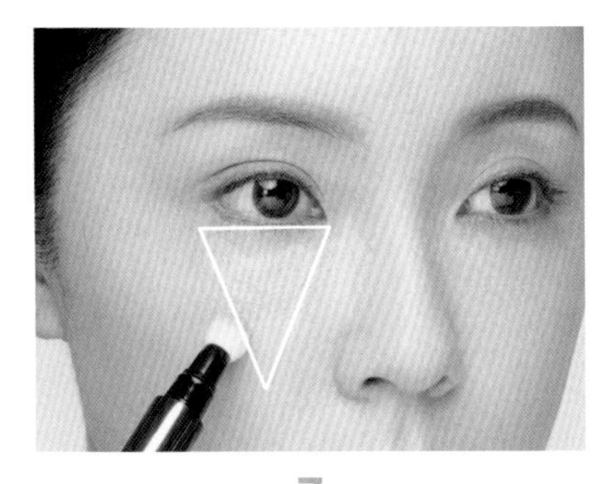

7

以“V”字形手法将粉底涂抹在眼下提亮区，也就是第二个三角区。

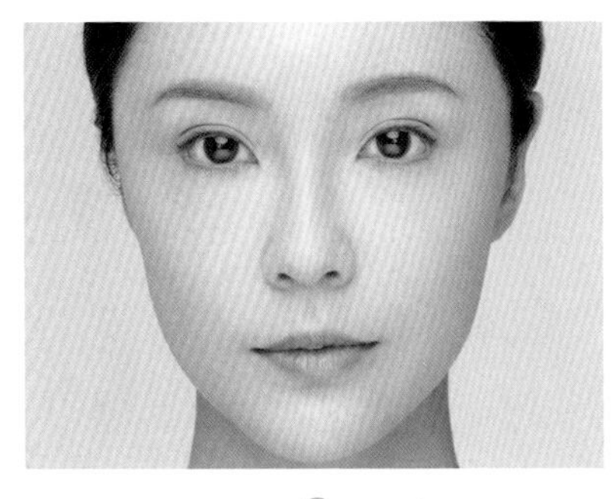

8

将浅色粉底轻轻推开，直到与周围的粉底融合、没有明显的界线为止。

9-1

9-2

最后，是第三个三角区 —— 笑肌腮红区。在这里，老师教大家一种避免将腮红画得像“猴子屁股”的做法：将腮红和粉底液混合，降低腮红的色彩浓度，这样能呈现自然的白里透红的效果。

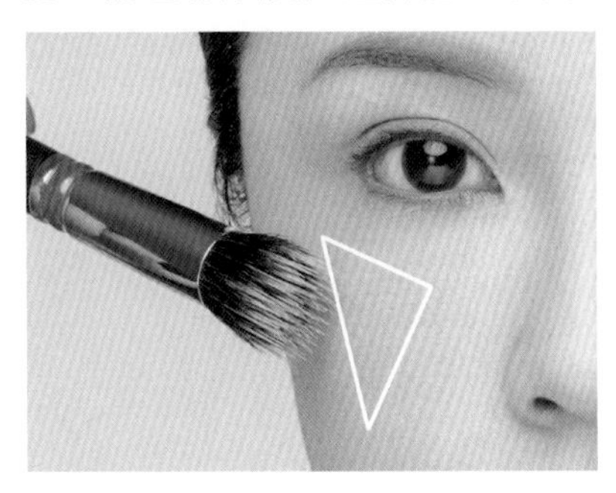

10

在第三个三角区涂抹腮红，并用刷具晕染开。

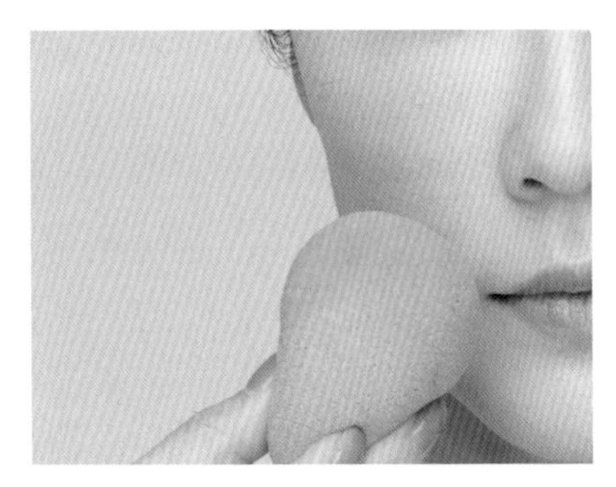

11

用美妆蛋轻压腮红，降低腮红的色彩浓度，让腮红和底妆融合得更好，使色彩看起来像是从肌肤里透出来的一样，显得气色很好。

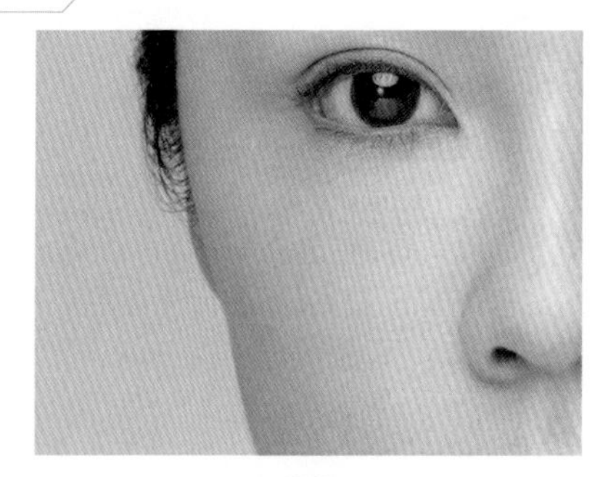

12

涂抹完腮红的效果。

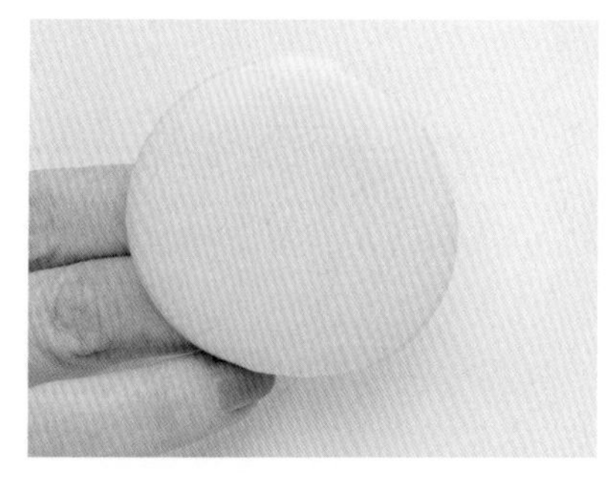

13

涂完粉底和腮红后，千万不要忘记定妆。

14

在进行脸颊定妆时，一定要使用拍弹的方式，因为擦涂的手法很容易让底妆移位，使妆面变得斑驳。不宜在苹果肌涂抹过多定妆粉，否则不但会影响腮红的呈现，还会让苹果肌比周围的肌肤白，影响妆容的整体效果。

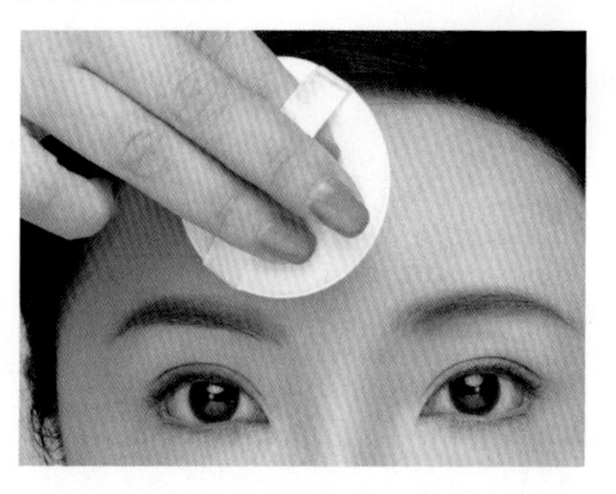

15

针对 T 区等容易出汗、出油、脱妆的部位，可以多次定妆，以保证妆容的持久性。

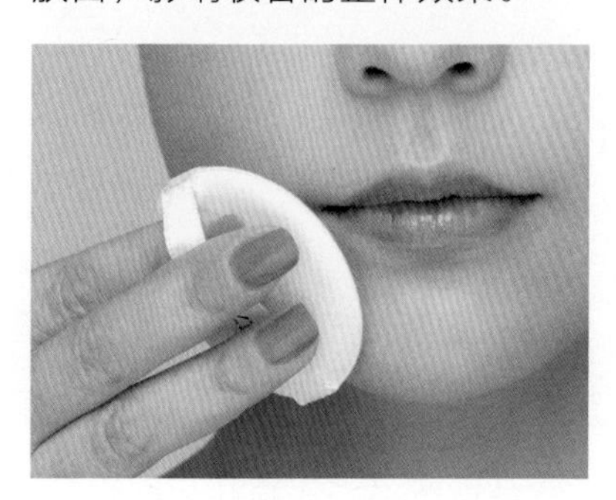

16

当然，嘴角、鼻翼等细小部位的定妆也不能少。

口红就像时装，它使女人成为真正的女人。

——玛丽莲·梦露

Chapter

05

第五章

最 TOP 的完美妆容

如今，很多女孩白天工作时，常常需要面对各种场合，如商务会议、谈判等，有时候晚上还需要参加聚会，因此必须根据时间、地点、场合进行得体的装扮，用最 TOP（顶尖）的妆容面对这一切。

在这一章节中，老师将为大家示范各种妆容，用最基本的化妆技巧加上彩妆品的颜色搭配和变化，化出完美的妆容，打造完美的形象。同学们一定要仔细看示范图片，好好跟着练习噢！

优雅不是要传达低调，而是要抵达一个人非常精华的层面。

——巴黎高级女装设计师　克里斯汀·拉克鲁瓦

魅力职业妆

职业妆容需要符合自身的工作环境，让自己的气场与工作环境相符，让别人在看到你的着装和妆容的时候，产生“专业”“有能力”的印象，这对你将要开展的工作很有帮助。

虽然每个人的工作环境和职业各不相同，但总体来说，职业妆都以清透、自然为佳。

选择粉底的色号时，最好选择与自身肤色相近的色号，选择其他彩妆品时则宜选择色彩偏淡的。如果不知道该选择什么颜色的眼部彩妆品，那么老师推荐同学们购买大地色的产品。很多人会觉得大地色太过单调，但其实大地色包含的颜色非常多，组合后也可以有很多变化。

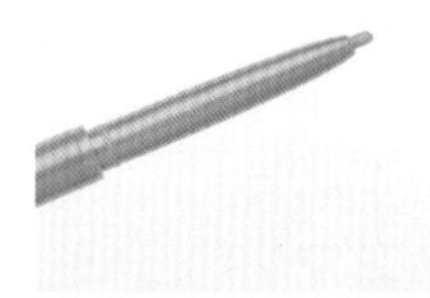

1

我们遵循“从上到下”的原则，从眉毛开始画。在这里，老师选择了一支颜色偏灰调的眉笔。

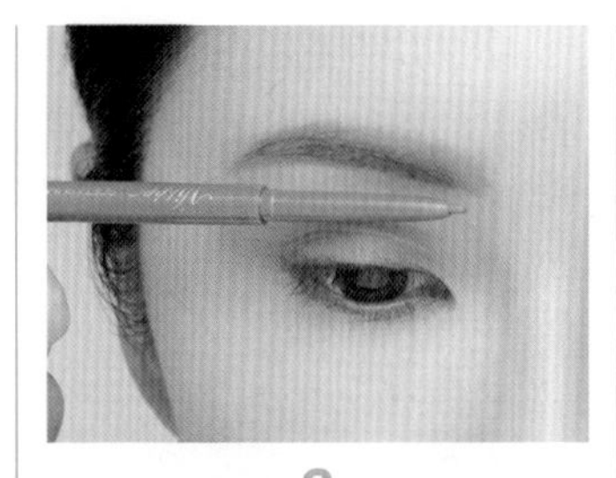

2

将眉笔水平放置，确定眉尾的位置，保证眉尾不低于眉头。

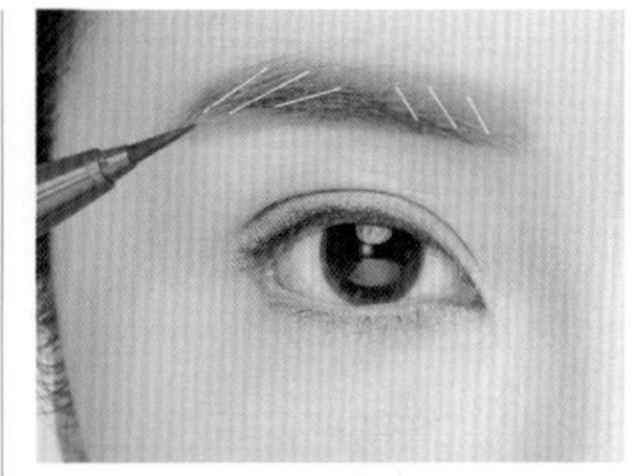

3

用眉笔画出眉毛的轮廓。

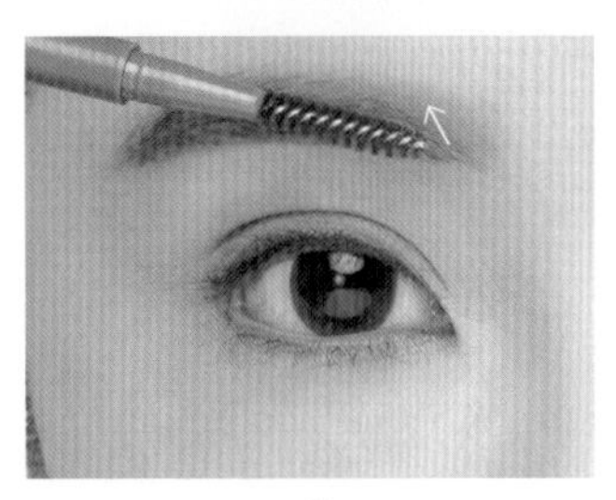

4

从眉头到眉尾，按照眉毛生长的方向，用螺旋梳梳理眉毛。

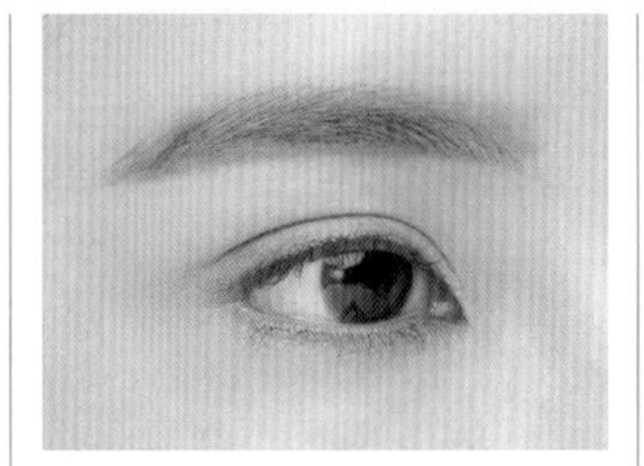

5

梳理完的效果。

6

选择一款浅色的大地色系眼影。

7

在手背上试色、调色，确保眼影在刷毛上均匀分布。

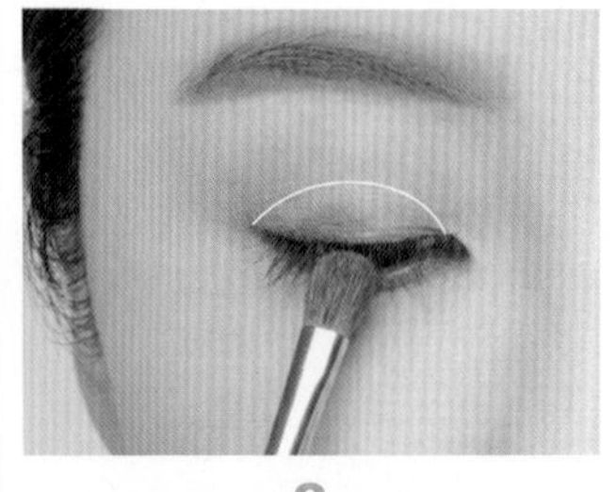

8

从瞳孔上方、靠近睫毛根部的位置开始涂抹眼影，逐渐晕染至整个眼窝。

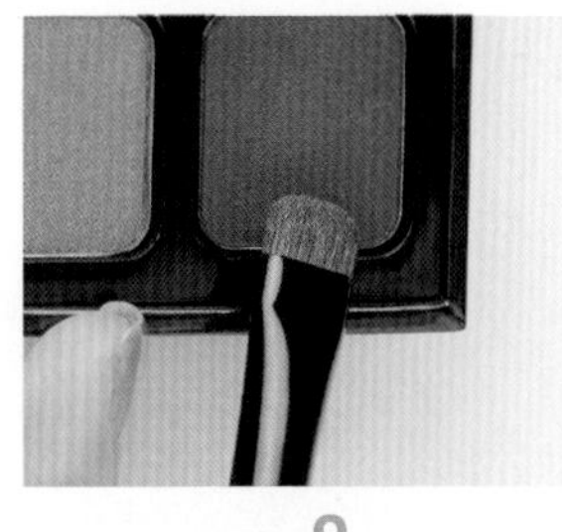

9

蘸取深色眼影，并在手背调色。

10

从眼尾逐渐往眼头晕染，眼尾的眼影颜色较深，眼头的颜色较浅。

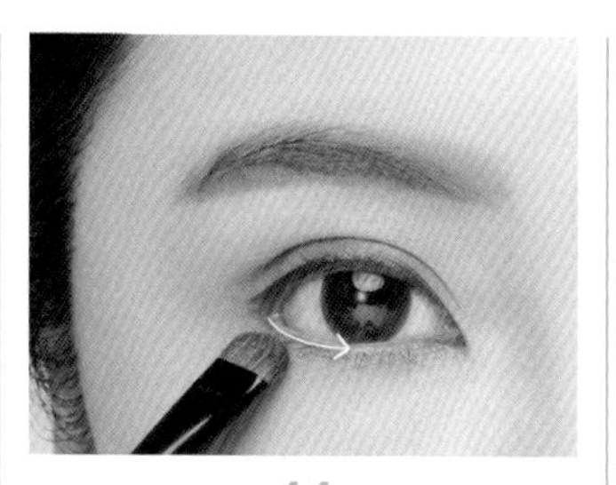

11

按照图中箭头指示的方向，轻轻晕染下眼睑的眼影。

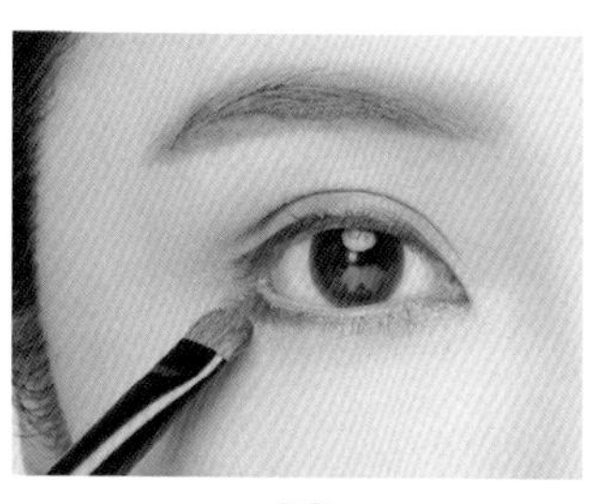

12

下眼睑眼影的晕染位置以眼长的 1/3 为宜（方向为从眼尾到眼头）。

13

选择一款浅色眼影。

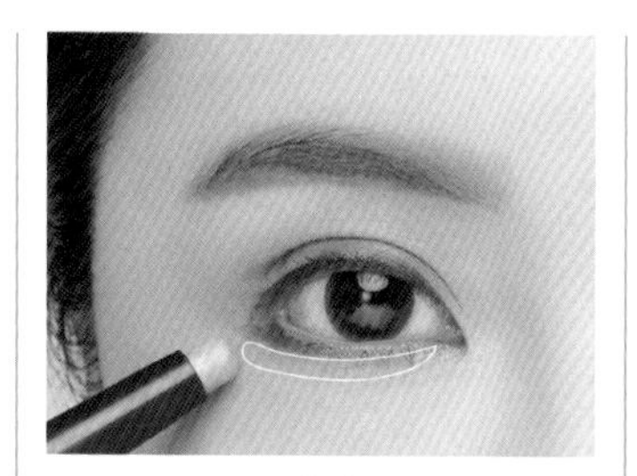

14

在图中标示的位置将浅色眼影晕染开。眼下很容易出现黑眼圈和暗沉，适度提亮可以使人看起来更有精神。

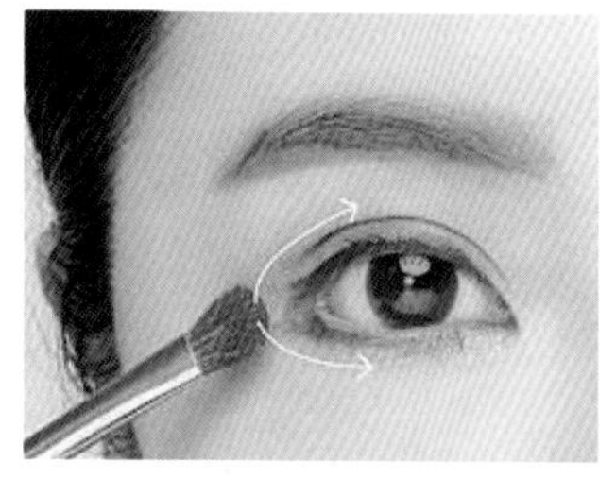

15

按照从眼尾到眼头的方向，用眼影刷将上眼皮和下眼睑的眼影晕染开。

16

紧贴上睫毛根部，按照从眼中到眼尾的方向，将眼影晕染开，使深浅两色的眼影自然过渡。

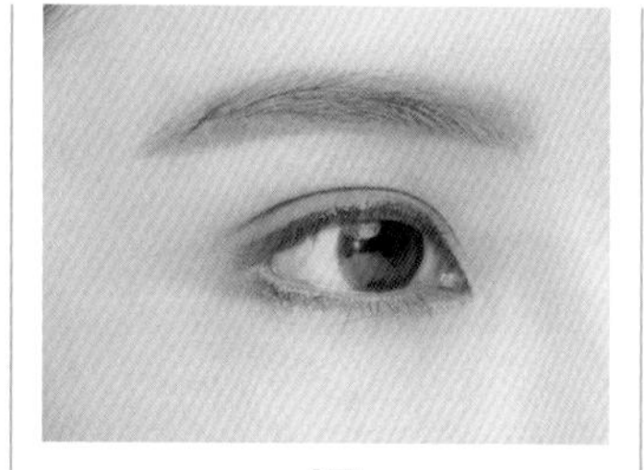

17

确保眼影与周围肌肤过渡自然。

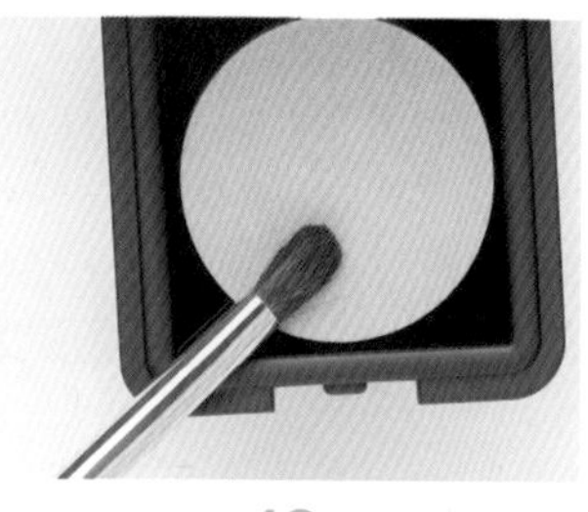

18

蘸取浅肤色的眼影。

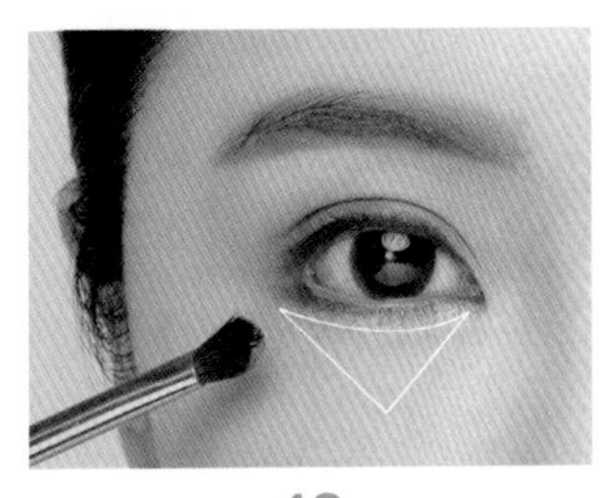

19

在图中标示的区域涂抹浅色眼影，提亮眼下三角区。

20

选择一把刷毛蓬松的大刷具，蘸取适量腮红。

21

在微笑肌的最高处轻轻涂抹腮红。

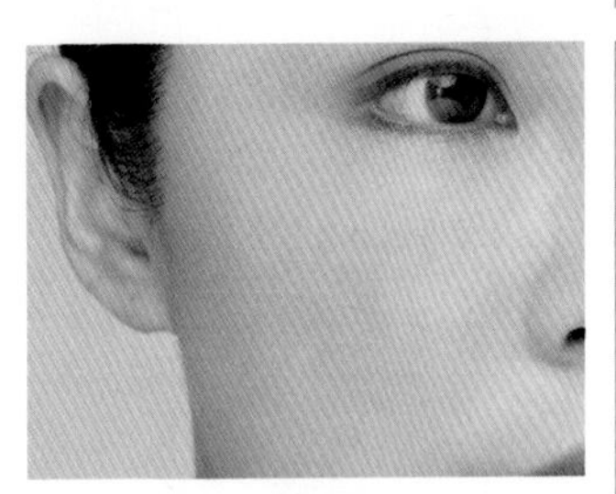

22

在自然光下检查腮红的效果，宁浅勿深。

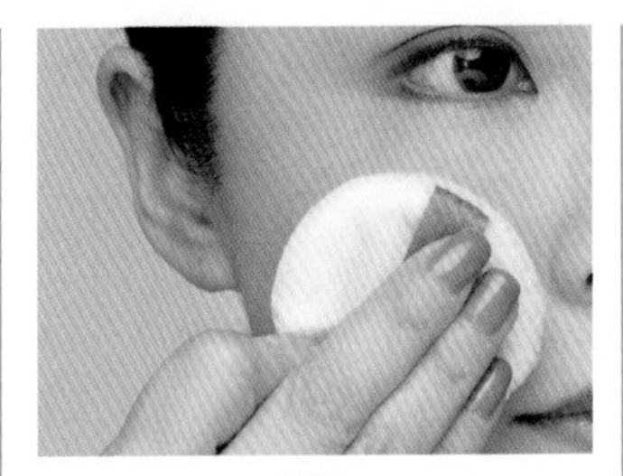

23

在涂抹腮红的区域轻扑定妆粉定妆。

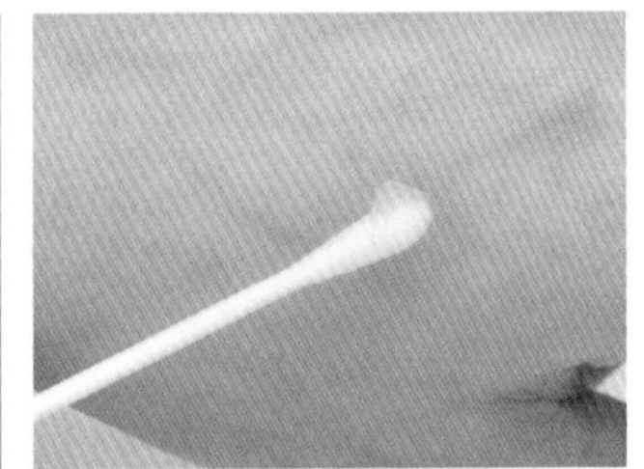

24

用棉棒蘸取润唇膏。

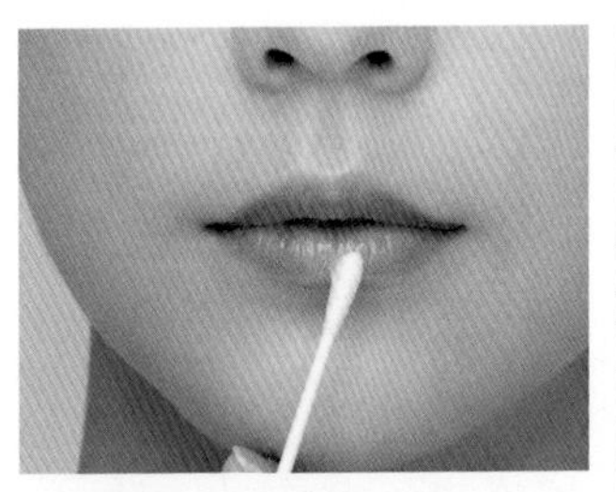

25

将润唇膏均匀地涂抹在嘴唇上，滋润双唇。

26

拿出刚刚使用过的腮红，用手指蘸取腮红。

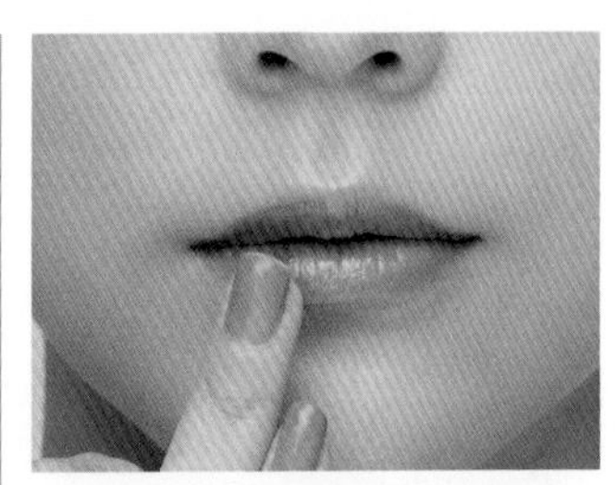

27

将腮红轻轻地点在嘴唇上，让双唇呈现自然红润感。

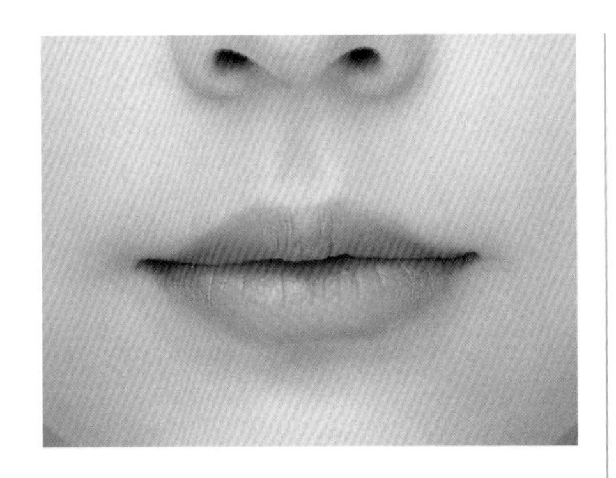

28

这样画出来的口红与腮红是同一种颜色的，可以避免脸上颜色太多的困扰。

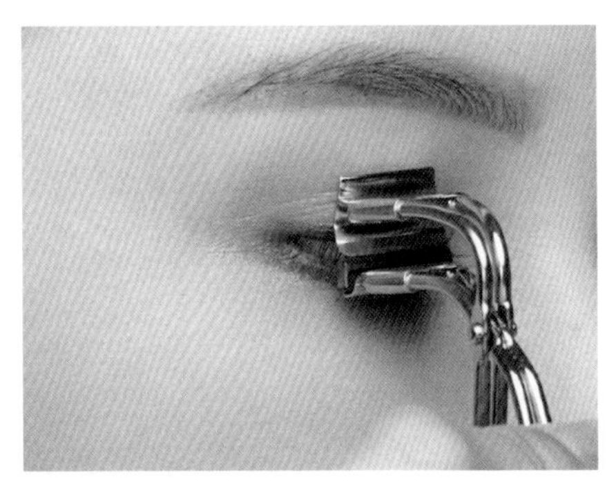

29

用睫毛夹将睫毛夹出一定的弧度，可以采取分段夹的方式，照顾到眼头和眼尾的睫毛。

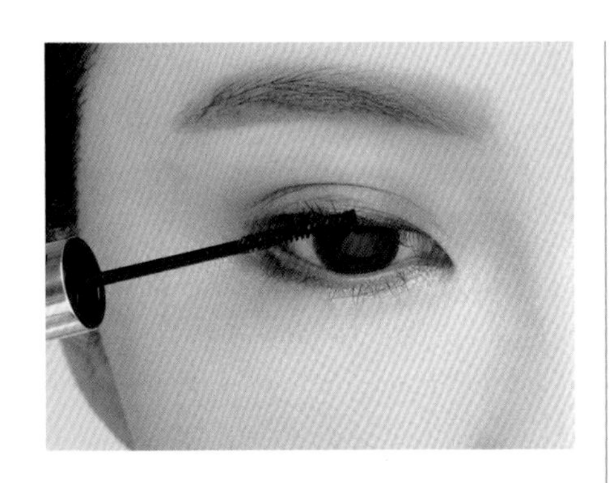

30

选用纤长型的睫毛膏，因为是职业妆，所以不需要将睫毛刷得太夸张，且注意不要刷出“苍蝇腿”。

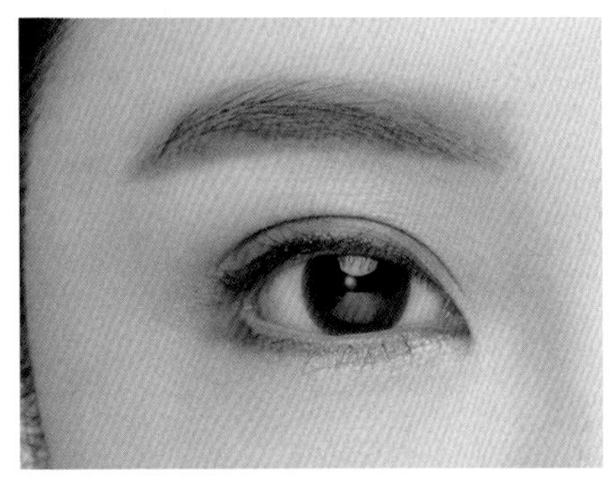

31

整个妆容就完成啦。

人气讨喜妆

无论你是叱咤职场的商业精英，还是谈判桌上所向披靡的常胜将军，在踏入家门、回归家庭的这一刻，你扮演的角色已然更改。在家的你是女儿、妻子、妈妈，无须用强势的妆容武装自己。如果你是一位为家人洗手作羹汤的女性，就更需要将自己最美的一面展现给自己最爱的人。但居家和邋遢，完全是两码事。

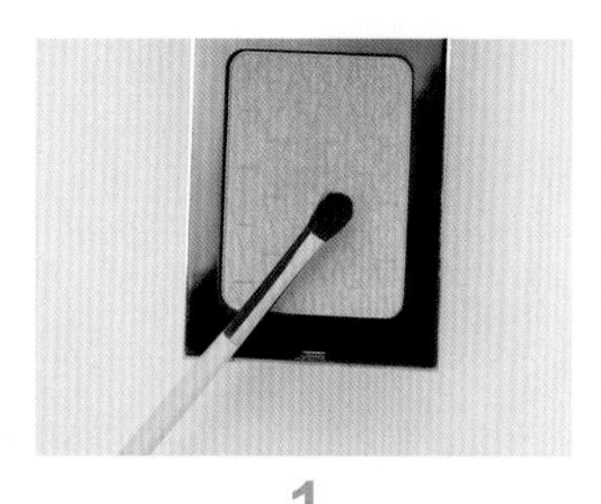

1

蘸取浅色眼影。

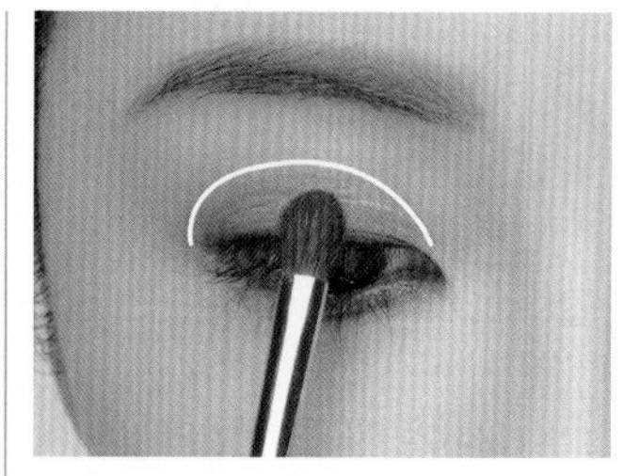

2

从瞳孔上方开始，在眼窝处用浅色眼影打底。

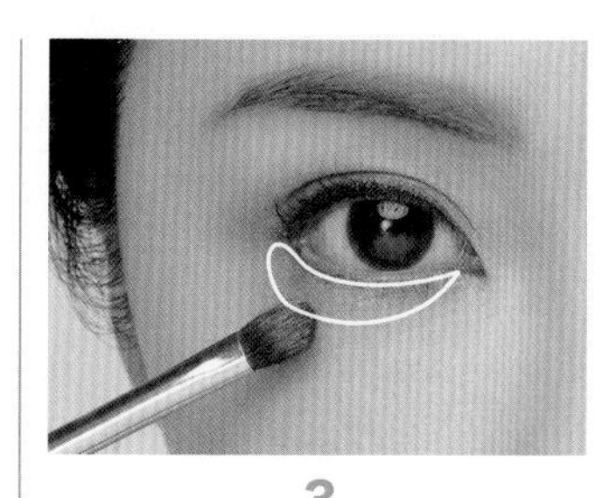

3

同样，在下眼睑用浅色眼影打底，让整个眼妆更和谐，整体感更强。

4

用大刷头的刷具蘸取上面用过的浅色眼影。

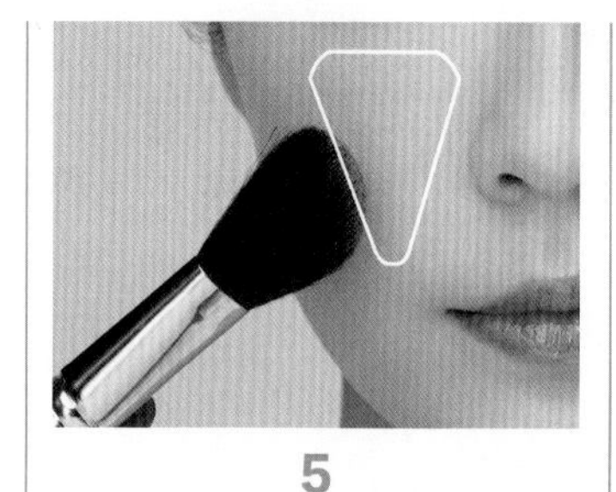

5

将眼影轻轻扫在图中所标示的位置。

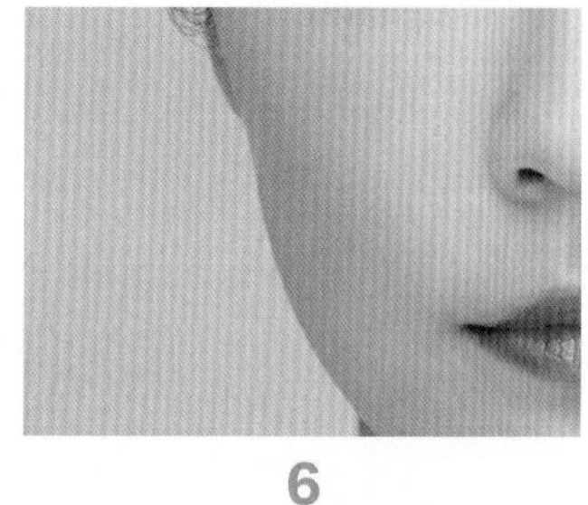

6

这样可以使整个肌肤呈现浅浅的粉色。

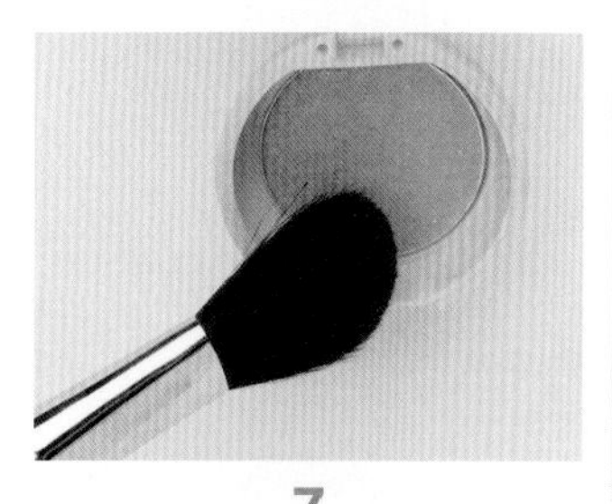

7

蘸取蜜桃色腮红。

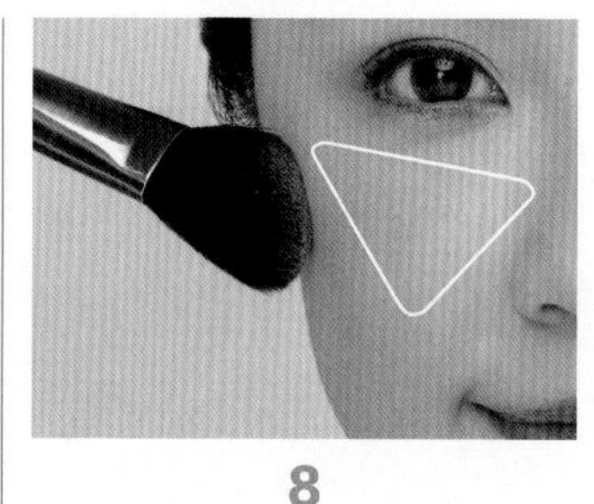

8

将腮红轻轻扫在图中标示的区域，注意最低处不要低于鼻孔。

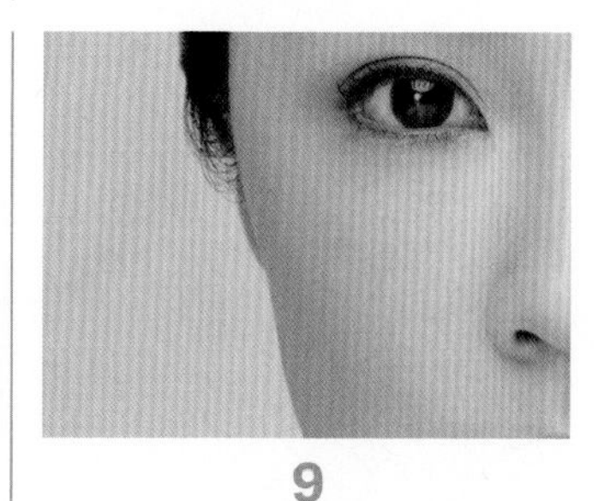

9

用蜜桃色腮红薄薄地扫一层，凸显苹果肌，既减龄，又能给人甜美和可爱的感觉。

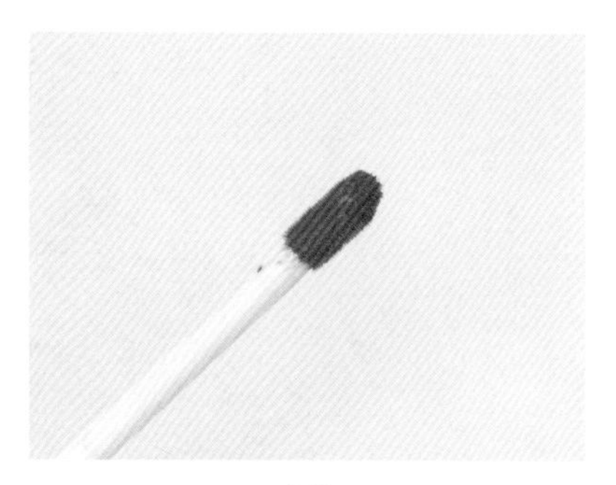

10

选取一款粉色的唇釉，将其均匀涂抹于唇部。

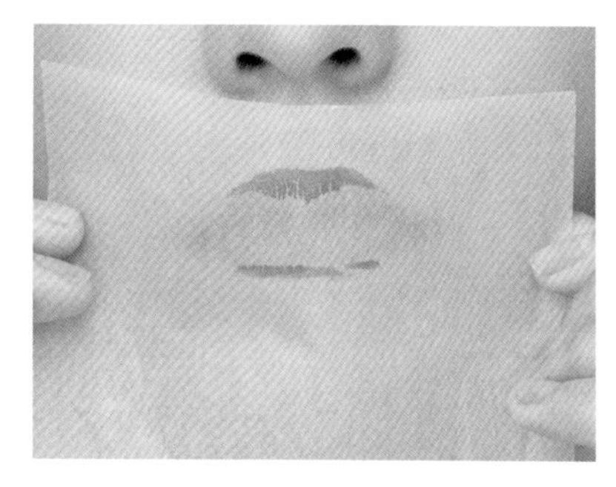

11

用吸油纸或者普通纸巾在嘴唇上轻轻地敷一下，减弱唇釉的油腻感。

12

蘸取之前用过的腮红。

13

将腮红均匀地扑在嘴唇上，使整个妆容看起来更和谐。

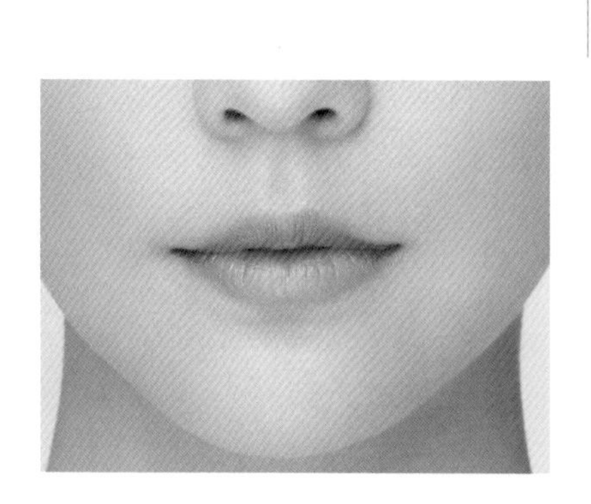

14

这样，整个妆容就完成啦。

闪耀 Party（宴会）妆

这款妆容以华丽的烟熏感为主，适合灯光偏暗、偏暖的场合，这样的灯光会弱化妆感，因此遇到这种场合时，可以略微加强眼妆和唇妆色彩的饱和度，还可视情况选择浓密型的睫毛膏并贴假睫毛。但也要注意，这样的场合温度往往较高，灯光也比较强烈，要选择控油效果好的定妆产品做好定妆工作，因为高温和灯光的炙烤会加重面部的出油，很容易让脸变成大油田。

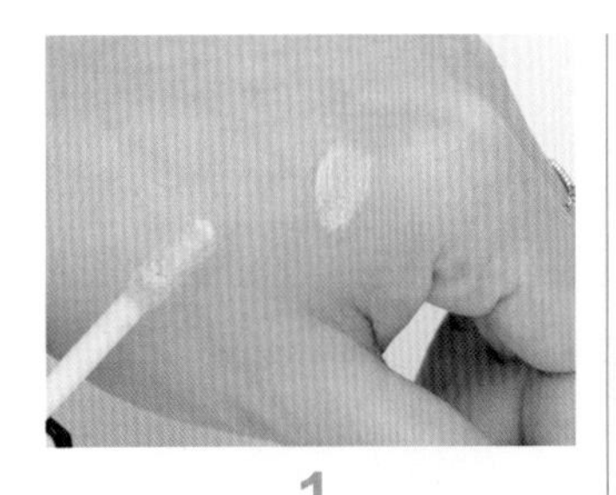

1

选取一款眼部打底产品，在手背上调色，调整用量。

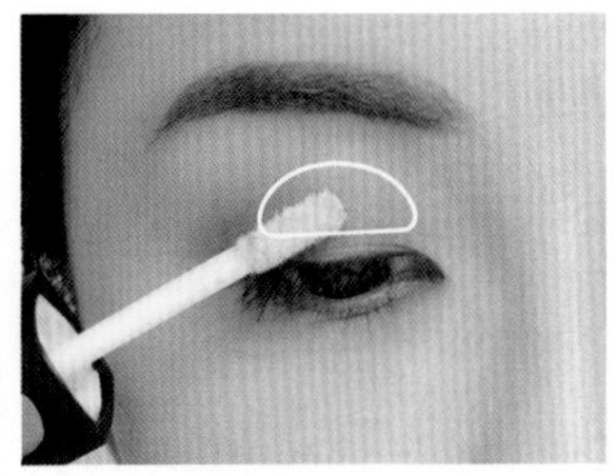

2

将眼部打底产品轻点于图中标示的位置，并在整个眼窝晕染开。

3

蘸取浅蓝色的眼影。

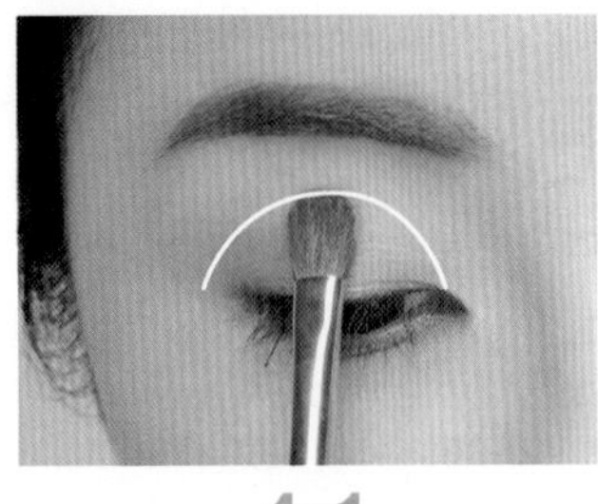

4-1

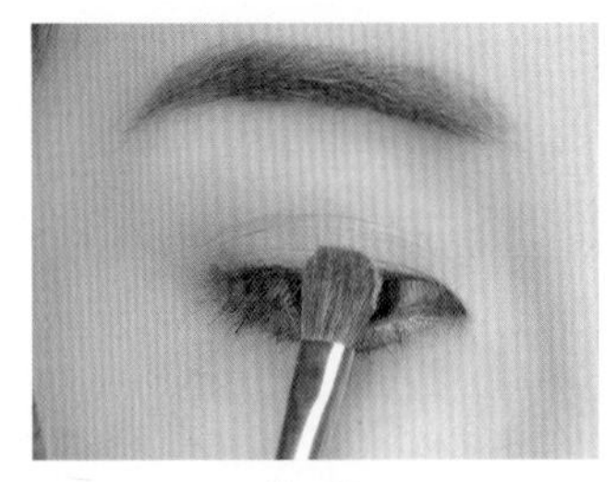

4-2

如图所示，将眼影点在眼窝的正中间。

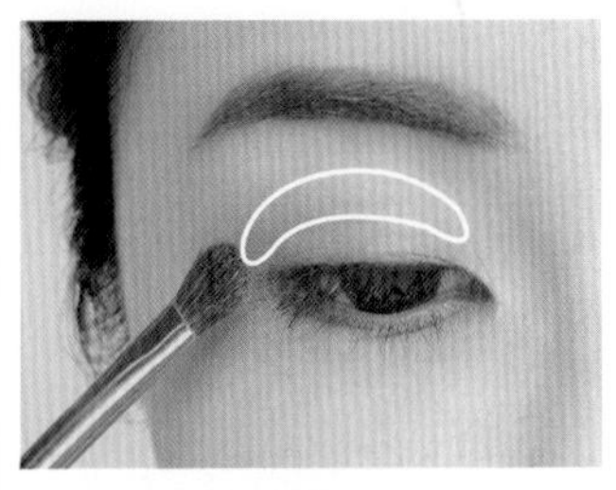

5

在图中标示的区域加深浅蓝色的眼影，并晕染至整个眼窝。

6

蘸取浅色的眼影。

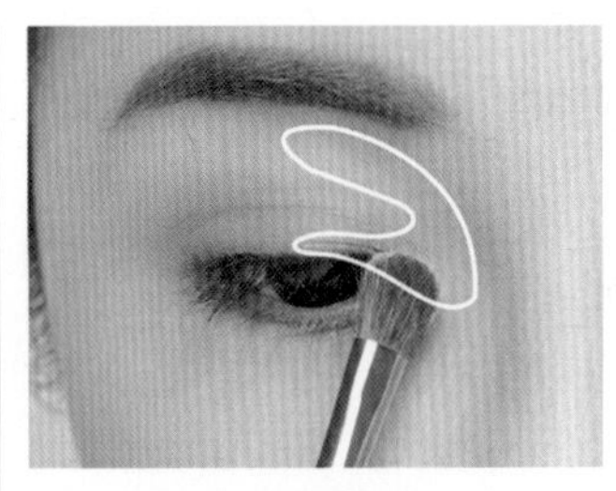

7

在图中标示的位置涂抹浅色眼影，提亮眼头。

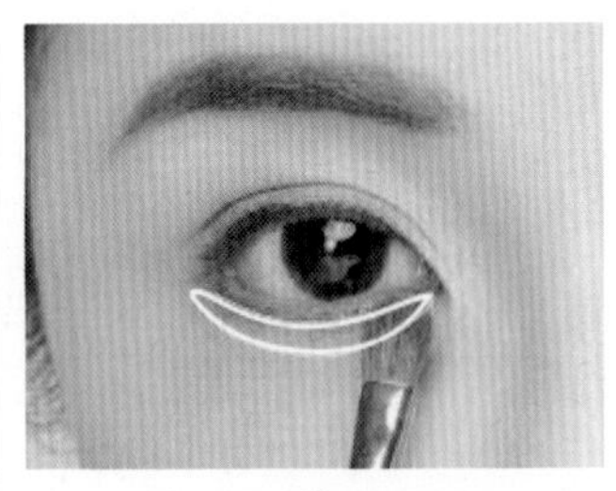

8

将眼头的浅色眼影晕染开，并轻轻带过下眼睑。

9

选择一款深色的眼影。

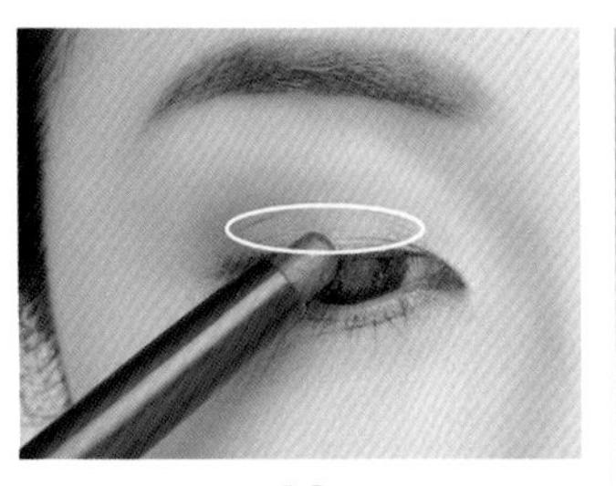

10

从瞳孔的正上方开始涂抹深色眼影，在靠近睫毛根部的位置将深色眼影晕染开。

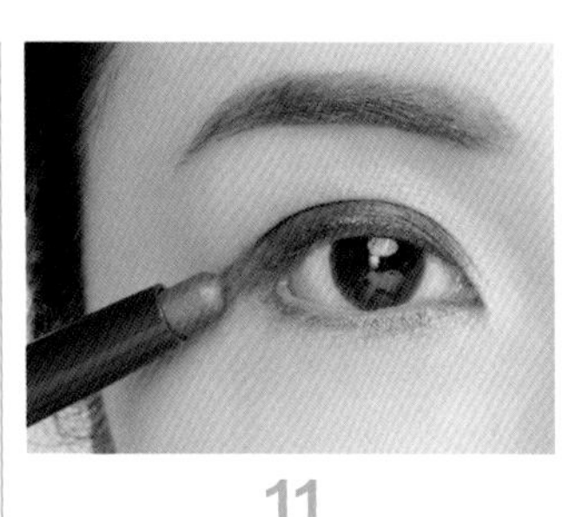

11

加深眼尾处的色彩。

12

选择一支刷头较小的眼影刷。

13

蘸取带珠光的蓝色眼影。

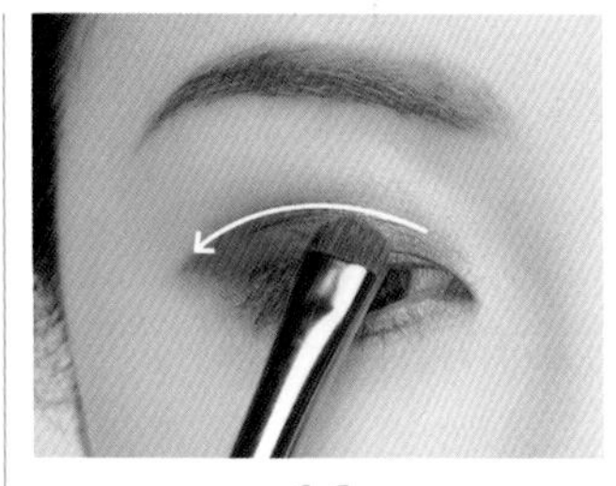

14

先将眼影点在瞳孔正上方、睫毛根部的位置，然后按照图中箭头的方向涂抹。

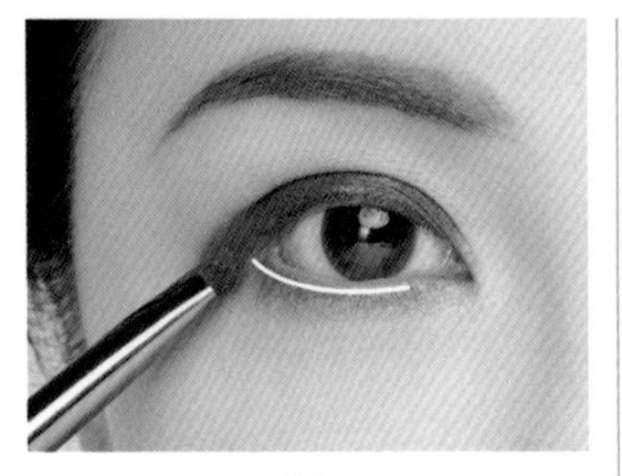

15

在下眼睑涂抹带珠光的蓝色眼影，制造出丰富的层次感和渐变感。

16

蘸取稍浅一点儿的蓝色眼影。

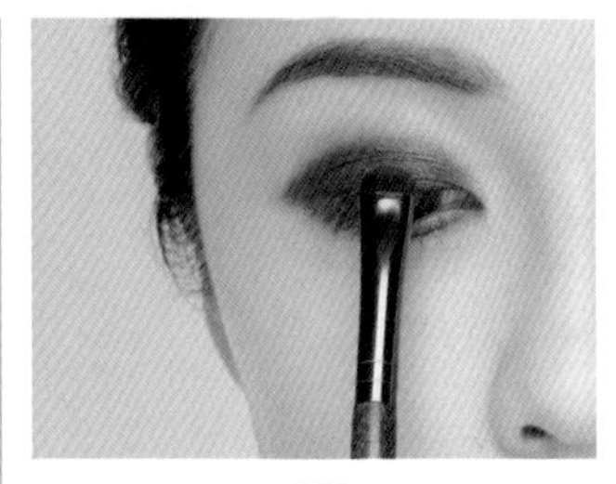

17

将浅一点儿的蓝色眼影叠加在深色眼影的外围，并逐渐晕开，确保没有不自然的界线感。

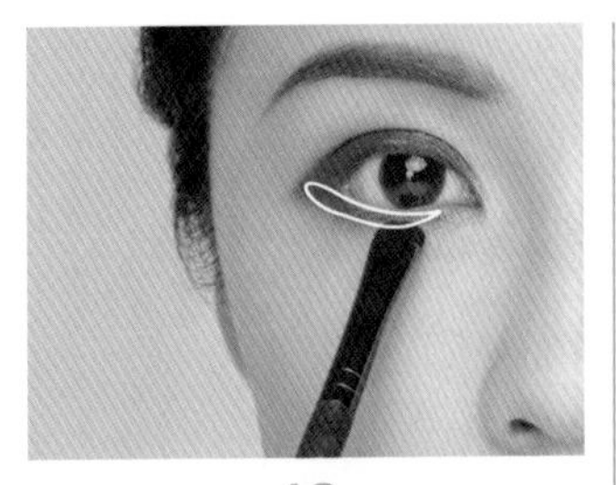

18

从眼尾往眼头刷，在下眼睑将眼影晕染开。

19

选择一款黑色的眼线液笔。

20

用眼线液笔填补睫毛根部的空隙，让眼睛看起来更有神。

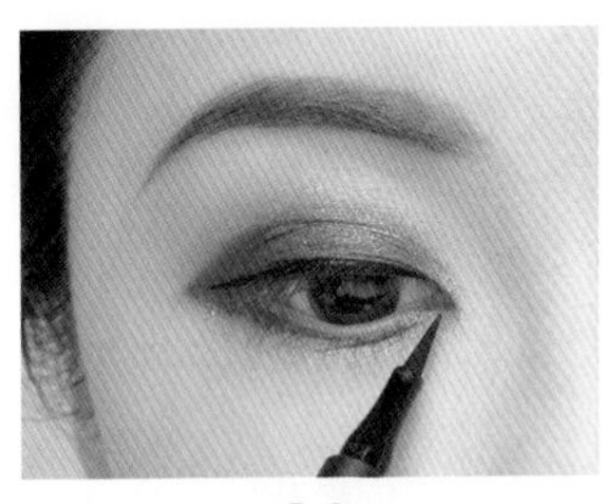

21

用眼线液笔填补下睫毛根部的空隙，但眼线要细，不能画得太明显。

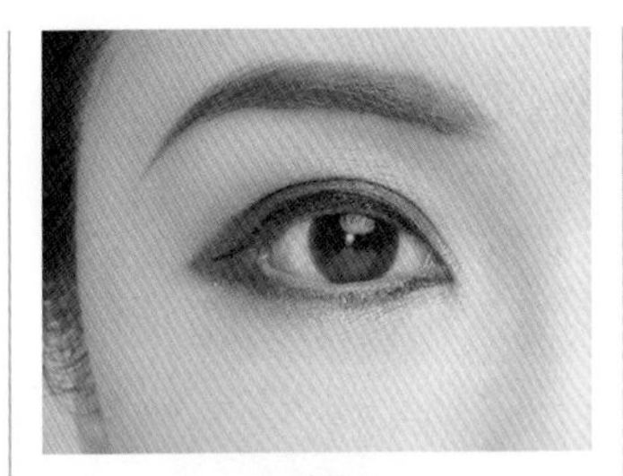

22

画完眼线的效果。

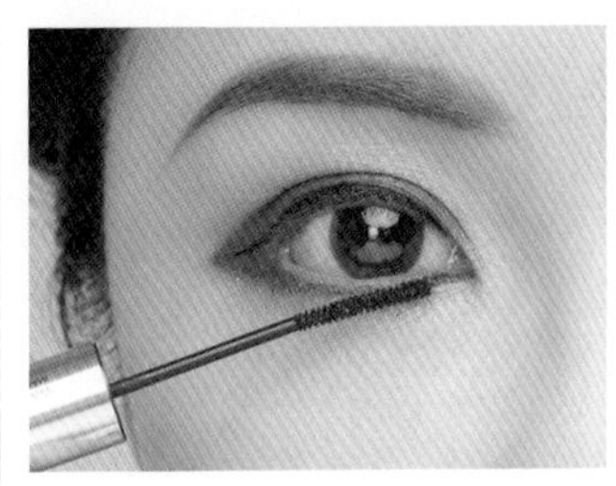

23

用精细型刷头的睫毛膏刷下睫毛，增强下睫毛的存在感。

24

选取分段式的假睫毛，这样的假睫毛比较细小，可以用镊子夹住，使用时更方便。

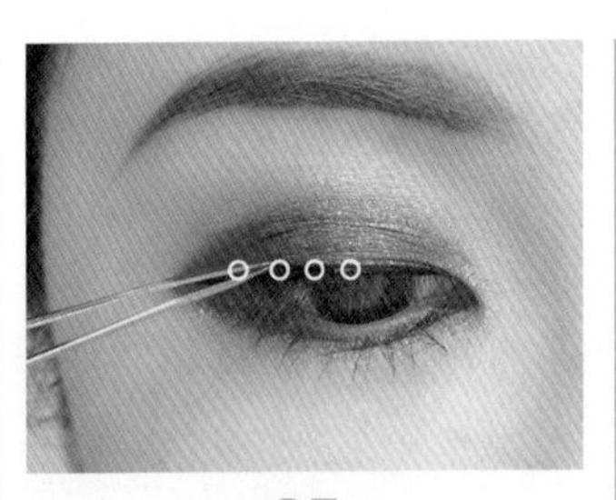

25

参考图示位置，将假睫毛粘贴在上睫毛的根部，眼中和眼尾为重点区域。

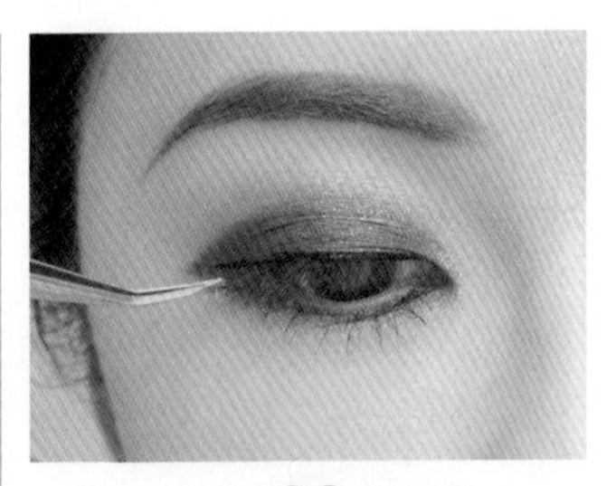

26

分段式的假睫毛使用感更好，看起来也更自然，在粘贴的时候，要以点状方式粘贴。

27

用睫毛膏将真假睫毛刷在一起，精细型刷头的睫毛膏很难做到这一点，这里适合选用大刷头的浓密型睫毛膏。

28

因为眼妆已经足够闪耀和夺目，所以唇妆可以选择豆沙色等略微裸透的颜色。

29

最后，用口红涂出明显的唇部轮廓。

花瓣家宴妆

每年中总有那么几天是特别的，可能是结婚纪念日，是家人的生日，也可能是其他对你而言有着特别意义的日子。

在这样的日子里，我们需要创造一些仪式感，给生活注入小惊喜。穿上最爱的裙子，涂上最喜欢的口红，让这个特别的日子成为自己一辈子美好的怀念，让最美的自己定格。

虽然同是宴会妆，但比起 Party 妆的浓重，花瓣家宴妆的妆感更自然。区别最大的是眼妆，花瓣家宴妆的眼妆不像 Party 妆的那么浓，用色上更日常。口红的色彩也以温柔的色调为主。另外，这个妆容不需要特地做头发，自然的发式更能拉近彼此的距离。

1

蘸取深肤色的眼影。

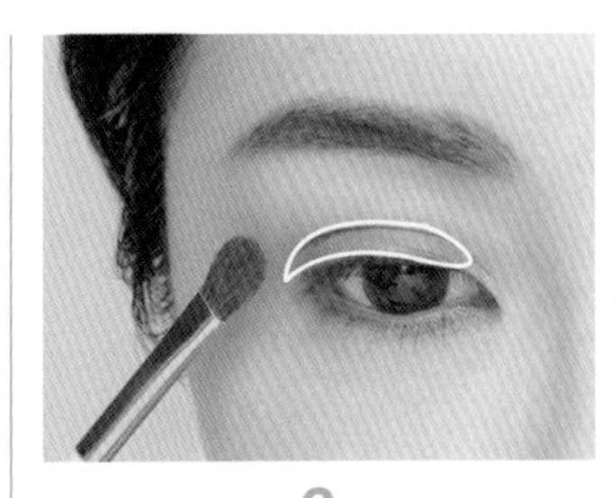

2

涂抹在图片中标示的区域。

3

蘸取豆沙色的眼影。

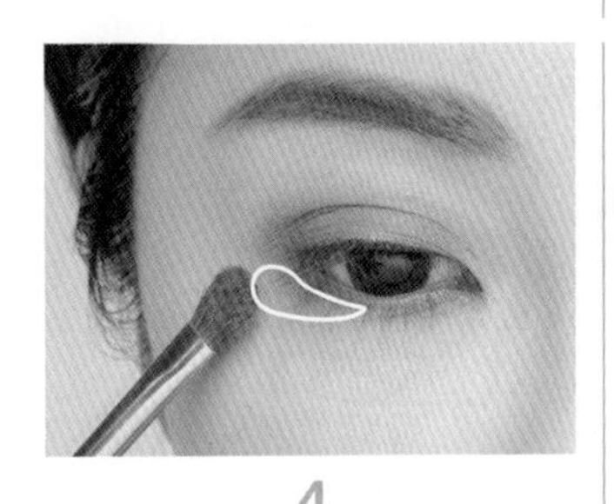

4

将眼影涂抹于下眼尾处，眼尾部分的颜色要加重。

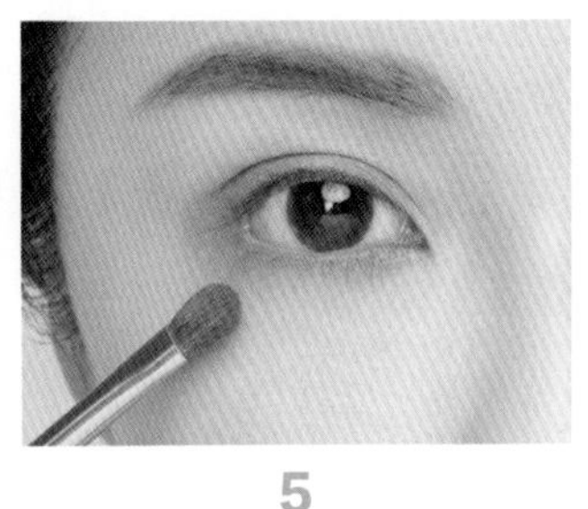

5

晕染下眼尾的眼影，并将上下眼尾的眼影自然地融合在一起，形成一个“C”字。

6

蘸取浅色的眼影。

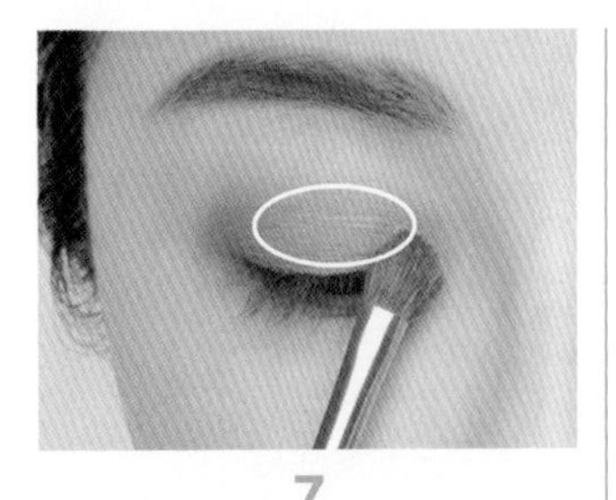

7

将眼影涂在图片中标示的位置，进行提亮。

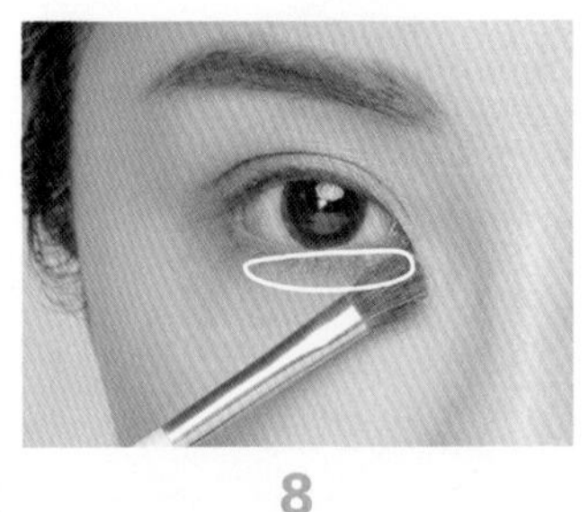

8

用同样颜色的眼影提亮下眼睑。

9

因为整个妆容的特点是展现女性的柔美，且颜色偏暖，所以在选择眼线液笔的时候，以选择深棕色的为佳。

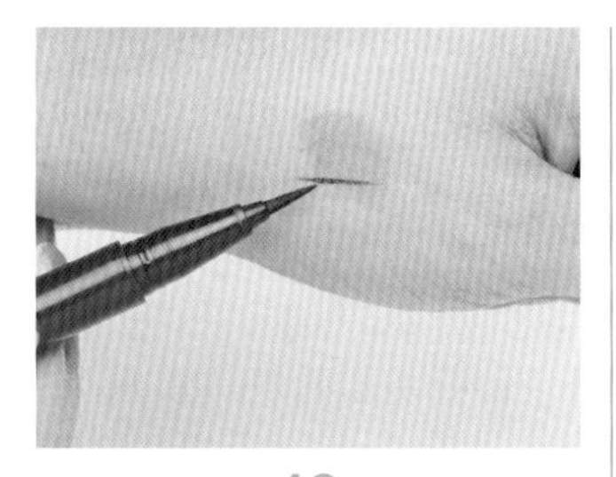

10

先在手背上试色并确定出墨量。

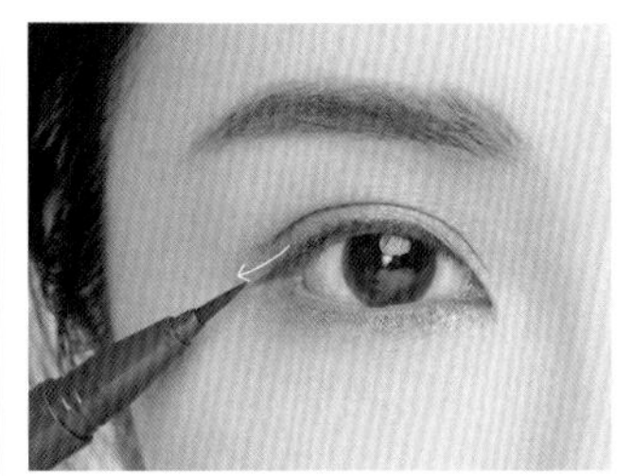

11

填补上睫毛间的空隙，并将眼尾处的眼线微微向下拉长 2 ~ 3 毫米。

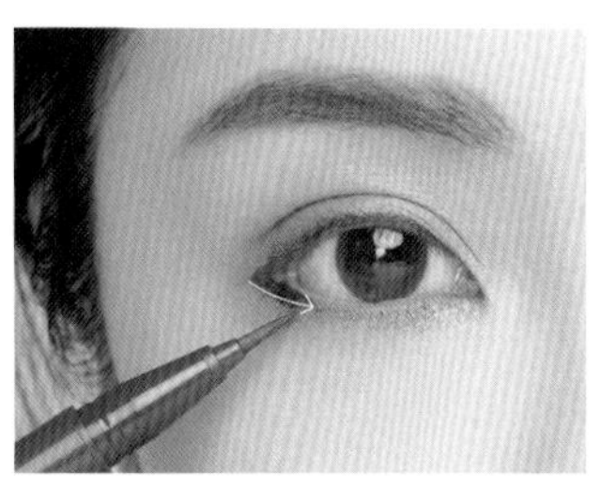

12

填补眼尾的三角区，并连接上下眼线。

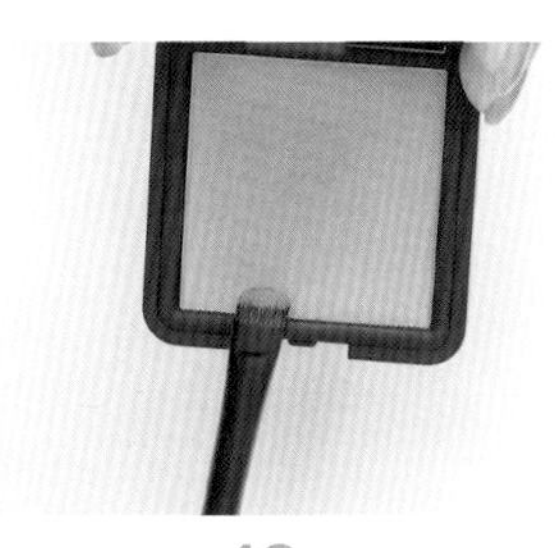

13

蘸取比豆沙色深一个色号的粉色眼影。

14

将眼影叠加在上下眼尾的位置，增加眼影的层次感。

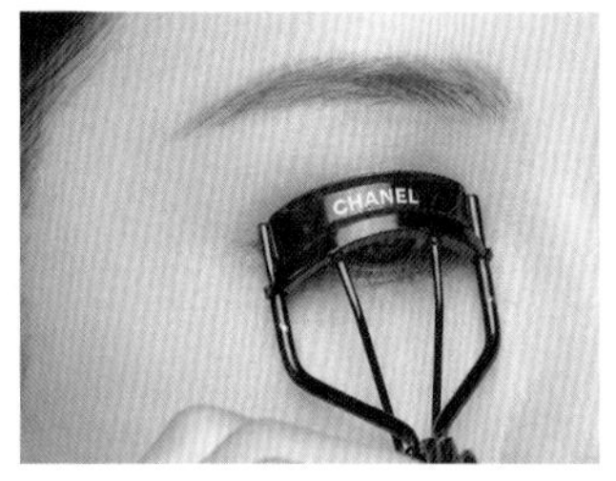

15

将睫毛夹出一定的弧度，但不要夹得太卷翘。

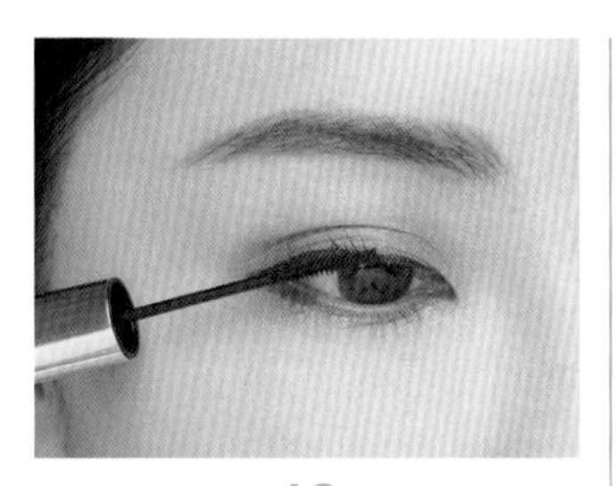

16

选择一款黑色的睫毛膏，刷睫毛。

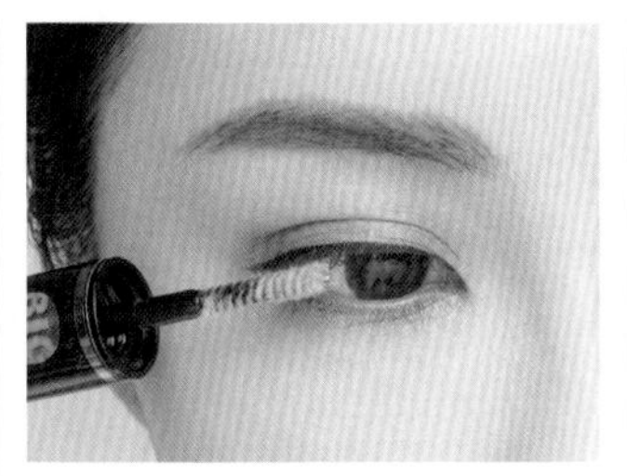

17

趁睫毛上的睫毛膏还有一定的黏性，快速刷一层睫毛纤维。

18

再刷一次睫毛膏，并确保将白色的纤维全部覆盖。

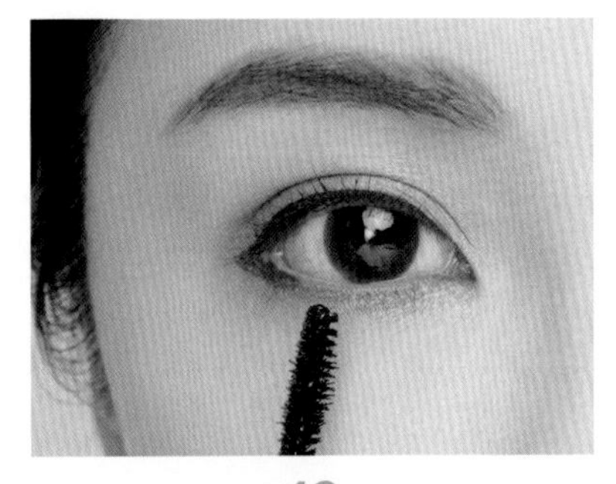

19

刷下睫毛时，可以将睫毛膏刷头竖起来，使操作更精细。

20

蘸取和眼影同色系的腮红。

21

将腮红轻扫在苹果肌靠近鼻梁的位置，让脸部看起来更加饱满，人的气质也会显得更温婉。

22

在腮红上轻扑一层定妆粉。

23

化家宴妆时，要选择一支能凸显女人味的口红。

24

涂口红时，可以明显地勾勒出上唇的唇峰和唇线，但不用刻意勾勒下唇的唇线。

25

选择偏橘色调的唇釉。

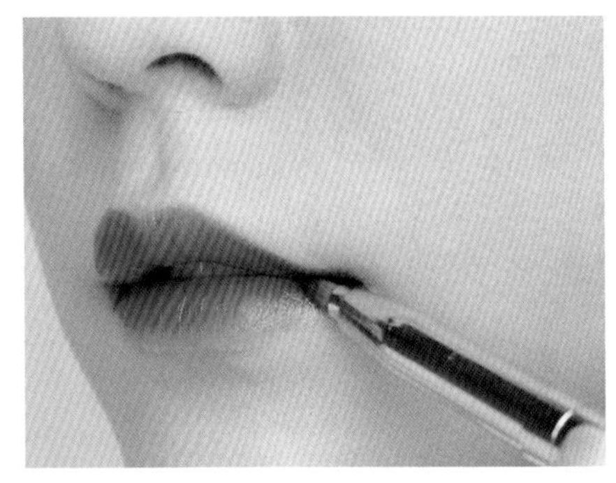

26

将唇釉叠涂在下唇上，让整个唇妆有花瓣一般的层次感。

27

为了给唇部添加如露珠般晶莹剔透的效果，老师会用透明的唇蜜给唇部做点缀。

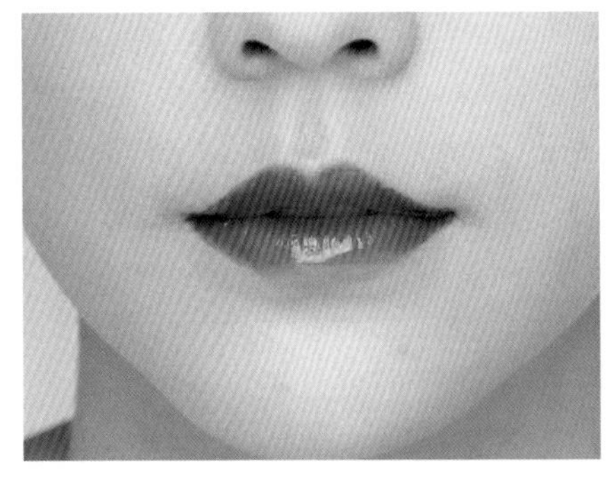

28

只需要将唇蜜轻轻地点涂在嘴唇的中央就好，因为唇蜜的流动性较强，涂得太满容易外溢。

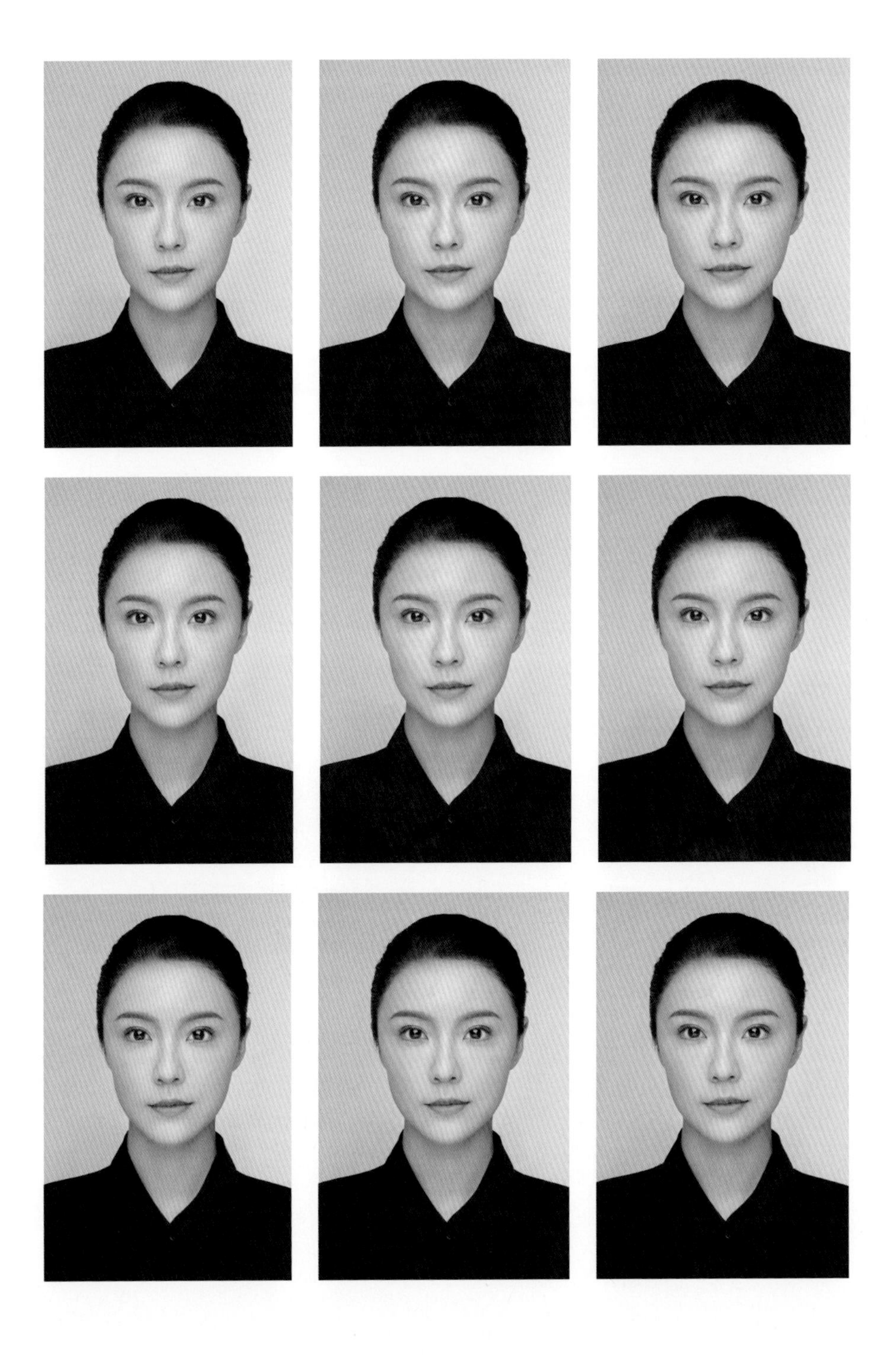

瞒天过海证件照妆

证件照对我们来说很重要，不管是投简历，还是办身份证、护照，都需要用到证件照。

很多同学都认为拍证件照时是不可以化妆的，因此往往素面朝天地去拍照，然后在拿到证件时忍不住“掩面而泣”。

其实，拍证件照时也可以化妆，只要把握好妆容的清透度，达到自然、无妆感的效果就行了。虽然看起来无妆感，但是实际上脸上的每一处妆容都十分精致立体，老师相信这样的妆容一定可以瞒天过海。

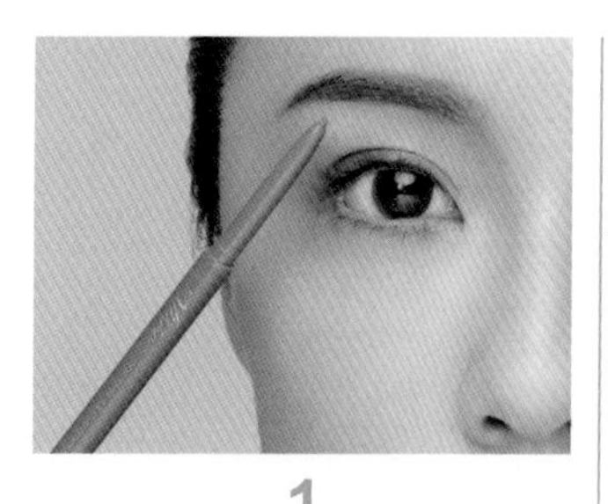

1

用灰色的眉笔画出眉毛的轮廓。

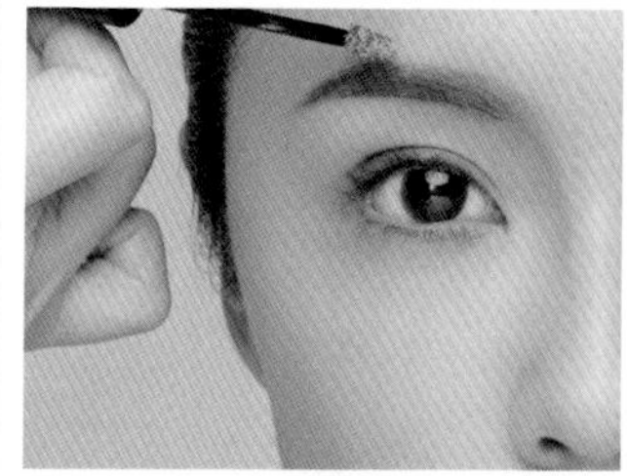

2

选择颜色与发色一致的染眉膏为眉毛染色并固定眉形。

3

用深肤色的阴影粉画鼻影。

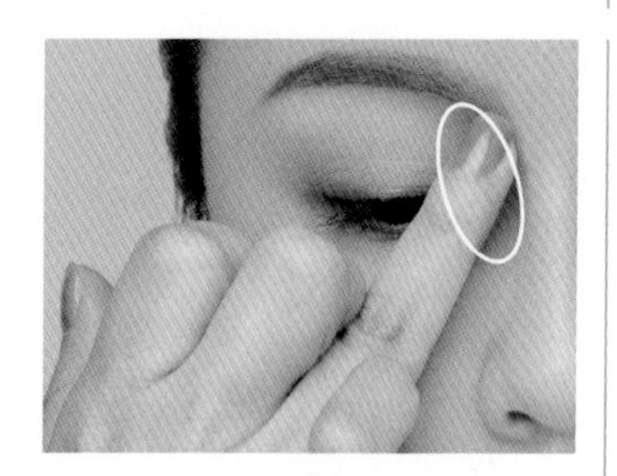

4

用手指将鼻影晕染开，避免鼻影颜色过重和过渡不自然。

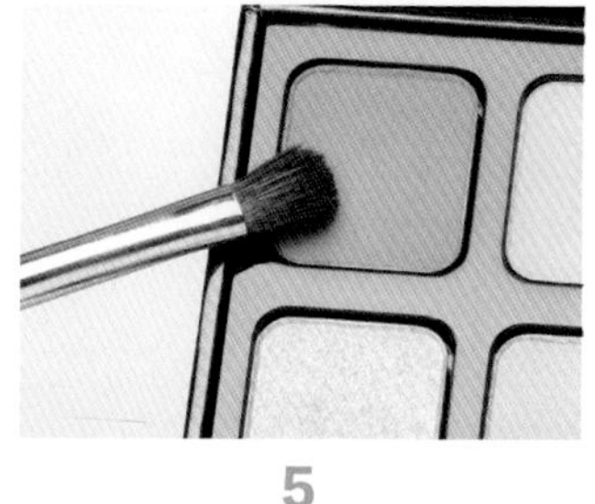

5

用眼影刷蘸取棕色的眼影。

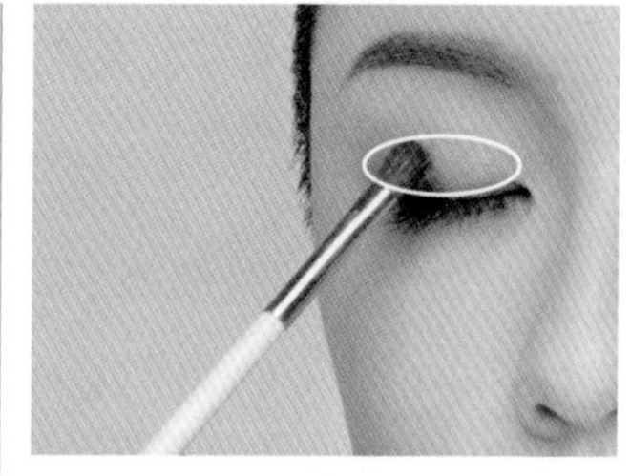

6

从瞳孔的正上方开始下笔，往眼尾方向晕染。

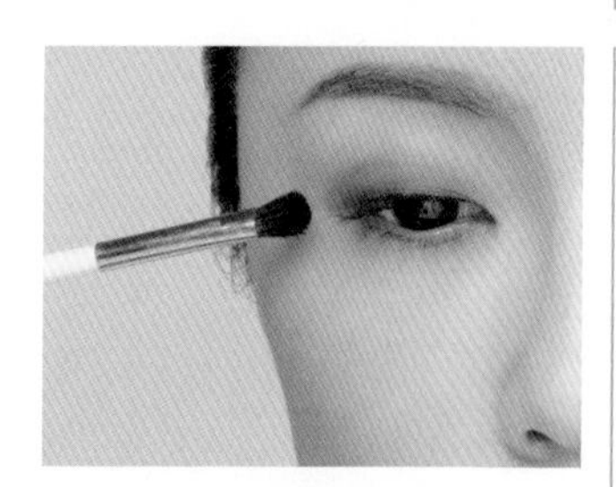

7

确保眼影和肌肤没有不自然的分界线，越贴近睫毛根部，眼影颜色越深，距离越远，颜色越淡。

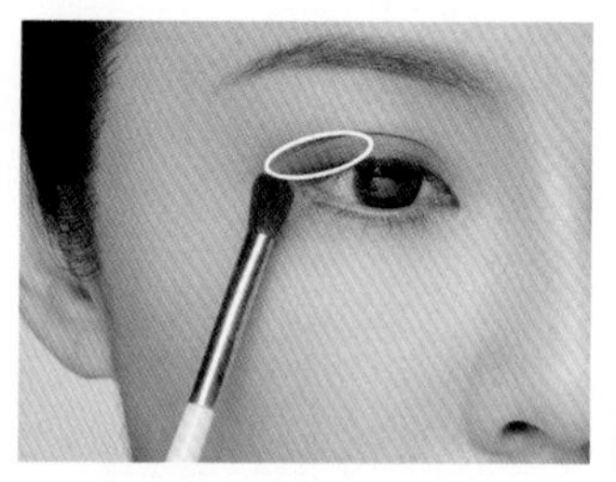

8

在眼尾处将眼影晕染开，并逐渐过渡到下眼尾。

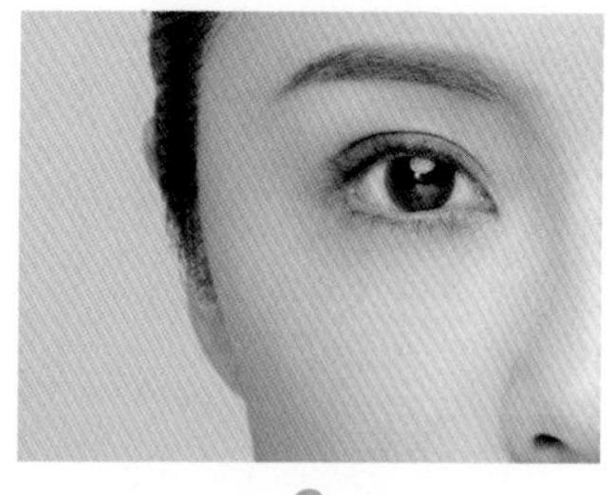

9

下眼睑的眼影不宜过重，晕染范围也不宜过大，如果妆感太重，会被拍摄证件照的工作人员叫去卸妆噢。

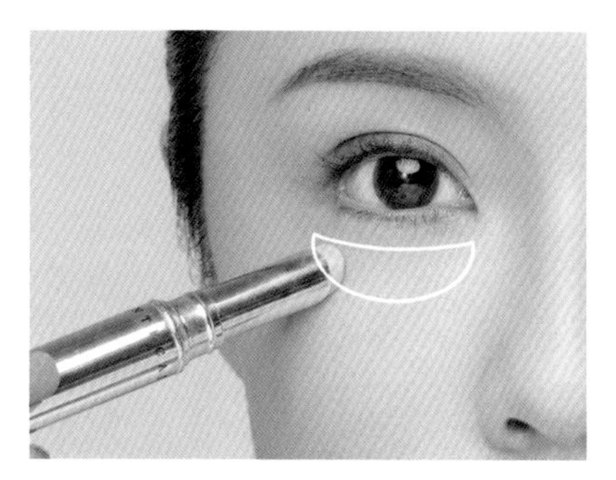

10

在眼下三角区用点的方式涂抹高光，然后将高光晕染开，起到提亮的效果。

11

以点的手法，用眼线液笔隐秘地填补睫毛根部的空隙，一定不可以将眼线连起来，保持点状看起来会更自然。

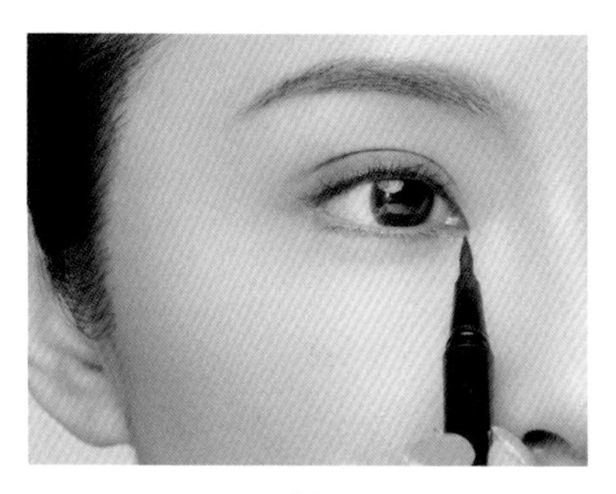

12

画下眼线的时候，同样使用点的方式。在从眼头往眼尾点眼线的过程中，千万不能超出睫毛根部的位置，让人看出画过眼线。

13

点眼线的时候，还要注意力度，下手不能太重。

14

蘸取亚光的高光。

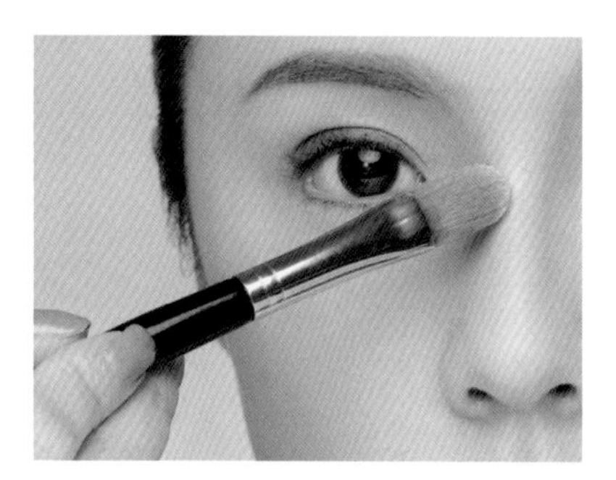

15

在鼻梁处涂抹高光，涂抹之后要注意晕染开，达到与粉底自然过渡的效果。

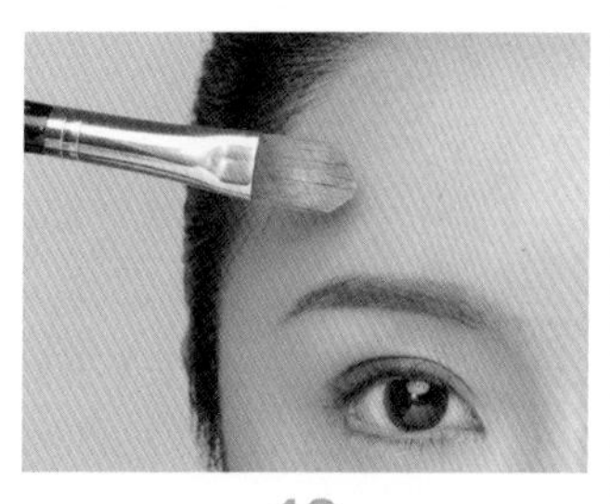

16

额头也是容易出油和反光的区域，在这个区域也要涂上亚光的高光，避免拍照时呈现油腻感。

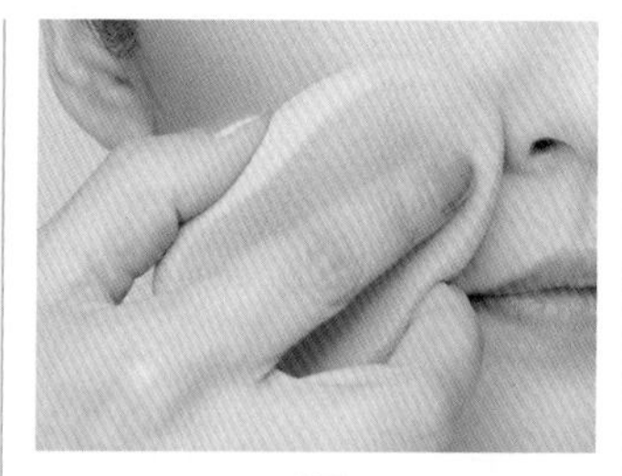

17

检查脸上是否有刷痕，如果有，就用化妆海绵轻轻地压匀。

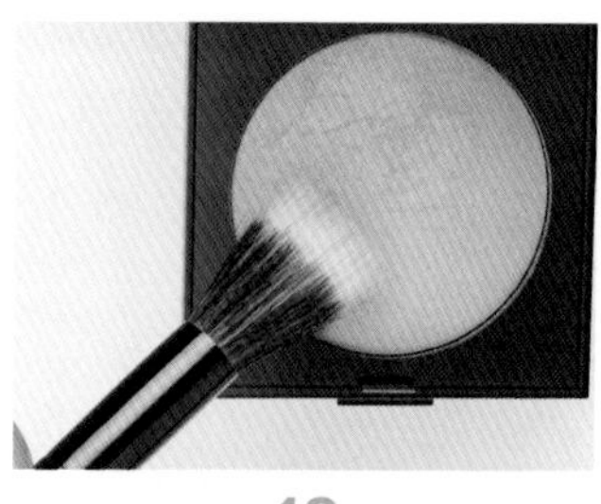

18

蘸取暗色阴影粉。在拍照的时候，影棚内的灯光容易将脸照成大饼脸，因此涂抹阴影粉非常必要。

19

在面部边缘（从两侧发际线到下巴）打上阴影，可以显得脸小。

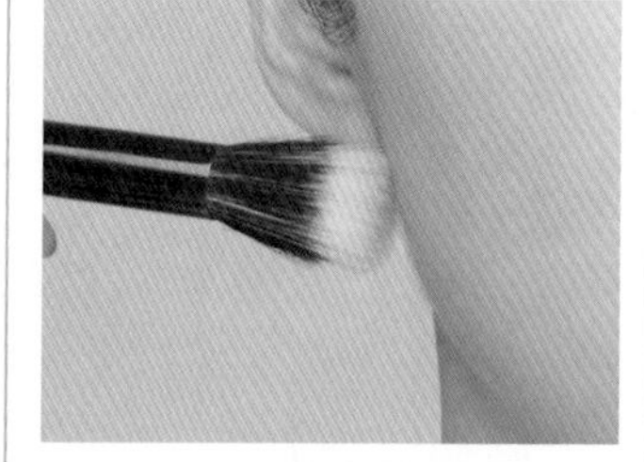

20

重点涂抹下颌骨，这样可以进一步修饰面部轮廓线。

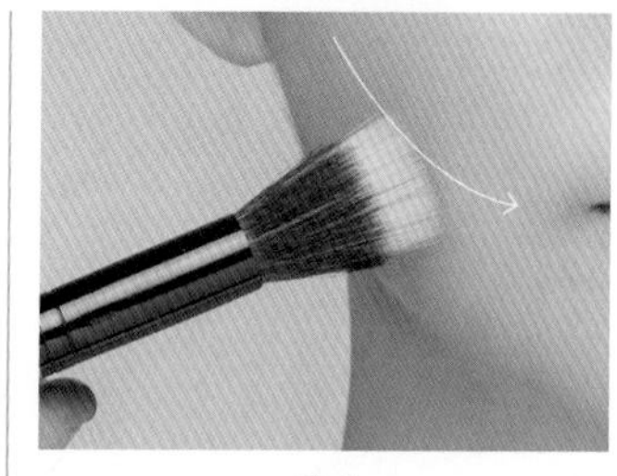

21

按照图中箭头的方向，从颧骨外侧往嘴角涂抹阴影粉。

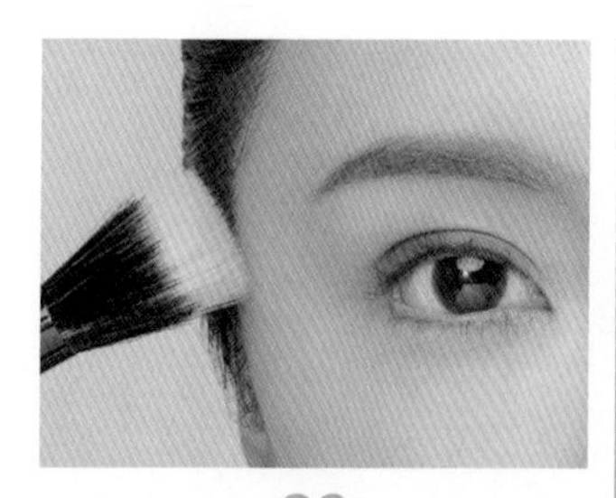

22

颧弓明显的同学，要注意在颧骨与太阳穴附近的发际线处涂抹阴影粉。

23

修饰发际线不仅能从视觉上增加发量，还能让脸显得更立体。

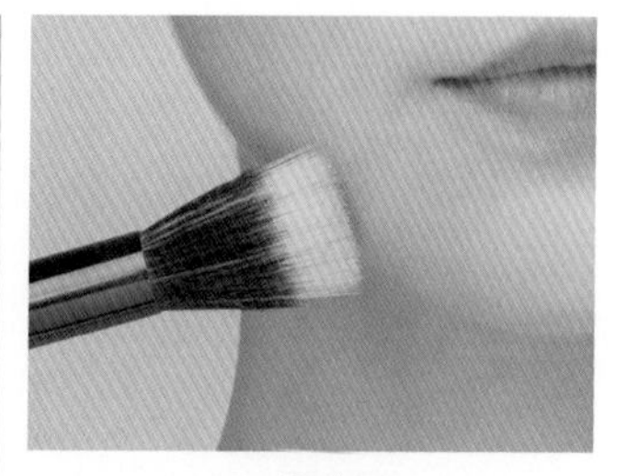

24

在下巴及两侧下巴最突出、最有棱角的部分涂抹阴影粉。

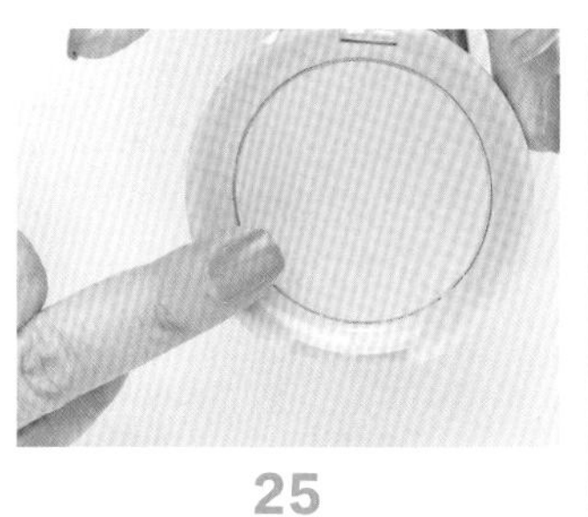

25

用手指蘸取适量的粉色腮红。

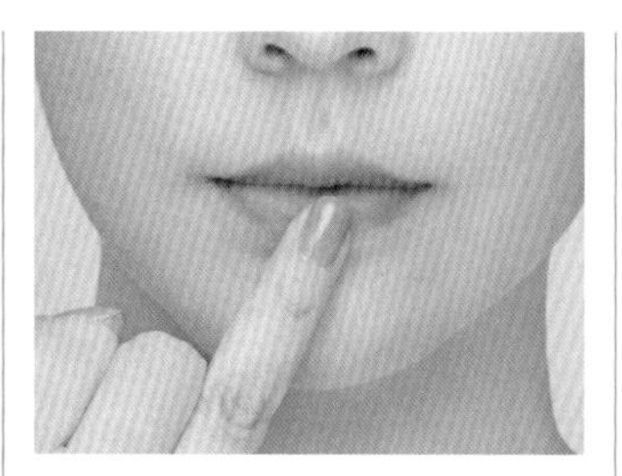

26

用手指将腮红轻压在唇上，向四周涂抹。

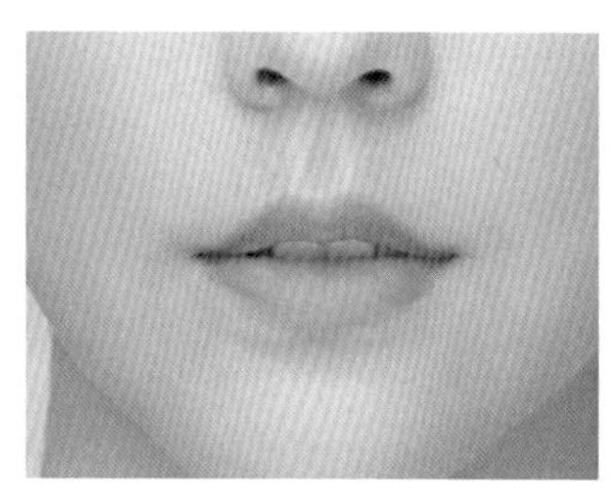

27

使嘴唇呈现微微红润的状态，唇妆就完成了。

小贴士

拍照时，眼睛看着镜头上方 3 厘米处，坚持几秒钟再眨眼，会显得眼睛明亮有神。稍仰头，收紧肩胛骨，按快门的时候深呼吸，做吞口水的动作，这样可以让表情更生动，嘴角微微上扬，脖子和锁骨的线条更加好看。

热情奔放节庆妆

在难得的节假日，给自己化一个华丽、奔放的节庆妆，然后美美地出门吧！浓郁的色彩和闪烁着金色珠光的唇妆，会让看到你的人都感受到你的热情，这款妆容绝对能够让你成为最能融入节庆氛围的女主角！

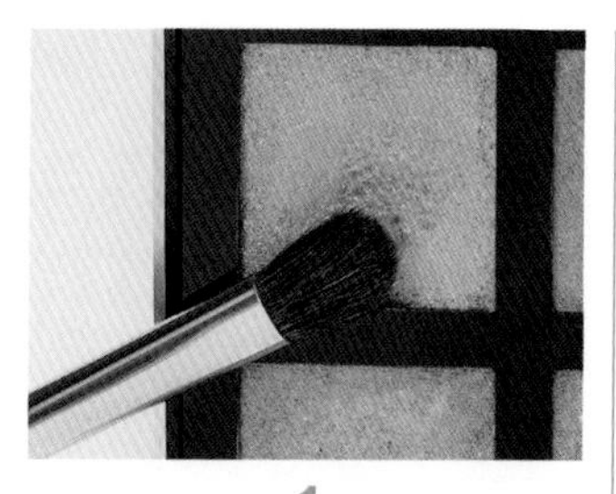

1

蘸取绿色的眼影。

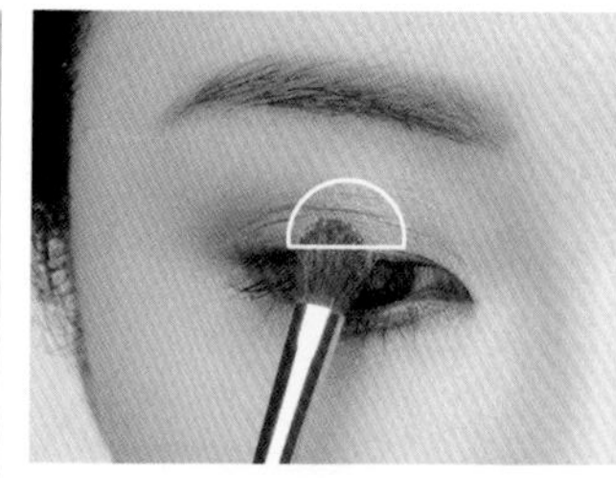

2

以瞳孔为基点，将眼影点在瞳孔正上方。

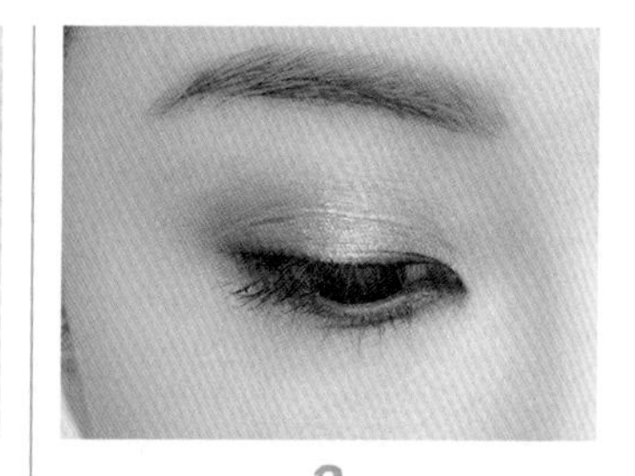

3

将眼影向眼头和眼尾晕染。

4

蘸取紫色眼影。

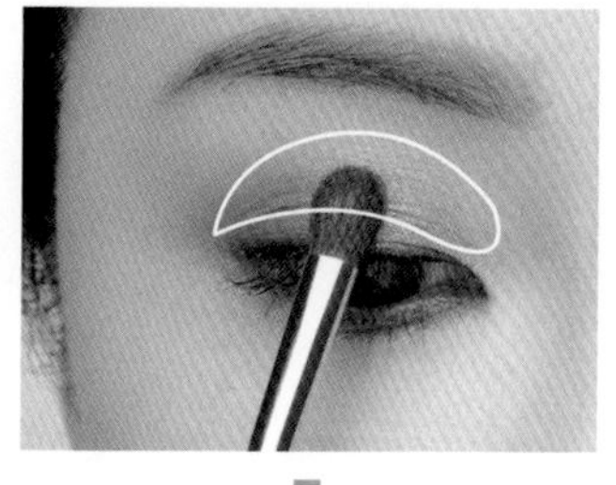

5

将紫色眼影涂抹在图片中标示的区域，半包围住绿色的眼影。

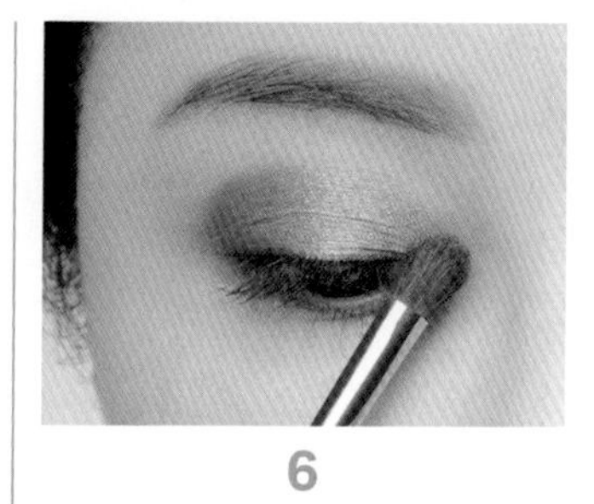

6

除了绿色眼影所在的区域，将紫色眼影在整个眼窝晕染开。

7

蘸取浅色的眼影。

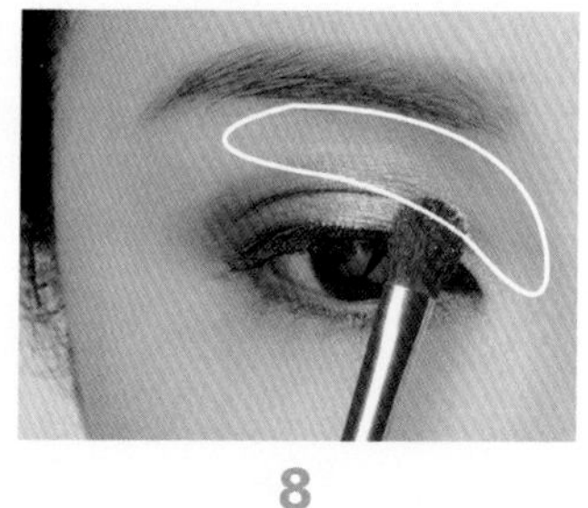

8

将浅色的眼影涂抹在图片中标示的位置，进行提亮。

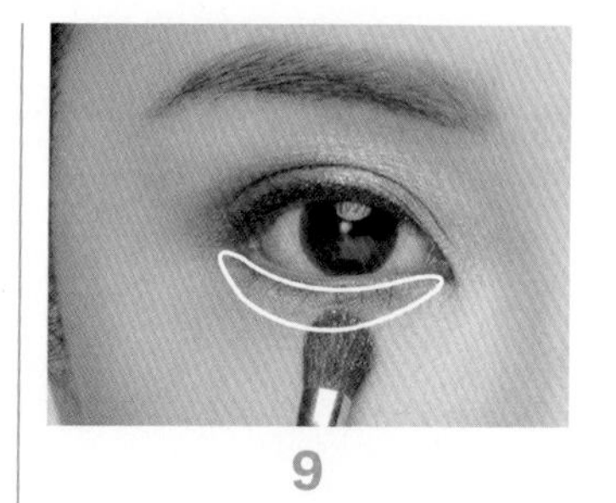

9

同时也要提亮下眼睑，制造卧蚕的效果。

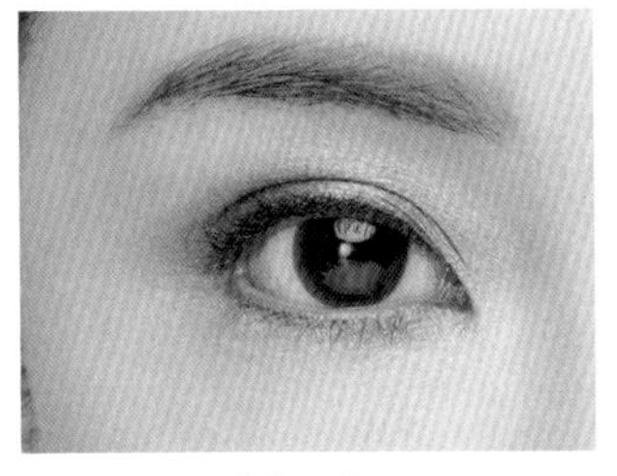

10-1

10-2

注意观察整个眼妆的和谐程度。

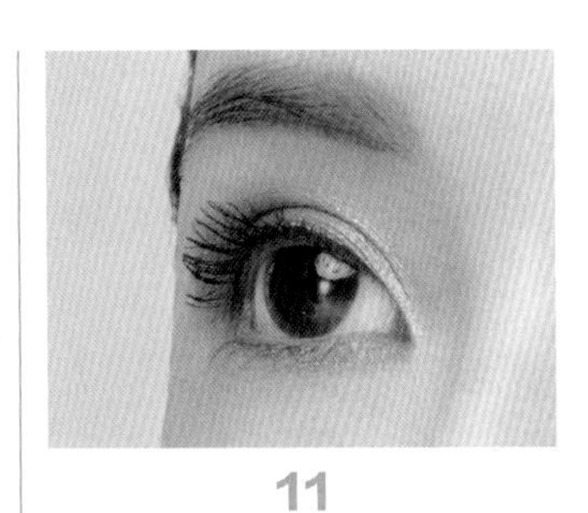

11

用睫毛膏刷出根根分明的睫毛。

12

选择一款橘色的唇釉来展现你的热情。

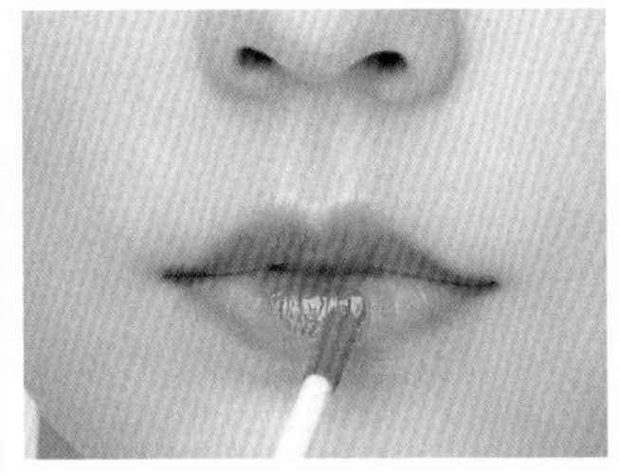

13

从下唇中间区域开始涂抹唇釉。

14

蘸取金色的珠光粉。

15

将珠光粉叠加在唇釉上，让唇色泛出微微的金色珠光。

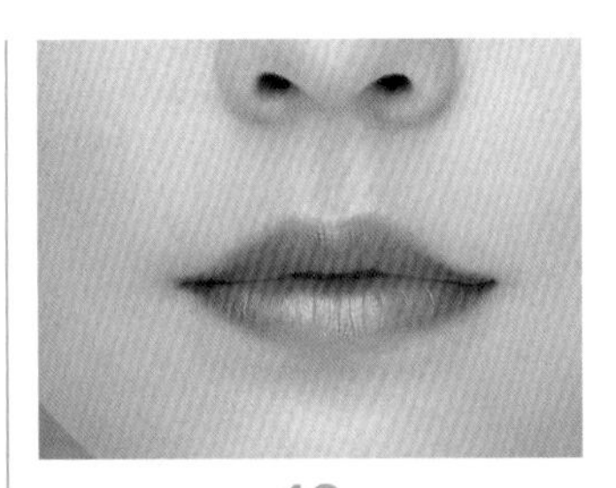

16

这样，唇妆就完成了。

闺蜜聚会妆

闺蜜聚会时免不了拍照，有时还会把照片上传到社交网络。此时，拥有灵动的双眼能让你在大合照时特别光彩夺目。

下面这款妆容中，老师所选用的彩妆品均含些许亮片。但要注意，使用过多亮片产品会影响妆容的高级感，使用时需少量多次增加。只要平时多多跟着老师练习，出门时就不会手忙脚乱、弄巧成拙了。

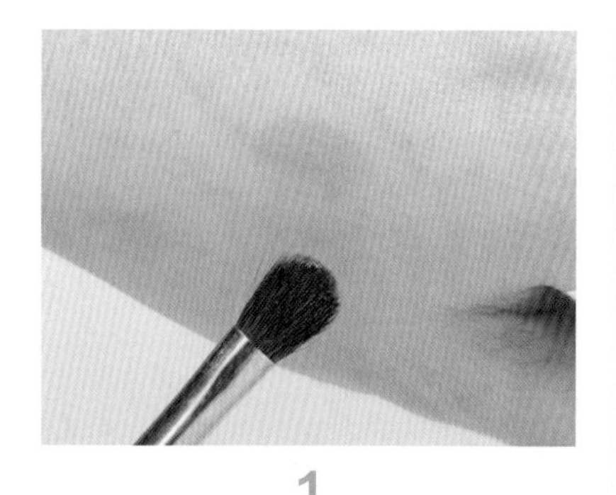

1

蘸取偏粉肤色的眼影。

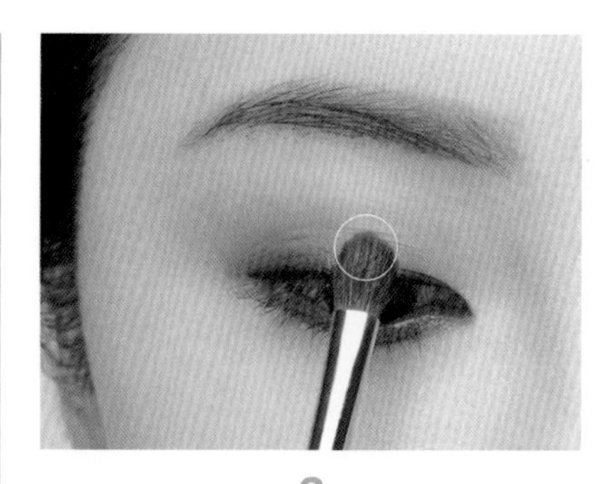

2

如图所示，将眼影点在瞳孔的正上方。

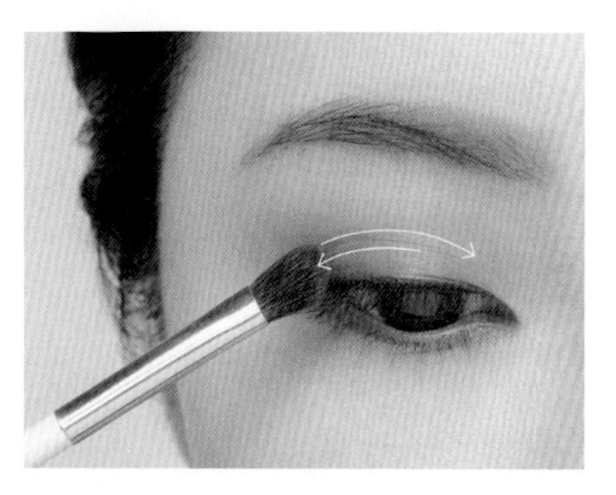

3

按照图中箭头的方向，先贴着上睫毛，从眼中到眼尾涂抹眼影，再从眼尾到眼头将眼影在整个眼窝晕染开。

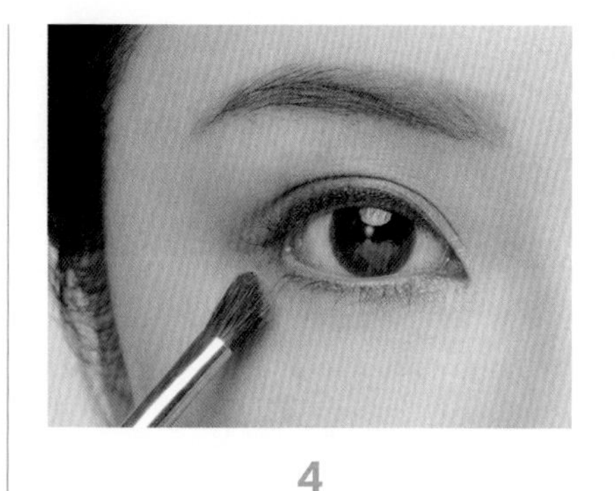

4

在下眼尾处涂抹眼影，并运用“C”字画法的技巧，使上下眼尾的眼影自然融合在一起。

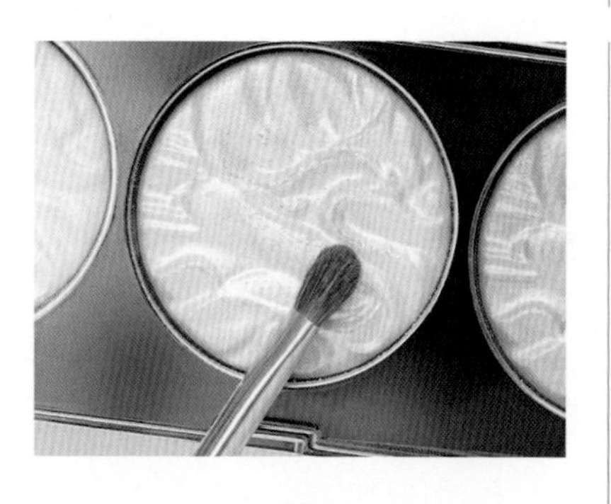

5

蘸取粉色系的高光眼影。

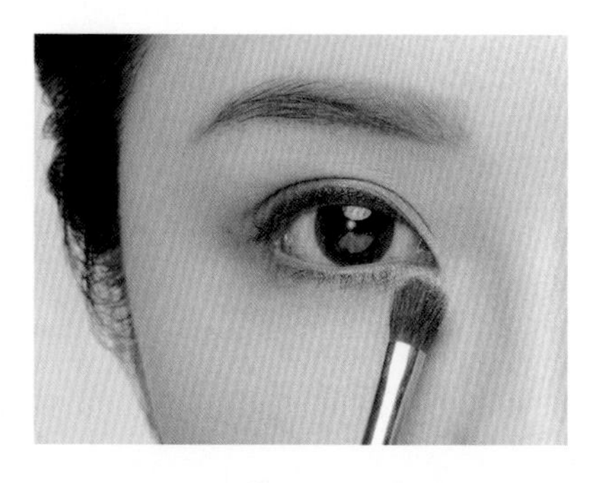

6

在眼头下方涂抹高光眼影，达到提亮的效果。

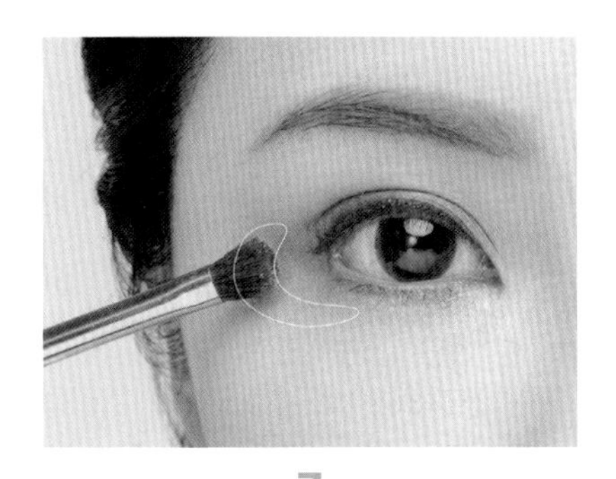

7

图片中标示的眼尾至颧弓之间的位置，也需要提亮。

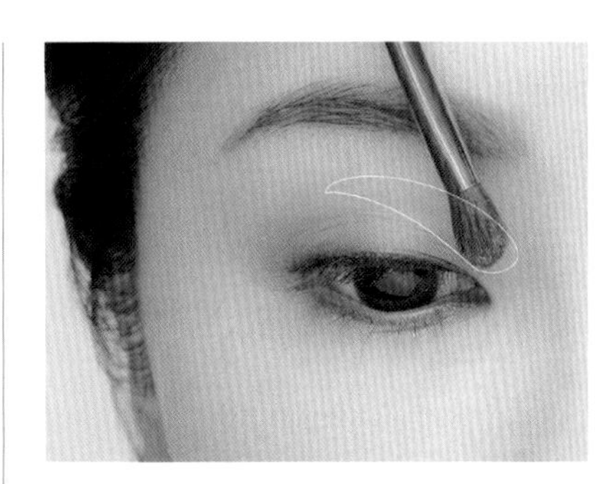

8

提亮眼窝靠近眼头的区域，让整个眼妆呈现出水灵灵的效果。

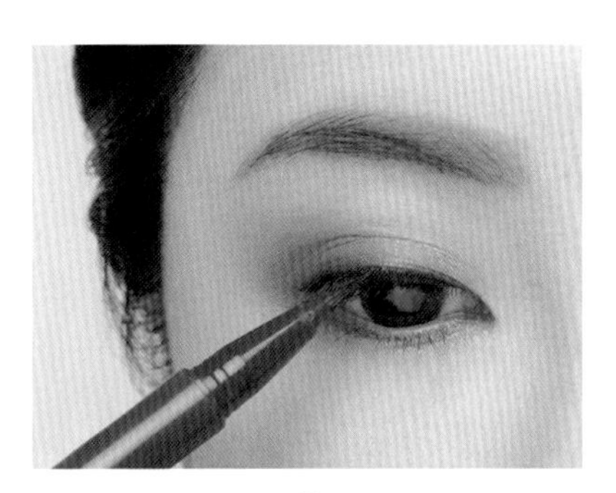

9

画眼线时，从瞳孔的正上方开始下笔。

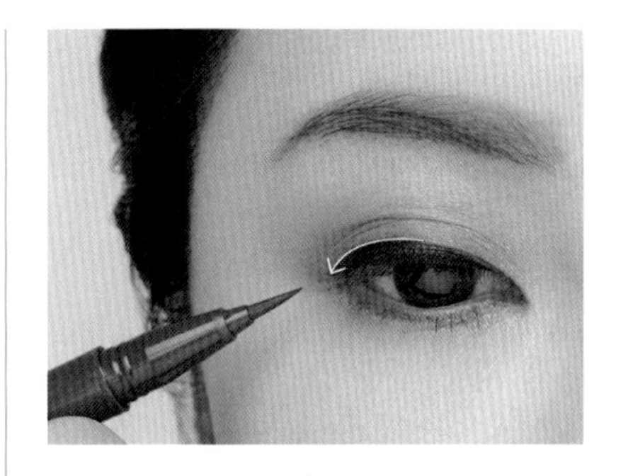

10

逐渐往眼尾方向画。

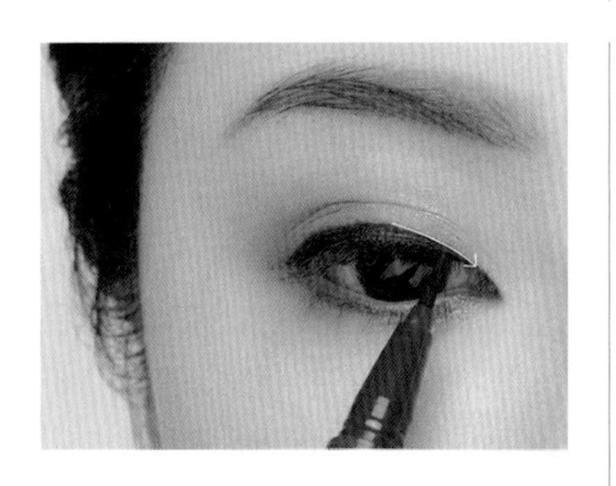

11

最后画眼头的眼线。

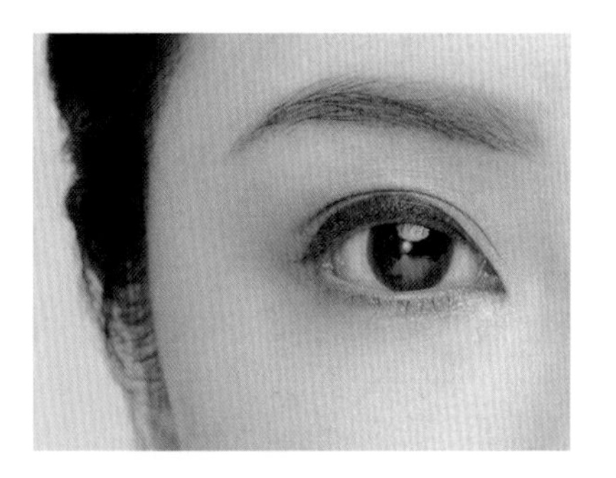

12

画完上眼线后睁开眼睛，加粗瞳孔正上方的眼线，打造中间略粗的显眼圆的眼线效果，但不可贪心，不要一次画得太粗。

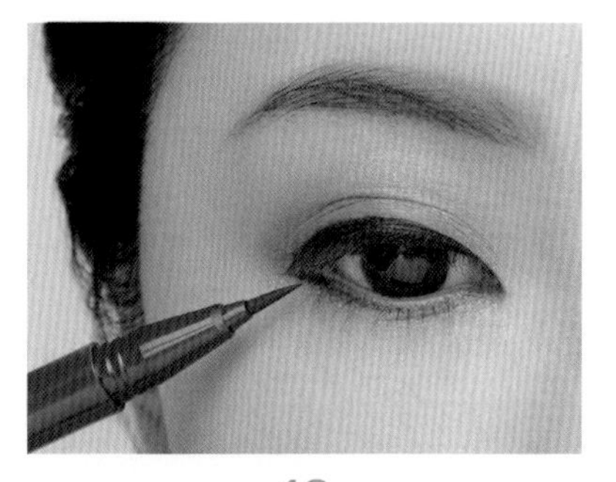

13

从眼尾开始画下眼线，下眼线的前端不宜超过瞳孔正下方，并在眼尾连接上下眼线。

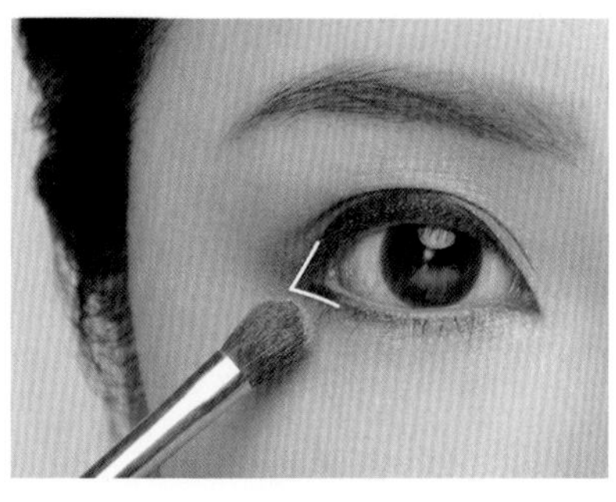

14

蘸取眼影，将眼影重点涂抹在眼尾三角区，可以减弱下眼线的存在感，让妆感更自然。

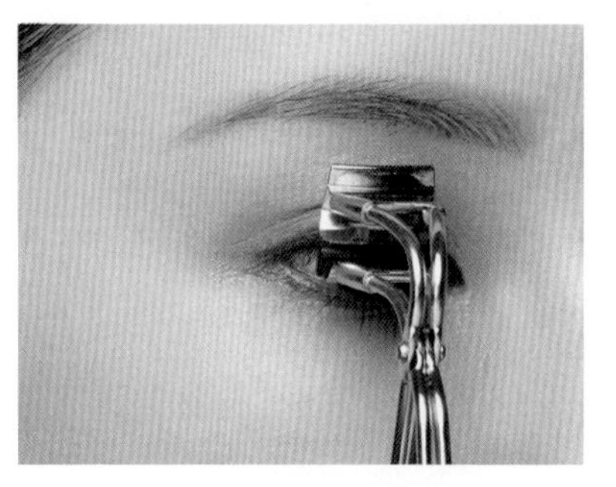

15

用分段夹的方式，将睫毛夹卷翘。增加眼中睫毛的卷翘度，会有放大双眼的效果。

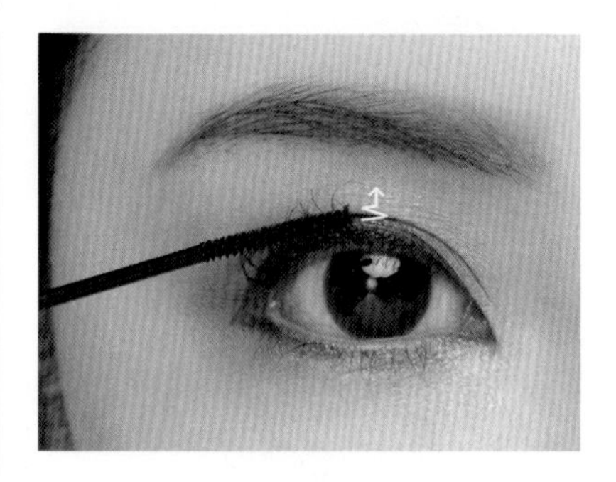

16

刷出根根分明的睫毛。

17

选择一款腮红膏。因为使用的是腮红膏，所以需要用刷毛较为扁平、硬朗的刷子蘸取。

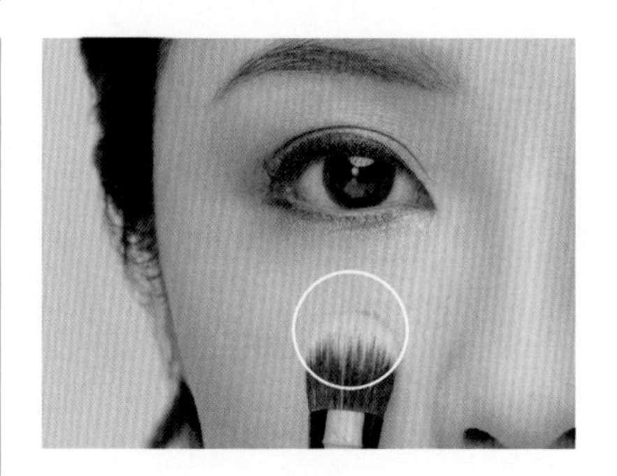

18

将腮红膏轻点在图中标示的区域。

19

将腮红晕染开，晕开的时候力道要轻，否则容易让底妆移位。

20

蘸取同色系的腮红膏，将其点在嘴唇上。

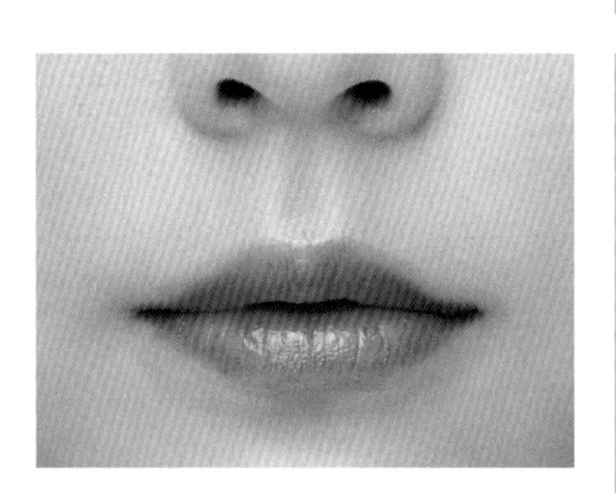

21

唇色和腮红的色系保持一致，可以减少配色的烦恼。

22

蘸取亮色的珠光颗粒。

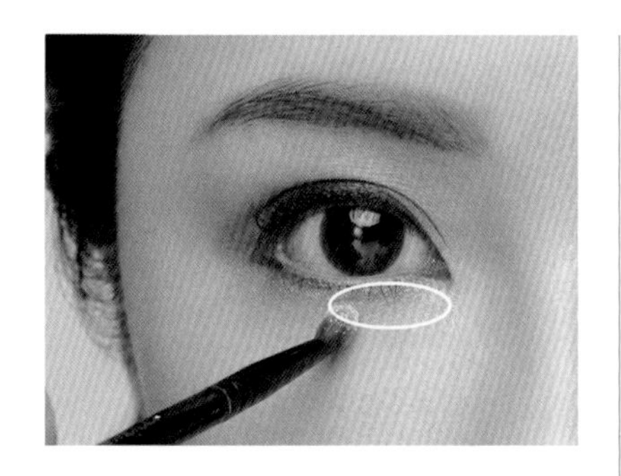

23

从眼头开始，将珠光颗粒慢慢点在下眼睑眼头的位置，让整个眼妆都灵动闪亮起来。

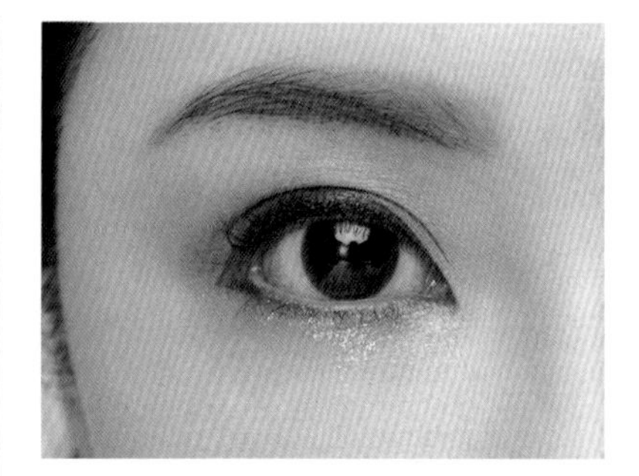

24

完成。

性感复古妆

想要从女孩蜕变成女人，你需要给自己一个能突显女人成熟魅力的印记。女孩只需要画好红唇就能唤醒心里的性感女神，变身女人。不管你是二十岁、三十岁还是四十岁，都一定要尝试一下令人难以抗拒的红唇。再搭配弓形眉，就能打造出复古且勾魂的魅力妆容。

性感复古妆的重点在眉毛、眼睛和唇部。画红唇时，注意运用画唇峰的技巧，多加练习，你一定会爱上画着大红唇的自己。

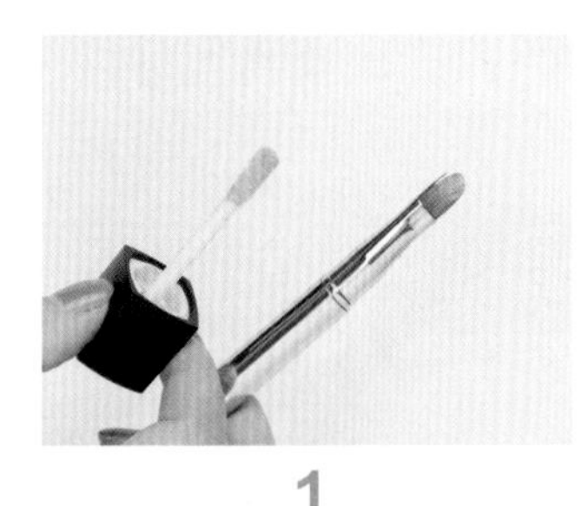

1

用遮瑕刷蘸取遮瑕膏。

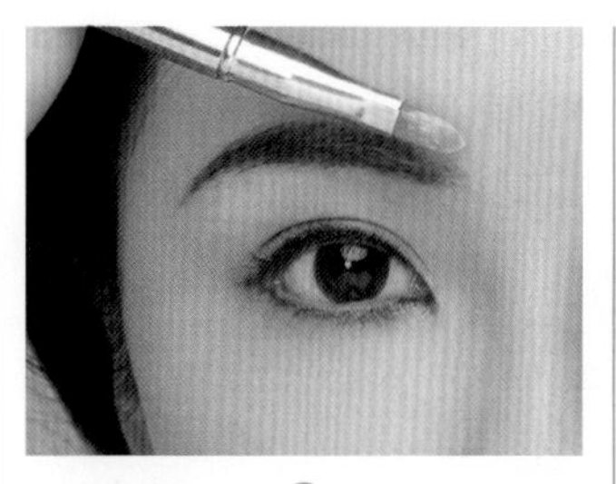

2

贴着眉毛上缘，从眉头刷到眉峰，降低眉头的高度和眉毛的宽度，让眉毛的弧度变高。

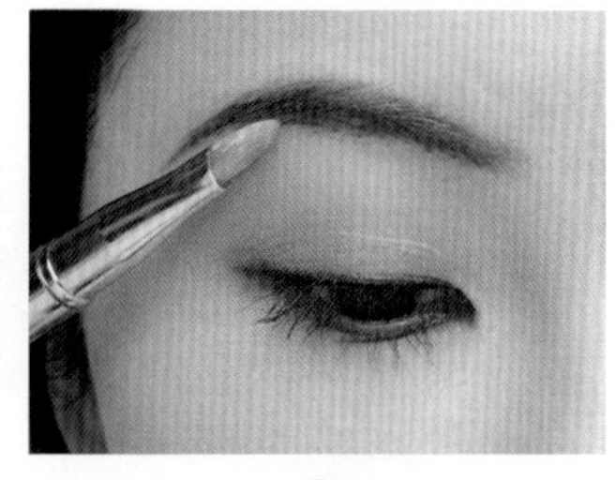

3

用遮瑕刷刷过眉毛下缘，描绘出明显的弧度，使弓形眉的弧度更加明显。

4

蘸取浅色的高光。

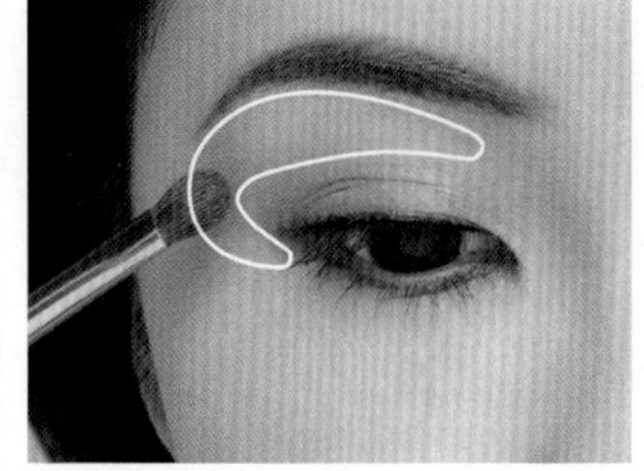

5

将浅色高光涂在眉尾下缘的位置，在眼窝和眼尾处画一个“C”字，凸显眉骨。

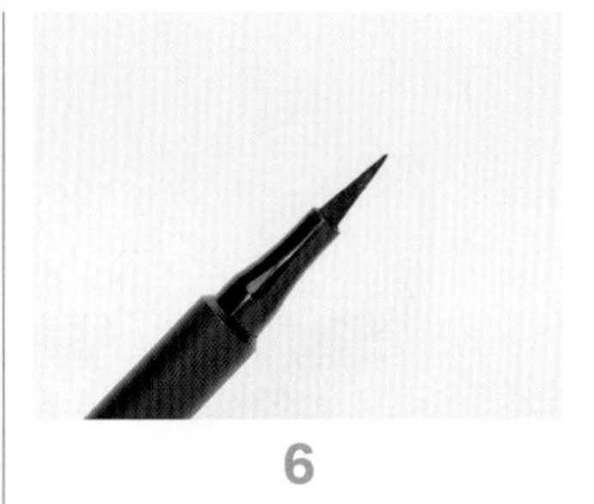

6

选择一支黑色的眼线液笔。

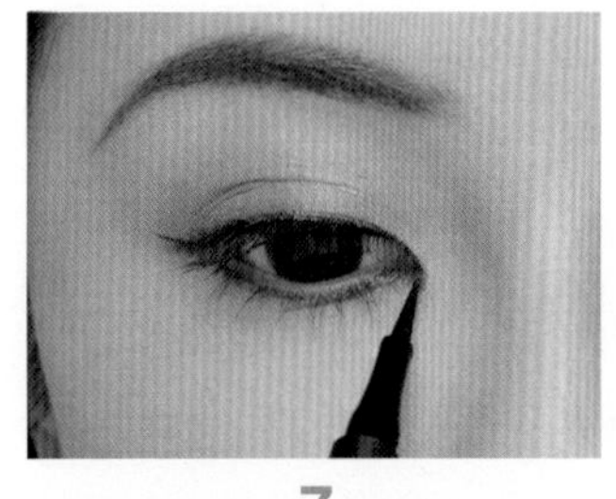

7

用眼线液笔填满睫毛根部的空隙，并在眼尾处微微上提，在眼头处往下拉。

8

轻轻弯曲假睫毛，这样能让假睫毛与眼部轮廓更贴合，使人佩戴时更舒适，效果也更持久。

9

在假睫毛根部涂上睫毛专用胶水，微微晾几秒，直到胶水半干。

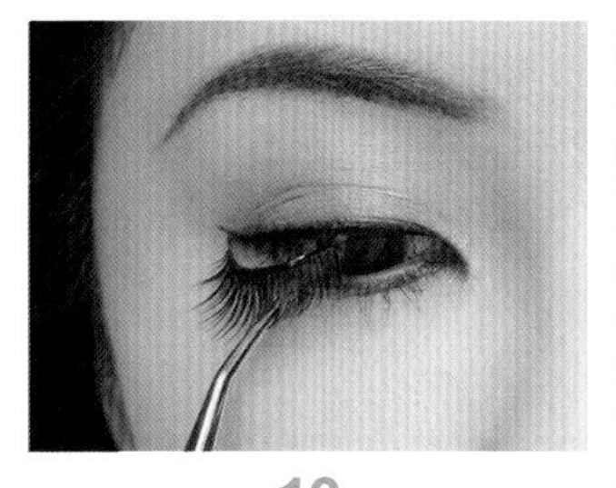

10

按照眼部的轮廓粘贴假睫毛。

11

用眼线液笔填补假睫毛根部的空隙，并紧贴着睫毛根部画一条顺滑的外眼线。

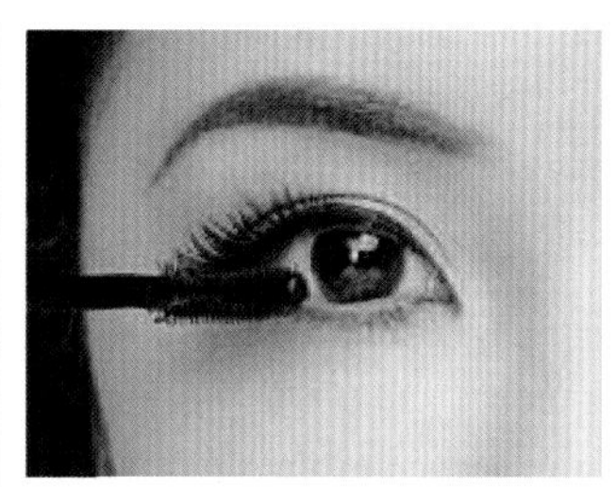

12

用睫毛膏将真假睫毛刷在一起。

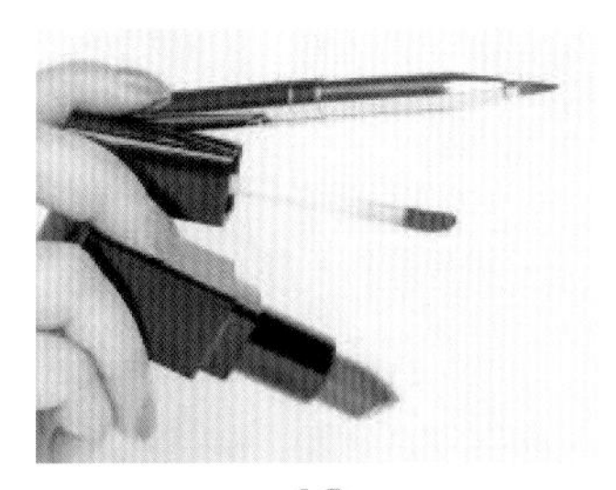

13

准备好口红、唇釉、唇刷。

14

用唇刷蘸取口红，在上唇沿着唇峰画一个“M”。

15

再画下唇边缘，直到画完整个唇部的外轮廓。

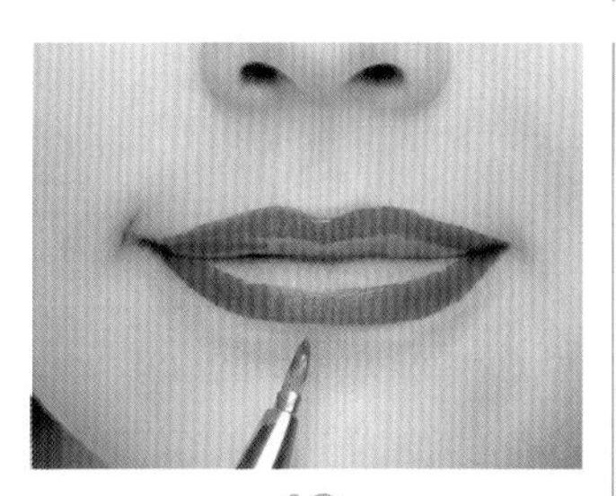

16

画完外轮廓之后微笑一下，看看有没有将唇纹填补平整。

17

先将唇釉填补在嘴唇中央，再覆盖整个嘴唇增加饱满感，但是千万不能超出之前画的外轮廓。

18

嘴巴微张，将嘴角处的唇釉微微往斜上方带，画出嘴角微微上扬的效果，性感红唇就完成啦。要随时注意牙齿上是否沾上了口红噢。

韩剧女主水光妆

韩剧女主角们都拥有充满光泽感的肌肤，秘诀就在于上完底妆之后不压蜜粉，不用粉状眼影和腮红，以保持妆容的水润感。下面，除了教大家化韩剧女主水光底妆外，老师还会教大家画适合自己的韩式一字眉。

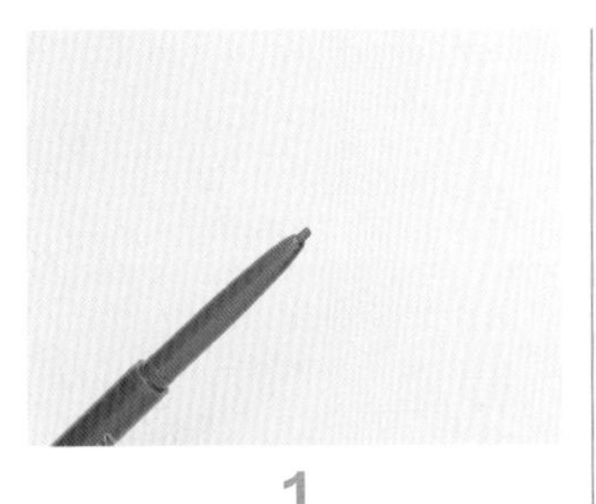

1

准备一支深灰色的眉笔（可根据发色选择眉笔的颜色）。

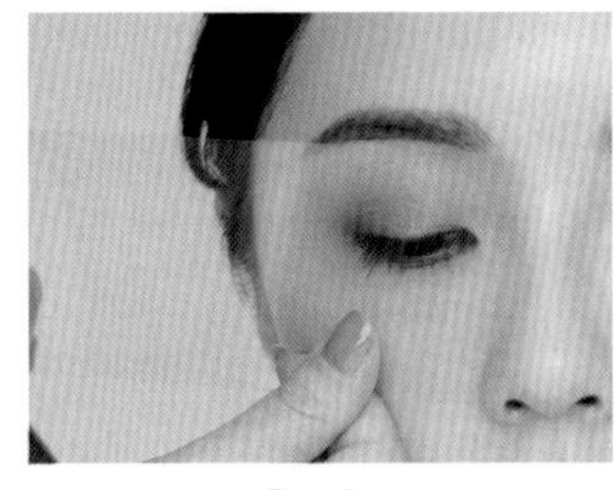

2-1

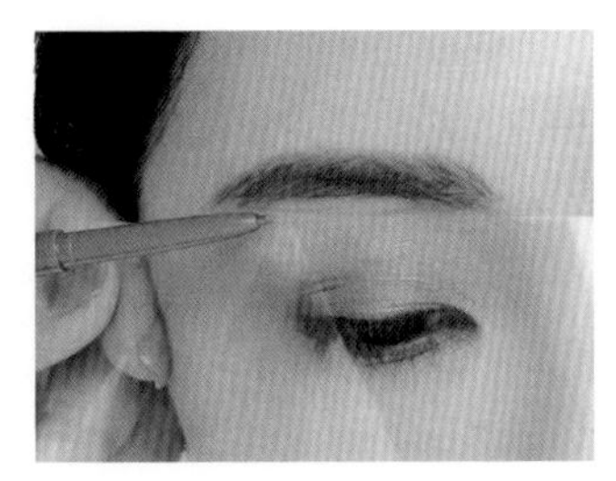

2-2

将透明的 PVC 纸板横向放置在眉毛下方，比对出眉毛下缘眉头和眉尾的位置，画一条线，勾勒出韩式一字眉的轮廓。

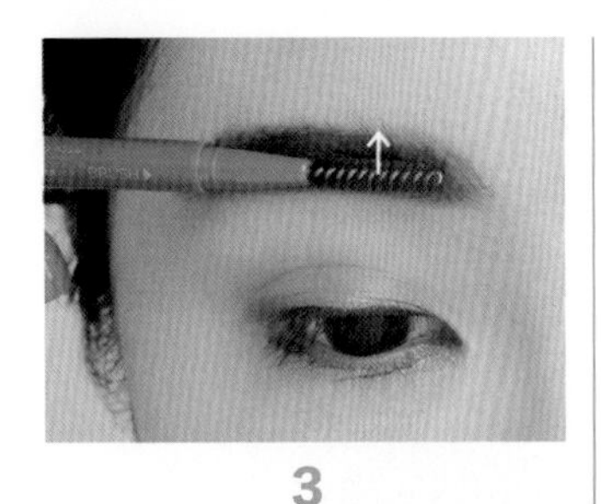

3

用螺旋梳将眉毛依照生长方向梳顺。

4

准备一支颜色和发色相似的染眉膏。

5

顺着眉毛生长的方向刷一层染眉膏。

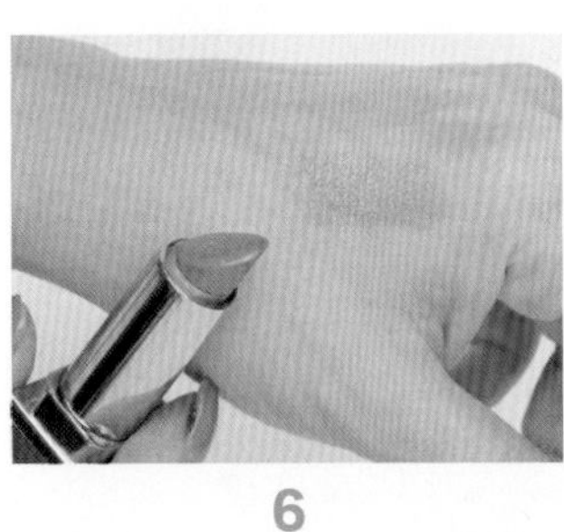

6

选择一款粉色的口红。

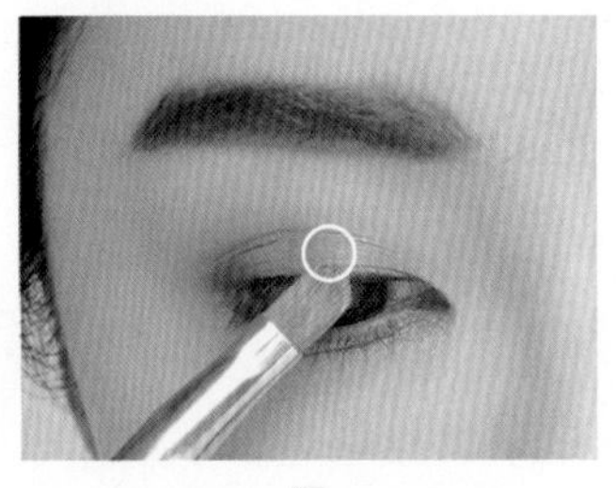

7

用眼影刷将粉色的口红按压在瞳孔的正上方。

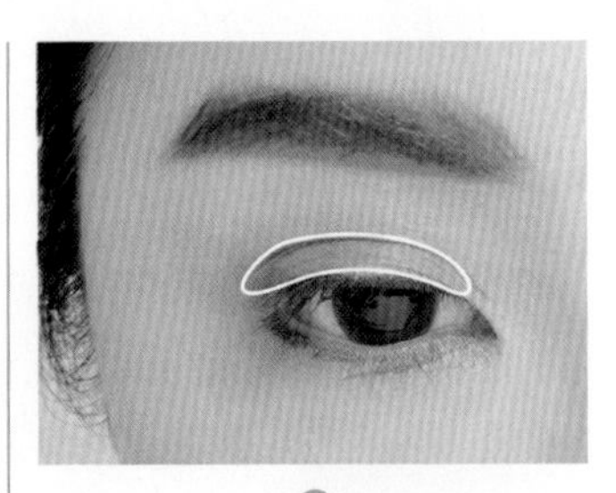

8

将口红轻轻晕染开，使眼窝中间呈现能给人温柔感的粉色，并使眼妆看起来很水润。

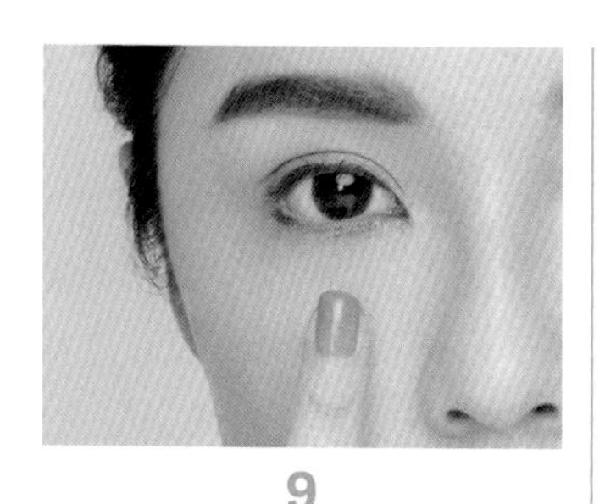

9

用手指蘸取刚刚用过的口红，轻点在眼下三角区和苹果肌之间，再用手指晕染开。

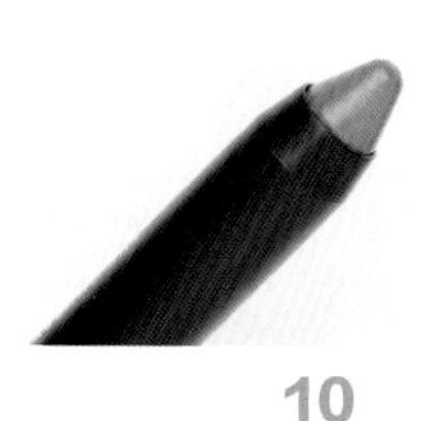

10

再准备一支豆沙色的口红。

11

将口红涂抹在嘴唇靠内的位置，并向唇周晕染开，不需要刻意勾勒唇线，边缘柔化的效果更好。

12

选择一款颜色更深的唇妆产品，点涂在唇缝位置，并向外晕染。

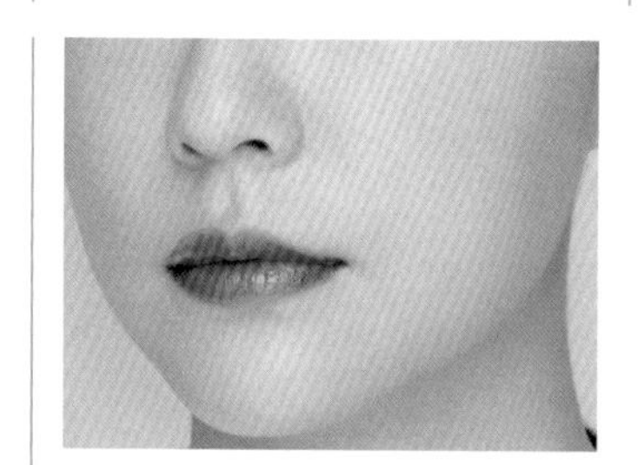

13

完成。

小贴士

韩剧女主水光妆的光泽感和油光是不同的，如果 T 区容易出油，记得及时用餐巾纸按压，不然满脸油光，看起来会很可怕。但是不要用吸油纸，因为吸油纸容易越吸越油，你不会想拥有那样的妆容的。

樱花元气妆

樱花元气妆的特点是腮红明显，苹果肌显得很饱满，睫毛根根分明，妆感干净清透。这个妆容非但不特意遮盖雀斑和痣，有时还会故意点上些许雀斑和痣，营造未化过底妆的效果。

打造樱花元气妆时，我们只需要在标准底妆的基础上增加几个步骤，就能轻松拥有元气效果了。

1

上粉底前，需要先使用毛孔隐形产品遮盖毛孔和细纹。

2

需要重点注意眼下、鼻翼等细纹和毛孔比较明显的区域。还要在粉底中加入控油产品，使底妆呈现亚光的效果。

3

准备一款质地水润的唇釉产品。

4

将唇釉涂抹在嘴唇中间，保留唇釉的质感。

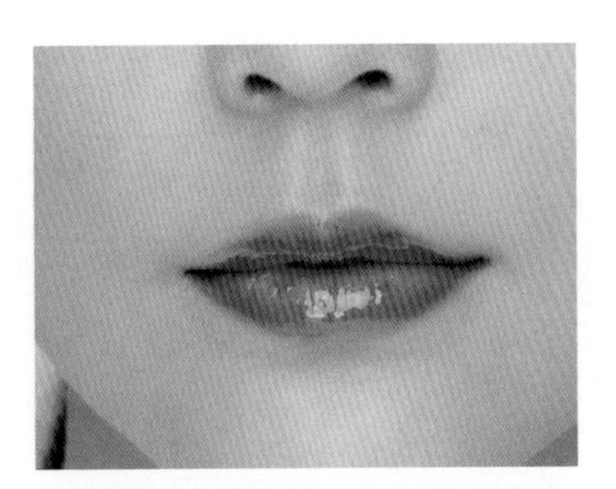

5

这样，一款樱花元气妆就完成啦。

异国风情妆

当亚洲人也想拥有神秘、独具风情的妆容时，可以大胆尝试华丽的彩妆颜色，并善用能够使眼部显得更深邃的眼妆技巧。用自己现有的彩妆产品多多练习，你也可以掌握色彩叠加的乐趣。

1

蘸取浅色的高光。

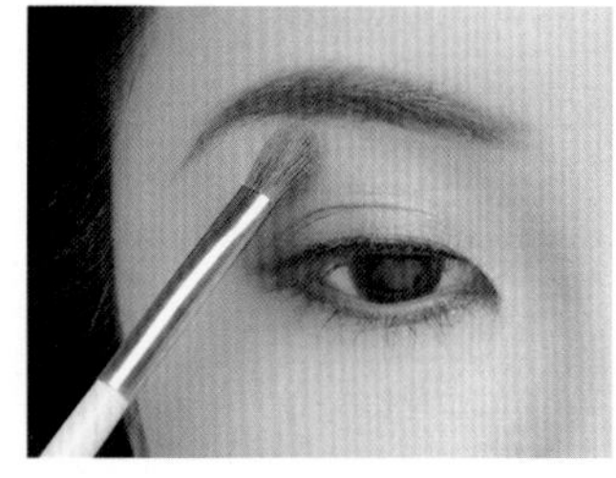

2

将高光点在眉尾下缘的位置，突出眉骨。

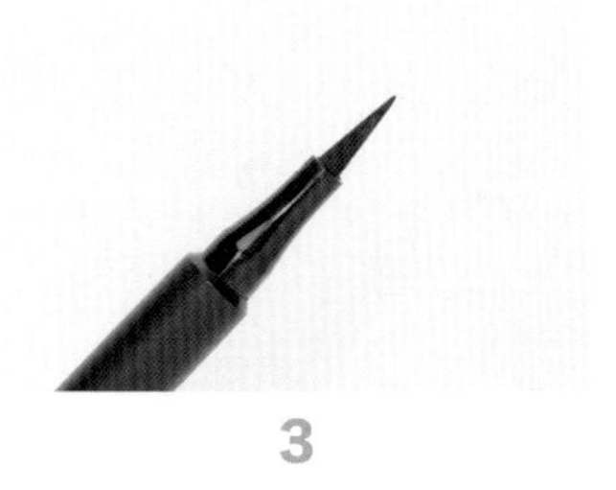

3

选择一支黑色的眼线液笔。

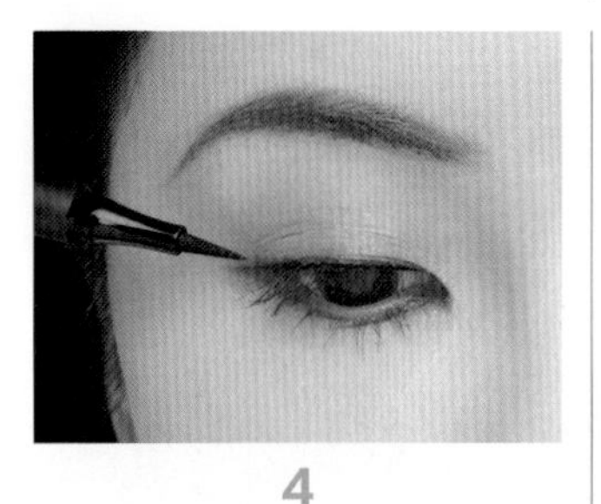

4

填满睫毛根部的空隙，画一条顺滑的眼线。

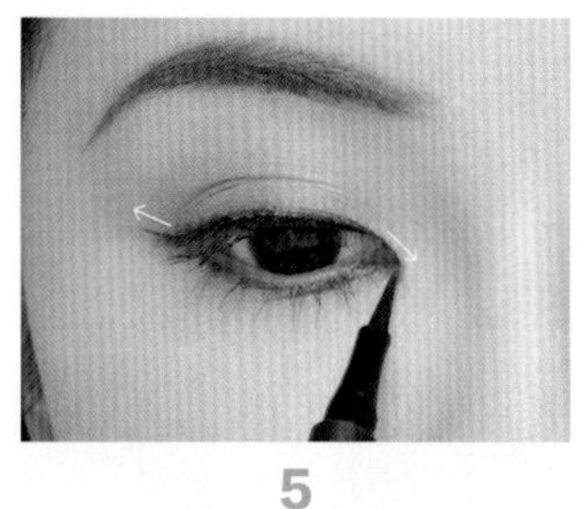

5

将眼尾的眼线微微上提，将眼头的眼线往下拉。

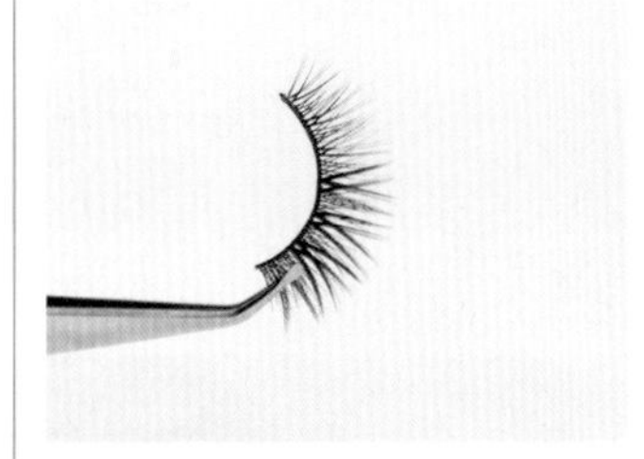

6

轻轻弯曲假睫毛。

7

在假睫毛根部涂上睫毛专用胶水，微微晾几秒，直到胶水半干。

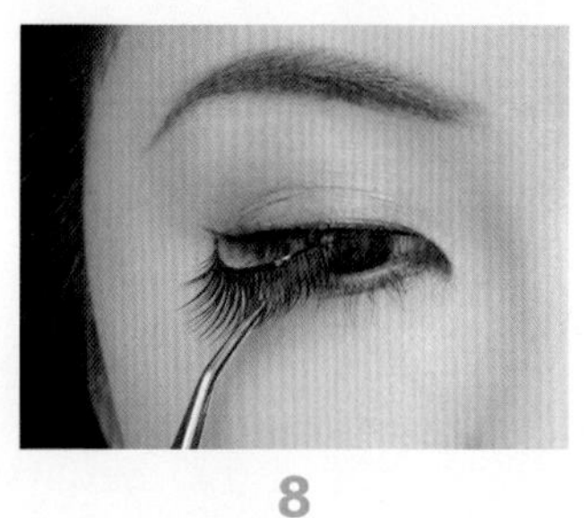

8

按照眼部的轮廓粘贴假睫毛。

9

用眼线液笔填补假睫毛根部的空隙，并沿着睫毛根部画一条顺滑的外眼线。

10

用睫毛膏将真假睫毛刷在一起。

11

准备一支棕色的染眉膏。棕色的染眉膏不但能将眉毛染浅，更能制造充满异国风情的妆感。

12

按照眉毛的生长方向刷染眉膏，为眉毛染色并固定眉形，制造出毛茸茸的感觉。

13

准备一支深咖啡色的眼线笔（用类似颜色的眉笔也可以）。

14

从眼中往眼尾画眼线，并将眼线晕染开，增强眼尾的轮廓感。

15

在双眼皮的位置重点晕染，双眼皮褶皱和睫毛根部之间要适当留白。

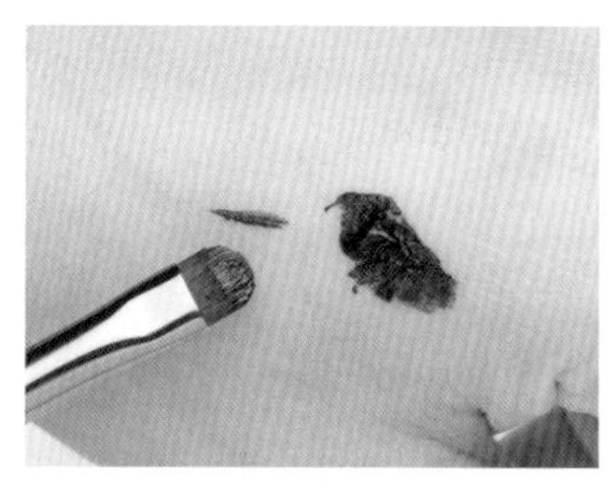

16

蘸取深紫色的眼线膏。

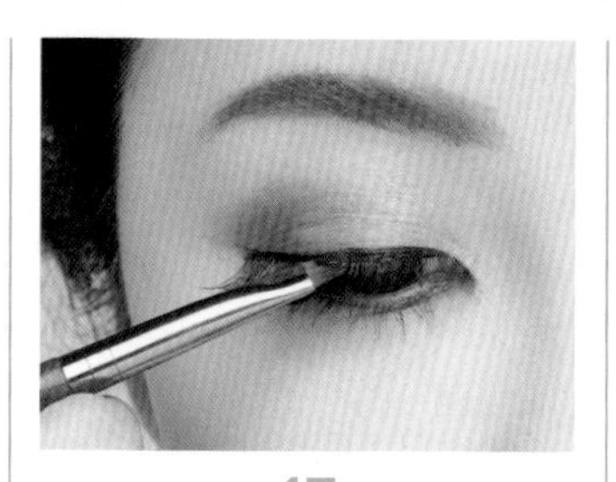

17

用深紫色的眼线膏填补睫毛根部的空隙。

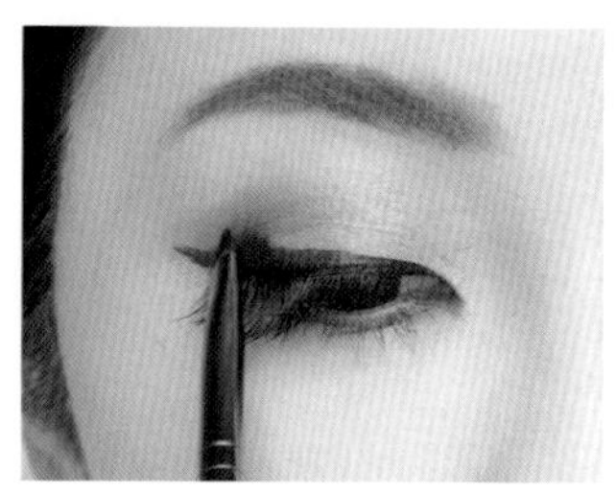

18

逐渐向眼尾方向晕染眼线膏，在眼尾位置加粗。

19

根据双眼皮褶皱的宽度进行晕染，上眼尾晕染眼线膏的区域呈现“C”字形。

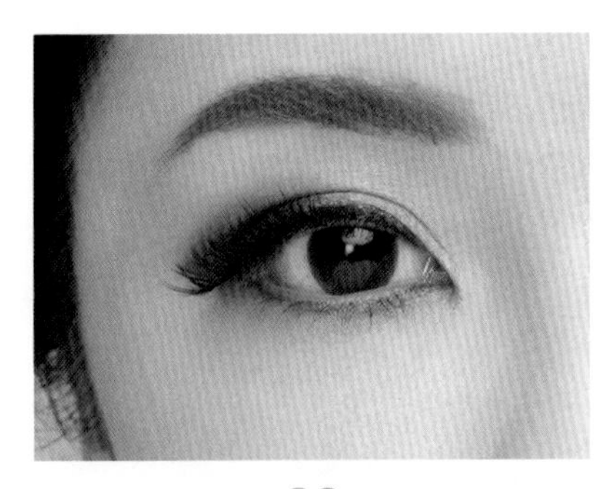

20

睁开眼睛，确保能看到晕染的褶皱线。

21

选择一款紫色调的眼影。

22

将刚刚蘸取的眼影与颜色更深的紫色调眼影混合。

23

从瞳孔正上方开始，逐渐往眼头位置晕染。

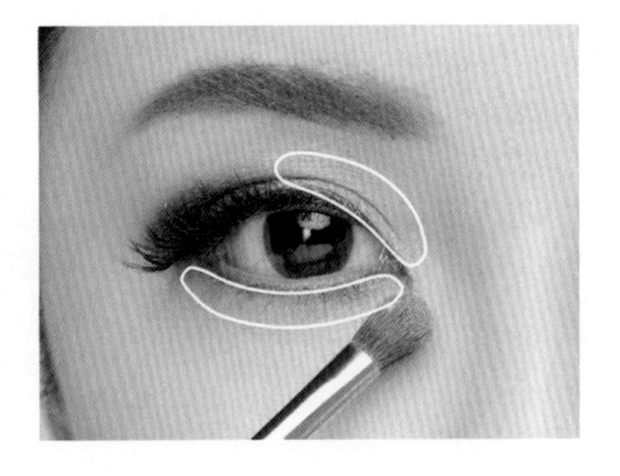

24

在眼窝和下眼睑，分别从眼头开始慢慢往眼尾晕染，让下眼睑与眼窝眼影的色调一致。

25

加深眼窝位置的晕染，让眼窝更深邃。

26

准备一支粉色的唇釉和一支深紫色的唇釉。

27

先用粉色唇釉打底，再沿着下唇线叠涂深紫色的唇釉。

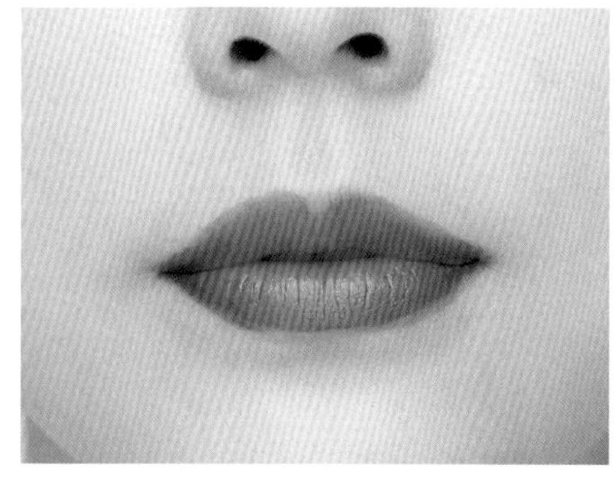

28

将深紫色唇釉沿着唇线晕染开。

魅惑猫眼妆

魅惑猫眼妆会用到大家日常较少使用的蓝色眼线膏和其他眼妆产品，加上俏皮的眼线画法，整个妆容会给人一种如淘气的猫咪一般可爱、俏皮的感觉，提升你的魅力值。大家好好练习，在特别的日子化一款特别的妆容吧。

1

用眼线刷蘸取蓝色眼线膏。

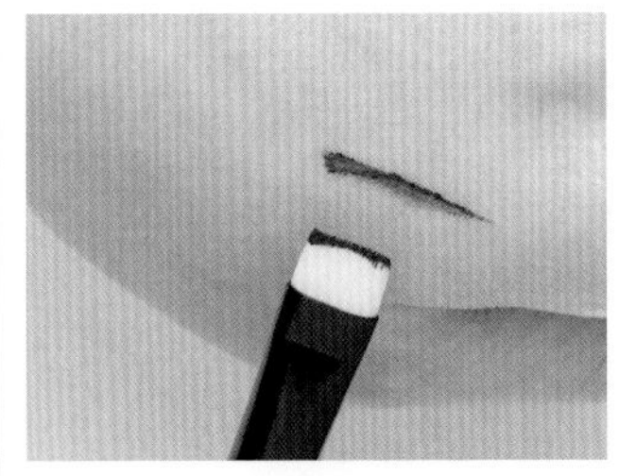

2

在手背上将眼影膏匀开并试色。

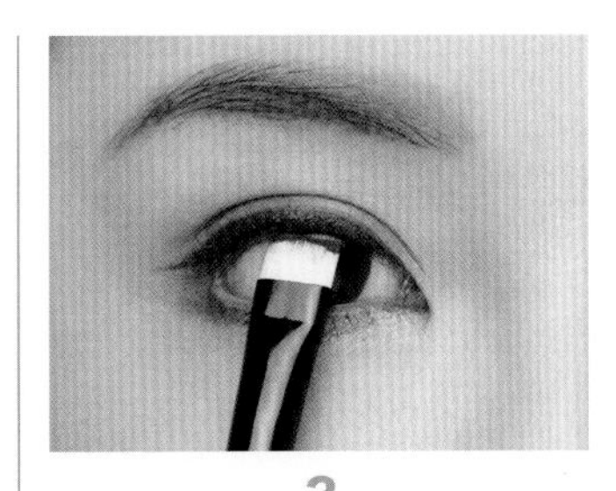

3

从瞳孔的正上方开始落笔。

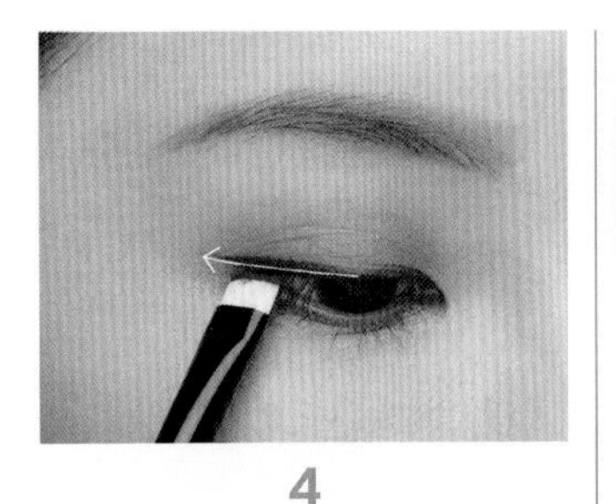

4

往眼尾过渡，并拉出微微上挑的眼线。

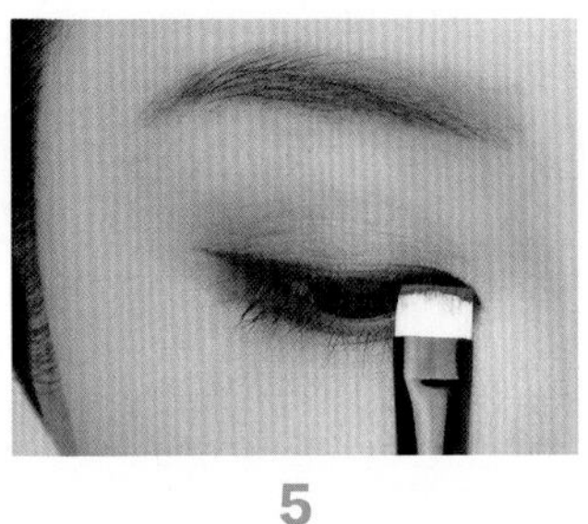

5

用刷具上剩余的眼线膏轻轻描绘眼头的眼线。

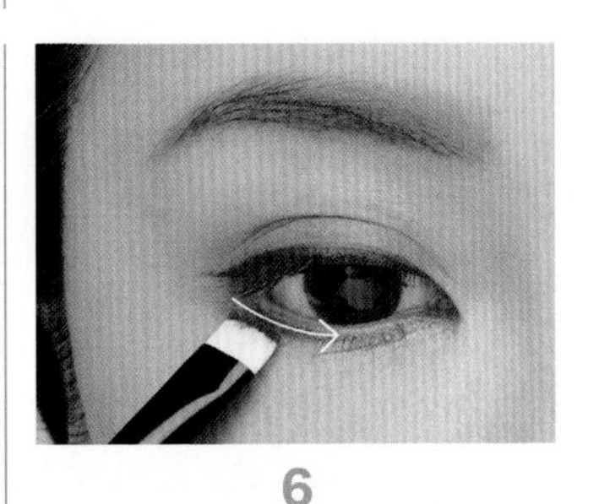

6

下眼线只需要画整只眼睛长度的 1/3，颜色从眼尾到眼头越来越淡。

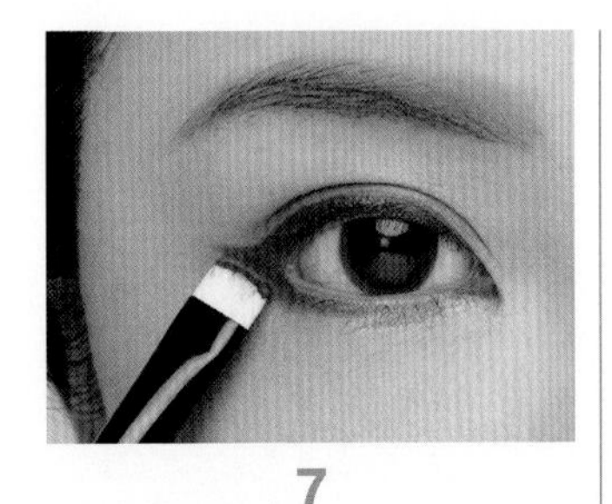

7

填补眼尾三角区，将上下眼线连接起来，并适当拉长。

8

选择一款和眼线同色系的眼影，要注意选择颜色偏浅的，以减弱眼线的锐利感。

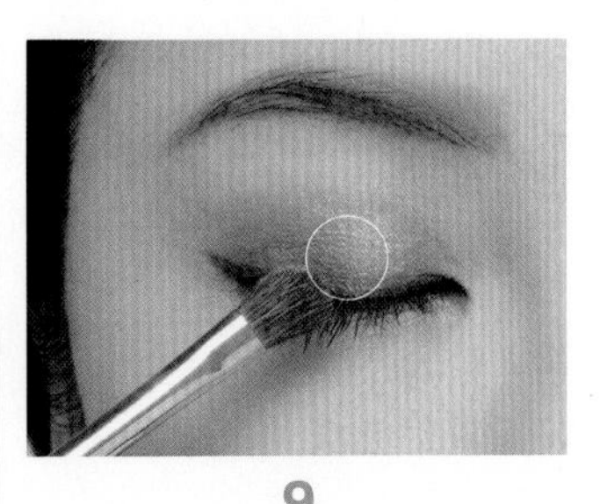

9

将眼影涂在图中标示的位置，也就是闭眼之后眼球凸起的位置。

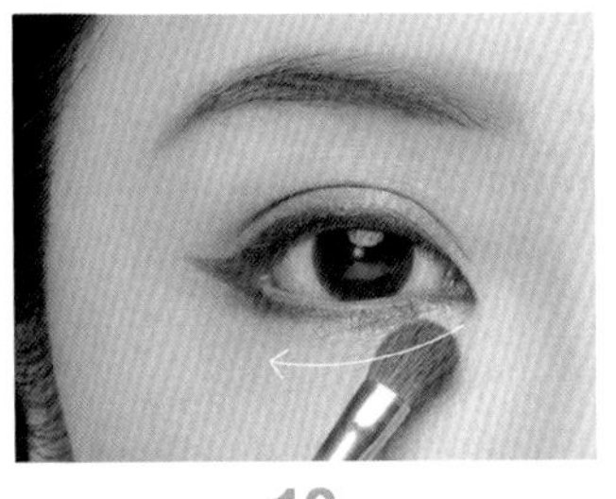

10

用浅色的高光从眼头往眼尾轻扫，覆盖整个下眼睑，这会让眼睛更带电力。

11

选择一支紫色的眼线液笔。

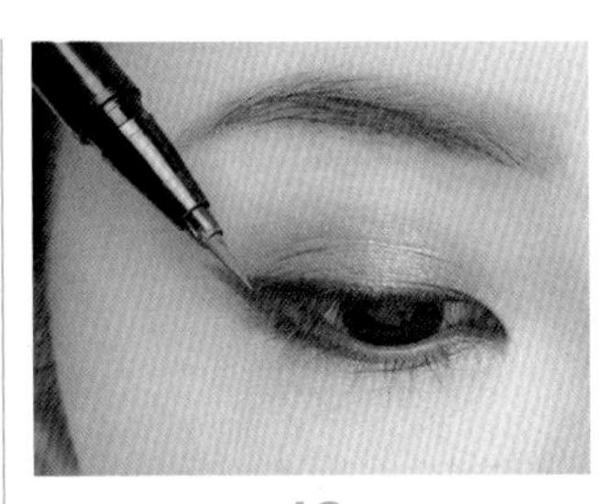

12

在蓝色的眼线上叠加一条紫色眼线，使色彩更丰富，更有层次感。

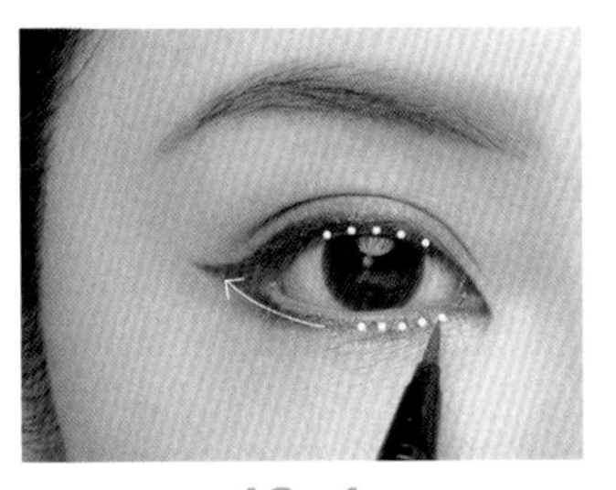

13-1

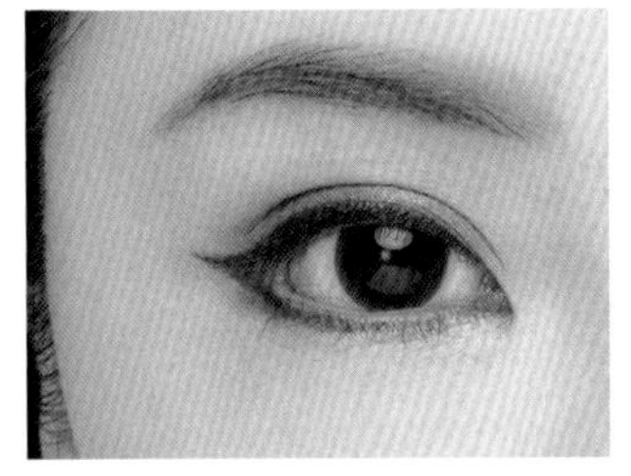

13-2

在上下睫毛根部的位置，用眼线液笔以点的方式填补睫毛之间的空隙，让上下睫毛更显浓密。

14

选取分段式的假睫毛，在假睫毛根部涂上胶水，稍晾几秒。

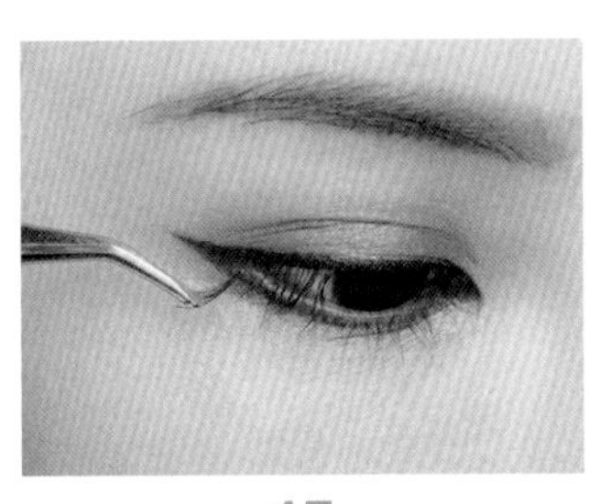

15

以点的方式将假睫毛粘在眼尾的睫毛根部，每束假睫毛之间的距离要一致，不能忽大忽小，影响整体协调性。

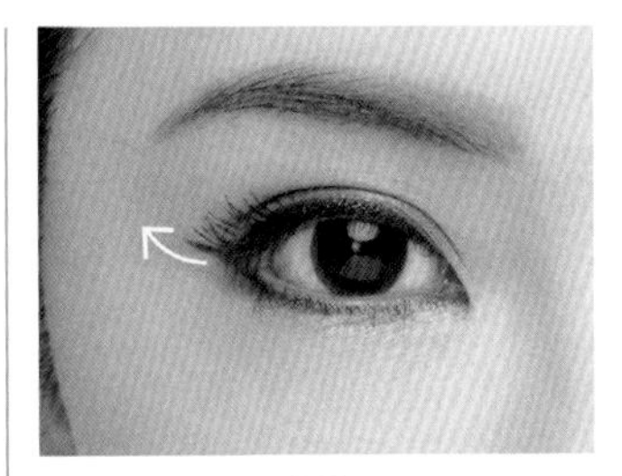

16

粘的时候要注意，假睫毛不能低于眼尾外拉眼线的弧度，不然就会破坏整个猫眼妆的俏皮感。

17

选择一款浅色眼影棒。

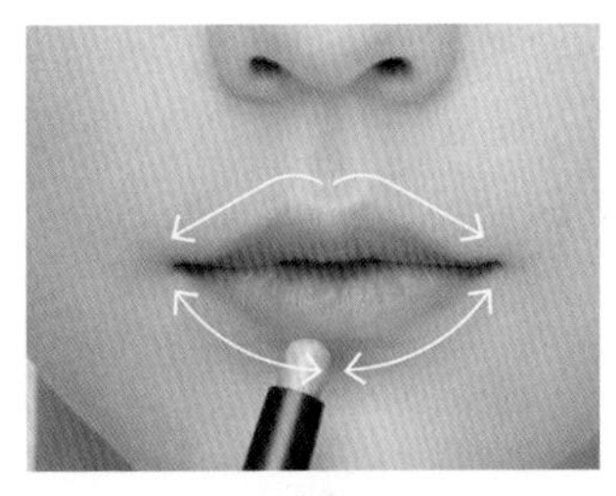

18

用浅色的眼影棒弱化唇线，减弱唇线的存在感。

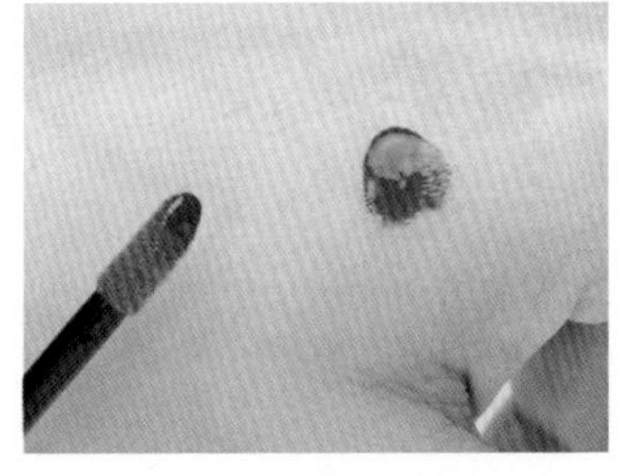

19

选取一款唇釉，并在手背上试色。

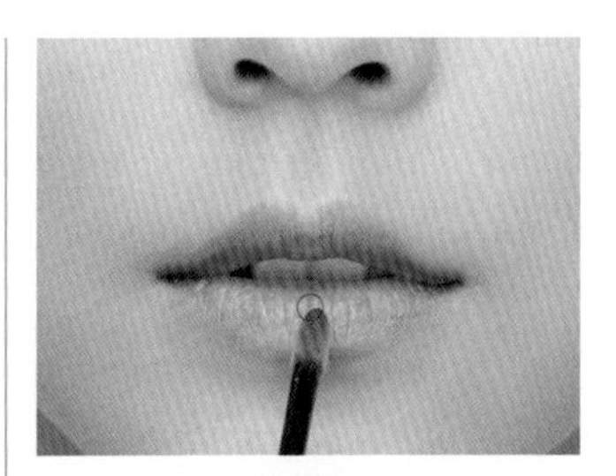

20

将唇釉点在上下唇的中间。

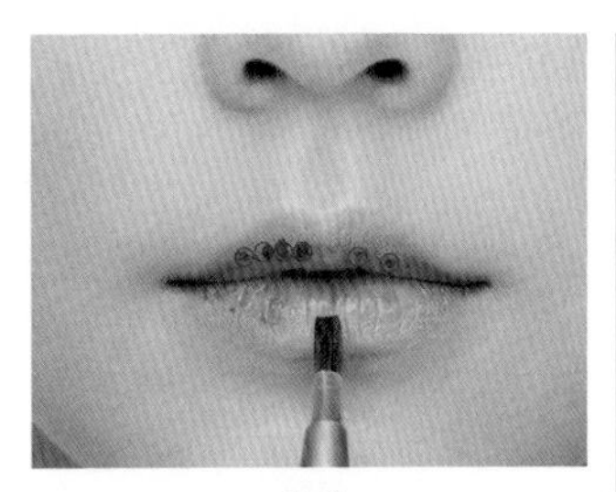

21

用唇刷将唇釉往左右两侧刷开。

22

蘸取偏肤色的高光。

23

将高光轻扑于唇线上，制造出咬唇感，这样能更突显眼妆。

“你不该问‘你为什么要戴帽子呢’，你应该问‘为什么不呢’。”

——英国服装设计师　约翰·加利亚诺

Chapter

06

第六章

分区卸洗方法论

作为精致女人，我们不仅要认真保养、认真化妆，还要彻底卸妆。

为了保证彩妆品的滋润度和持久度，生产商都会在彩妆品中添加一定量的油脂，而普通的洁面产品和水无法将彩妆品清洁干净。

彩妆品残留在脸上，不但会造成皮肤负担，还会堵塞毛孔，导致皮肤长痘、发炎。彩妆品中的色素和其他成分还会导致皮肤色素沉淀，长期如此就会加速皮肤老化。

现在很多同学还存在错误的卸妆观念，沿用着错误的卸妆手法而不自知。所以，在这一章中，老师从分析卸妆产品开始，带同学们认识并挑选适合自己的卸妆产品。想学会简单易学的卸妆手法、掌握正确的卸妆知识吗？我们开始吧！

卸妆产品

好的妆感离不开好的皮肤，好的皮肤又和认真卸妆密切相关。市面上的卸妆产品五花八门，要根据自己日常的化妆习惯来选择卸妆产品。

卸妆油

卸妆油的卸妆能力是卸妆产品里面最强的，运用的是“以油溶油”的原理，其中的油脂和乳化剂含量非常高，适合卸除浓妆。

但使用卸妆油卸妆时需要注意必须将其乳化完全，不然卸妆油残留在皮肤上会给皮肤带来负担，导致毛孔堵塞、爆痘等一系列问题。

卸妆乳、卸妆膏

卸妆乳、卸妆膏的含油量比卸妆油少，适合卸一般淡妆时使用。使用时，先将适量卸妆乳或卸妆膏倒入手心，用手的温度化开后，再在脸上按摩。当卸妆乳或卸妆膏将彩妆品完全溶解后，再加水将其乳化，最后用水冲掉就好。

卸妆水

在所有卸妆产品中，卸妆水的质地是最稀的。虽然质地很稀，但同学们完全不需要担心卸妆水的清洁能力。随着科技的进步，老师发现现在很多品牌在更新卸妆水的配方时，都加入了水包油的技术，既提高了卸妆水的清洁力，又保留了其不油腻的优点。卸妆水适合平常不化彩妆和只涂防晒产品的人（别以为只涂防晒或隔离就不需要卸妆）。

眼唇卸妆

眼部和唇部的皮肤比面部肌肤薄很多，但偏偏我们在眼唇的肌肤上会用较多彩妆品，因此使用眼唇专用卸妆产品能更好地呵护娇嫩的肌肤。市面上的眼唇卸妆产品大多是水油分离的质地，用前记得先摇匀。

正确的分区卸妆法和卸妆顺序

眼部卸妆

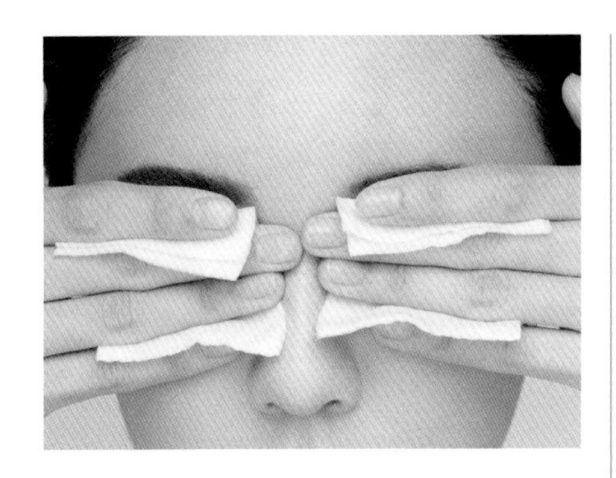

1

用眼唇卸妆液浸透化妆棉，化妆棉的面积要能覆盖眼部涂抹了彩妆的区域。闭上眼睛，用手指夹住化妆棉（如图所示），轻敷7～8秒后，再用手轻轻往下带，就可以将眼部的大部分彩妆卸掉。

2

如果粘了假睫毛，则需要多敷几秒钟，让卸妆液溶解掉睫毛胶水，以便卸除假睫毛。

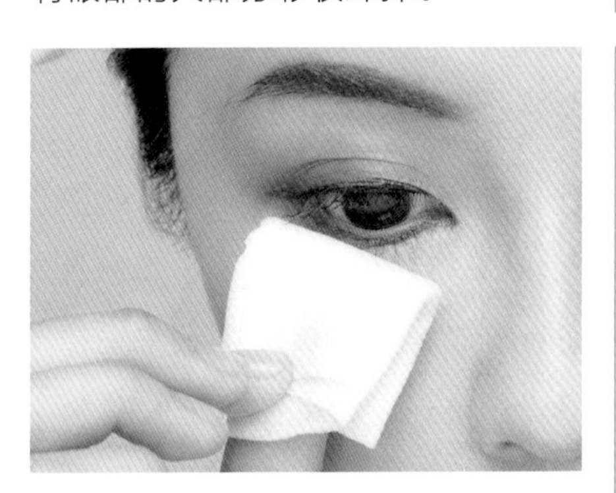

3

将化妆棉折叠，卸除下眼线。

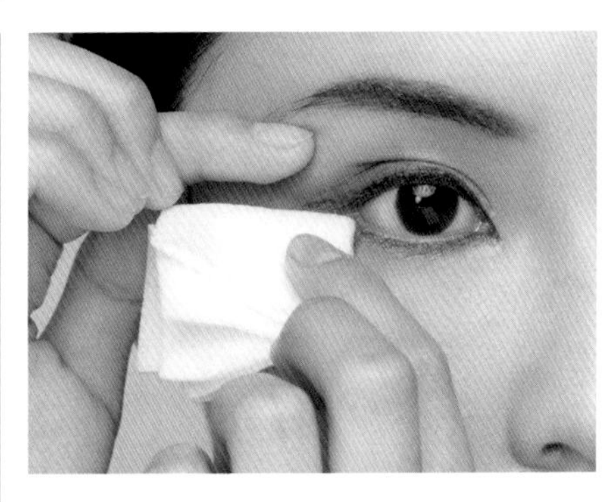

4

用化妆棉折叠形成的尖角卸除眼角、眼尾的彩妆和内眼线。如果手边有棉签，也可以用棉签蘸取卸妆液，轻轻地卸除睫毛根部的眼线。在卸妆的时候，要记得把眼皮轻轻地往上提。

唇部卸妆

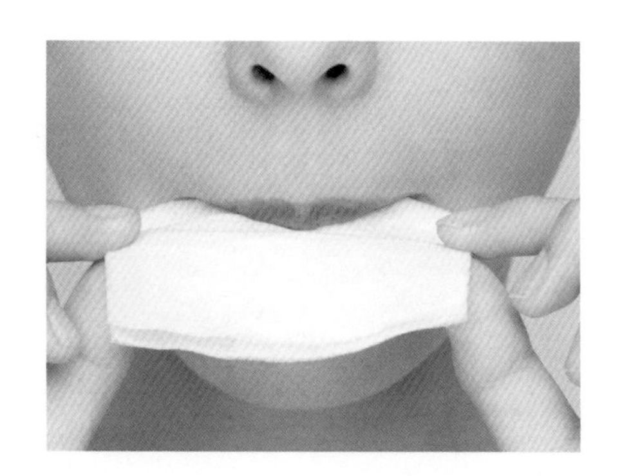

将浸透眼唇卸妆液的化妆棉敷在嘴唇上，等待7～8秒，再轻轻地抿嘴，将化妆棉夹在双唇之间，让唇部的彩妆充分被溶解。之后用化妆棉轻轻擦拭嘴唇，直到擦不下来颜色为止。

面部卸妆

一定要在卸除眼妆和唇妆之后再卸除面部彩妆，如果先卸除脸部彩妆，之后才卸除眼唇彩妆，脸部就很容易变成调色盘，增加卸妆的难度。

如果使用的是卸妆油或卸妆乳，需要先将卸妆产品在脸上按摩，直到彩妆被卸妆产品充分溶解，再用水乳化卸妆产品，这样才能将脸上的彩妆卸干净。

小贴士

洗卸产品种类推陈出新，市面上也有洗卸两用的产品，不仅卸妆和清洁效果毫不逊色，使用方法也更加简便。使用时，直接将洗卸两用产品涂抹于脸上，仔细地按摩整脸（此时是卸妆），之后用水打湿脸部，会有泡泡产生，即进入洗脸步骤。同学们也可以将洗卸两用产品加入选择清单。

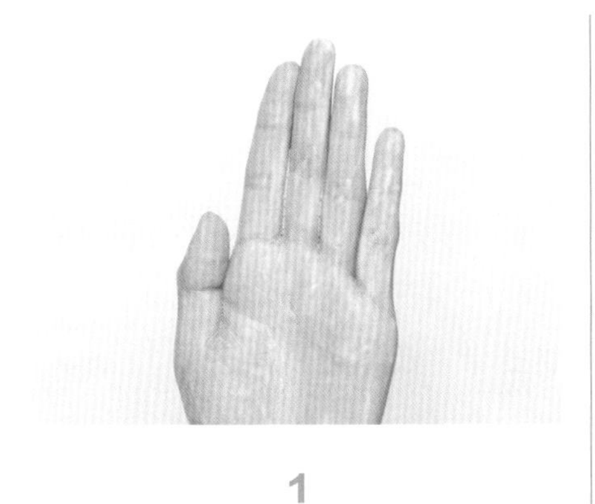

1

将足够的卸妆乳挤在手上并推开。

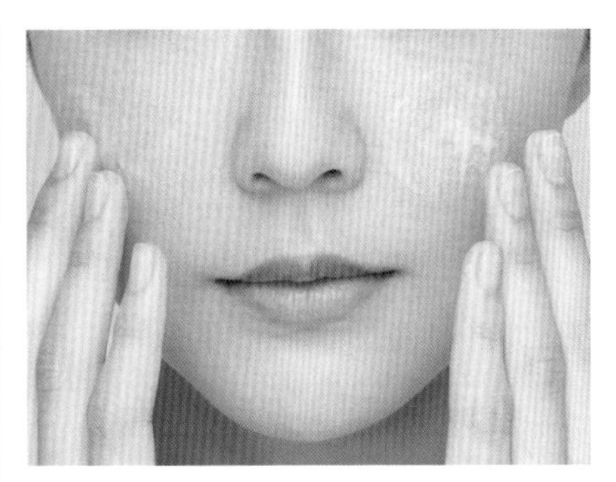

2

用打圈的方法，轻揉地将卸妆乳带到各个部位，包含鼻子和鼻翼，然后按摩。

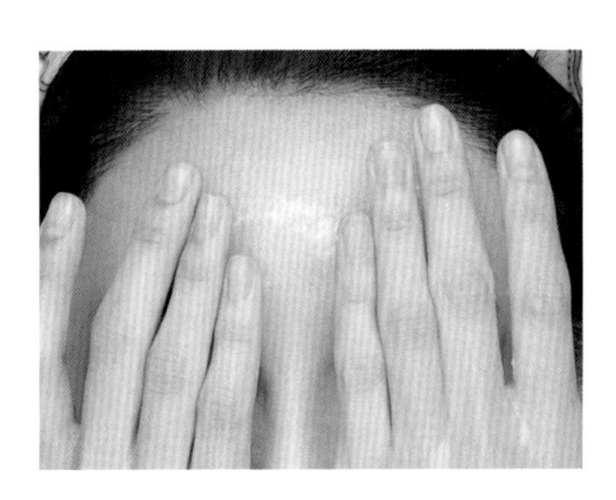

3-1

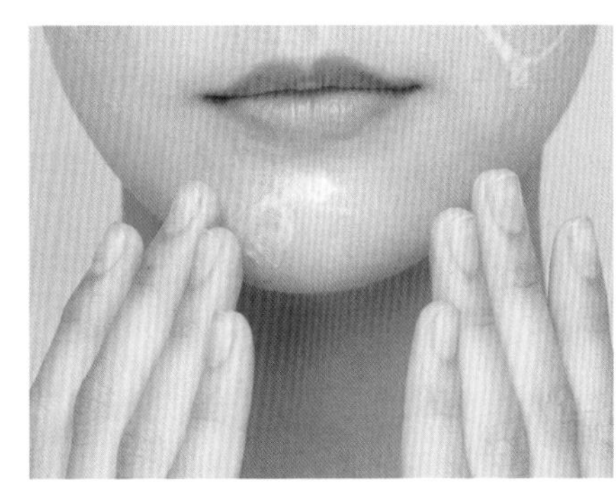

3-2

额头、眉心和下巴也要仔细按摩，另外，发际线、脖子也在卸妆的范围内。等彩妆被完全溶解后加水乳化卸妆乳，再用清水冲掉。

洁面产品及洁面手法

不管是什么洁面产品，主要的作用都是清洗掉残余的卸妆产品，而不是单纯洁面。因为在没有污染和人为增加油脂，给肌肤带来负担的情况下，皮肤分泌的油脂是最天然的保护膜（皮脂膜），呈弱酸性，能有效地抵抗细菌入侵，达到保护肌肤的目的。因此，不化妆时，只需要用清水擦洗面部就可以进行后续的保养了。

无论是洁面乳、洁面泡沫还是洁面皂，都是在卸妆后使用的，早上起床后洁面时不需要再次使用洁面产品。

同学们在选择洁面产品时，遵循油皮用控油型、干皮用温和型、敏感肌用敏感肌专用型的原则就好。但是油皮的同学要注意尽量少用强力去除油脂的洁面产品，否则容易刺激油脂分泌，让皮肤更油。

洁面手法

在洗脸之前，先将手洗干净，再用温水将脸充分打湿。在手心挤一节拇指长的洁面产品，加温水，用手或者起泡网将洁面产品揉出绵密的泡沫，用打圈的方式在脸上由上至下按摩。先清洁 T 区和额头左右两侧，再清洁脸颊，最后轻轻带过眼睛和嘴唇。

按摩完之后，用流动的清水将脸上的洁面产品清洁干净，再用毛巾或者纸巾吸干脸上的水分，洁面就完成了。

各类型肌肤洗卸注意事项

油性皮肤

油性皮肤的同学需要注意不要过度清洁皮肤，以免导致皮肤屏障受损。很多同学之所以皮肤爱出油，是因为皮肤缺水形成了假性油皮。针对这种情况，最简单的改善方法是加强补水，避免过度清洁。油性肌肤的同学可以尝试早上不用任何清洁产品洗脸，一两个星期后，有些同学可能就会发现原来自己不是油性肌肤。尤其是冬天，千万不可以用热水洗脸。

中性皮肤

中性皮肤属于健康的皮肤类型。中性皮肤的同学夏天可选择质地温和的卸妆水和洁面产品。在干燥的秋冬季节，则只需确保使用充足的保湿产品。

混合性皮肤

混合性皮肤比较特殊，通常 T 区与额头油脂分泌过多，两颊却容易干燥起皮。老师建议分区选择洗卸产品，在 T 区使用清洁能力强的产品，在干燥的脸颊部位使用温和的产品。

干性皮肤

干性皮肤的主要特点是皮肤含水量少、油脂分泌少，皮肤特别容易干燥、生皱纹和敏感，因此要挑选柔和、滋润一些的卸妆产品和洁面产品。

敏感性肌肤

敏感性肌肤的同学在选择洗卸产品时，一定要选择特别温和的产品，尽量选择专为敏感肌设计的产品。或者前往医院进行过敏原筛检，之后就可以有效避开过敏原，减少过敏次数了。

你必须以幽默的态度看待时尚，凌驾于时尚之上，相信它足以给生活留下印记，但同时又不要笃信，这样，你才能保持自己的自由。

——YSL（圣罗兰）创始人　伊夫·圣·罗兰

Chapter

07

第七章

Ellen 老师独家化妆秘籍大公开

在二十多年的职业生涯中，我曾在高铁上、飞机上、电机房、海水中、私家车中，甚至桌子底等各种大家意想不到的环境中化妆，也面对过各种不同的肤质和脸型，所积累的经验和处理各种突发状况的能力，超过美妆博主和大多数化妆师。

本章中，老师会与同学们分享一些化妆秘籍，让同学们在化妆的旅程中能够更加得心应手。

如何应对花妆：5 分钟速效补妆法

很多同学在化好了一个美美的妆后，往往撑不到中午，脸就已经变成了“大油田”，甚至还有了“熊猫眼”，惨不忍睹。

还有的同学发现，当脸上的妆容已斑驳时直接扑上干粉类产品，效果会适得其反，显得妆感厚重，导致假面。

在这里，老师将公开自己的独家秘诀，教同学们一个“5 分钟速效补妆法”，让大家一整天都可以保持精致的妆容。

5 分钟速效补妆法

5 分钟速效补妆法的第一步是假卸妆。将木瓜霜涂在脸上，轻柔地按摩脸部，适度地溶解彩妆并达到滋润肌肤的效果，然后用面巾纸或海绵粘掉溶解的彩妆，这样就完成了假卸妆和轻度保养的步骤。

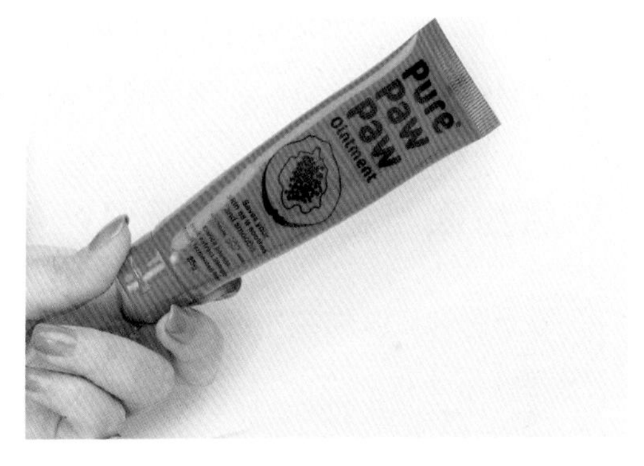

接着，视肌肤状况，判断是否涂抹乳、霜，给肌肤进一步的滋润。

之后，可按照正常上妆顺序，或用后面将提到的“应急化妆术”完成完美妆容。

需要注意的是，假卸妆不能取代每天晚上的卸妆步骤。

小技巧，大心机

应急化妆术：来不及化妆时的快速上妆法

老师在这里教大家一种快速上妆法来应对来不及化妆的情况。来不及化妆时，同学们可以化繁为简，只用防晒粉凝霜、眉笔、腮红、唇颊两用口红、睫毛膏这五样单品，搭配“黄金三三三法则”，加上平时练就的画眉术，就一定能在三分钟内化完一个完美妆容。

沾湿海绵，让妆容更服帖

在化妆前，老师习惯将化妆海绵沾湿，然后再用它上底妆，这样除了更容易推开粉底，还能增加肌肤的水润度，使妆容呈现自然透亮感。

将粉底与精华油或保湿产品调和

每当遇到皮肤特别干燥、不容易上妆的情况，或需要处理脸上局部的细纹时，就需要增加底妆产品的滋润度。这时老师会将底妆产品挤在手背上，在其中加入精华油或保湿产品，然后再上妆，这样可以及时改善皮肤干燥情况，给予肌肤养护。

散粉可以弱化彩妆

很多时候，同学们会因为自己是化妆新手或灯光问题，不小心将脸上的妆容画重了。卸掉重新化妆不仅时间来不及，还会刺激皮肤；如果用纸巾擦，不仅擦不干净，越擦越花，还会损伤皮肤。难道就没有办法了吗？

其实，只要用定妆粉在脸上轻轻地按压，就能弱化妆感了。

粉底液巧变遮瑕膏

同学们可能经常会遇到突然冒痘或肌肤发红的状况，这时就需要遮瑕，但女孩一般不会随身备着遮瑕膏，尤其是出差的时候。面对这种情况，可以将粉底液挤在纸巾上，让纸巾吸收粉底液中多余的水分，之后就可以把失去水分的粉底当作遮瑕膏来使用了。

问答篇

老师已经在公众号的后台中为无数女孩解答了许多关于肌肤保养和化妆的问题，接下来分享的是十二个咨询率最高的问题，或许这些也正是你们心中的疑问。

面膜 Q&A

面膜能不能每天敷?

想要知道面膜能不能每天敷，先要了解面膜的种类。除了常规的保湿、美白、去角质面膜，还有活性酵母面膜等很多种面膜。

单纯的补水保湿面膜可以每天敷，完全不用担心，而美白面膜和抗衰老面膜最好不要每天敷。道理很简单，我们每天都得吃饭，都得喝水，肌肤也是一样，但我们不会每天吃大餐，那样身体会负荷不了。美白面膜和抗衰老面膜就是面膜中的“大餐”，如果你的肌肤没有痘痘和过敏问题，只需要每个星期选两天使用它们，给皮肤“吃”两顿“大餐”就可以了。

我的医生朋友告诉我：水是最好的健康食品和美容圣品！所以千万不要担心水分过多，充足的水分可以提高代谢，使皮肤水亮；可以稀释油脂，让我们少冒痘痘；还可以让肌肤饱满有弹性，使皮肤保持年轻的状态。毕竟，女人是水做的。

敷完面膜需不需要洗脸?

敷完贴片式的面膜后可以根据自己的情况和面膜包装背后的提示来确定需不需要洗脸，因为每款面膜的配方不一样，没办法一概而论。

一般来说，敷完单纯具有保湿功能的面膜后可以不洗脸，直接进行后续保养，或者用化妆水擦拭，然后涂抹精华、乳、霜就好。如果是油性皮肤，则建议先用清水将脸上的面膜精华液洗掉，再涂抹化妆水、精华、乳和霜。

敷上睡眠面膜后不用洗，它能帮助肌肤更好地锁水保湿，睡一觉起来皮肤就会变得水润。但睡前不用洗不代表睡醒后也不用洗，早晨起床时，需要将面膜洗掉再进行保养。

针对泥状面膜，一般敷 15 ~ 20 分钟后需要及时清洗，再做后续的保养，不然面膜会干掉，反而会吸收皮肤中的水分，对皮肤不好。

自制面膜能用吗？

面膜的配方都是科研人员经过无数次的实验后确定的，只为达到一个稳定的、相对安全的效果。

此外，面膜都是在无菌的环境中进行生产和包装的，在推向市场之前都需要经过相关单位的检验。

自制的面膜既不是在无菌环境中生产的，也没有实验数据作为支撑，就算是可食用的材料也不能肯定对皮肤无刺激，因此我们根本没办法确保自制面膜的安全性。

老师奉劝大家千万不要相信网络上流传的偏方，以免发生问题后找不到负责的机构。

可以用化妆水（纯露水）加精华液来敷面膜吗？

在没有面膜的情况下可以用这种方式替代，但护肤品都有一定的科技含量，所以同学们尽量不要自创或自制，以免有不良的反应，造成肌肤的敏感，从而伤害肌肤。毕竟每个单品都有存在的意义和效果，如果用化妆水和精华液做成纸膜就能取代无菌包装的片状面膜，那何必生产片状面膜呢？

除毛 Q&A

修脸毛会不会让脸毛变黑和变粗？

有人问：脸上的汗毛很多怎么办？

其实，你可以将脸上的汗毛刮除。

我们会发现，如果脸上的汗毛很长，就很容易长痘痘。因为脸毛跟头发一样是有毛鳞片的，一般的卸妆产品和洁面产品都很难把毛发上附着的彩妆品卸干净。所以老师建议大家可以每个礼拜修一次脸毛。修脸毛其实相当于去角质，所以修完后一定要记得敷脸，当然每天都敷脸的人就不用担心这个问题了。

也有人问老师：修完后脸上再长出的毛会不会变粗？

老师可以肯定地告诉大家，不会。有些人觉得脸毛看起来粗了，其实是因为毛发的根部本身就比较粗，越往尾部越细。我们修掉脸毛时，其实是除掉了靠近脸毛根部的大部分毛发，留下了根部的部分，所以感觉这部分比较粗。但是等到脸毛正常生长，长长后你会发现还是一样的，所以大家不用太担心。

嘴巴周围有小胡子，用什么方法可以去除？

讲个小秘密，通常有小胡子的女生都是美女噢，老师看到很多女艺人都有小胡子。

针对嘴巴周围的小胡子，一般有三种去除的方法：

第一种方法是刮。因为毛发的根部比较粗，刮完后过一段时间，小胡子稍长出一点时看起来会比较明显，所以需要提升刮的频率，才能保证嘴唇周围的毛发始终处于一个隐形的状态。

第二种方法是拔。因为我们的毛发是从毛囊里面生长出来的，长期拔毛会刺激毛囊，引发毛囊炎、皮肤松弛等后遗症，所以老师不是很建议大家这样做。

第三种方法是激光除毛。这种方法对处于生长期的毛发有用，毛发会吸收能量，然后连根掉下来。通常除完毛大概三天后，毛发就会脱落。有一些不在生长期的毛发还是会再长出来，但长出来的毛发会变得比较细，之后会越长越细，生长频率也会越来越低，一般来说做 3 ~ 5 次激光除毛后毛发就不再长了。如果毛发比较粗，需要的次数就比较多。但激光除毛的费用比较高，需要提前准备。

最后，老师想告诉大家，如果胡子不是特别明显，其实就只有自己才会注意到这个小缺点。我们身边的朋友与我们相处时是不会看到这个小缺点的。就像我们看我们的朋友时，也不会老是盯着他们的缺点看，我们的那些小缺点一点儿都不影响我们与朋友之间的交往。

我们只要每天把头发洗干净吹整齐，不要每天油光满面，能够漂亮地出门就可以了。当然，如果可以让自己变得更好，就一定要朝这个方向努力，我们才会更爱自己。在改善小缺点时，首先要做的就是不要一直提醒自己注意自己的缺点。

护肤 Q&A

乳液和霜是二选一还是两个都要？

乳液和霜是两种不一样的护肤品，并不冲突。

首先要看你的肤质是哪一种，如果你是干性肌肤，就可以考虑选择油脂含量高的乳液和霜；如果是油性肌肤，单独用乳液或者选择清爽型的乳液和霜一起使用都没有问题。而中性肌肤的同学两者都可以使用。

另外，无论你的皮肤是什么类型，如果在夏季觉得皮肤闷闷的，就可以不用面霜；如果在冬季觉得滋润度不够，就可以增加乳液和面霜的使用量。

需要根据季节更换护肤品吗？

在夏季和冬季，由于外部天气条件不一样，人的毛孔受到的刺激程度不同，汗液和油脂分泌量会有很大的差别。

选择什么护肤品只跟皮肤状态有关，跟季节无关。如果换季时护肤品还没有用完，皮肤状态也没有什么大的变化，就没必要特意购买新的护肤品，把旧的闲置。换季的时候换护肤品除了浪费，还很容易导致过敏，得不偿失。

当然，季节对我们如何使用护肤品是有一定影响的。温度会影响油脂分泌量，温度低，分泌量会降低；温度高，分泌量则会相应升高。

夏天的时候，过多地使用护肤品会让皮肤太过滋润，导致晕妆或者闷痘，这时只要减少护肤品用量就可以了。

每个人的肤质不同，面对的情况也千差万别。如果觉得皮肤缺水、干痒，就需要增加护肤品的用量；如果觉得皮肤很闷，就可以减少用量。

护肤品的使用是否正确，你的肌肤会告诉你。

夏季来临，干性肌肤终于不用补水了吗？

很多干皮都很爱夏天，觉得每年只有这个时候，自己无论怎么折腾都不脱皮、不卡粉，肤质好得不得了。

但其实这都是假象，皮肤变好只是因为夏季温度升高，油脂腺和汗腺都不受控制地加紧工作。可如果没有好好补水，一旦温度降下来，皮肤状况就会被打回原形，甚至皱纹、斑点都会找上门来。

所以，干性肌肤的同学在夏季也一定要注意补水和锁水，把握改变肤质的好时机，让皮肤屏障功能恢复正常，保持健康的状态。

化妆 Q&A

是不是贵的护肤品、彩妆品的效果就一定好？

其实可以从以下几个角度来分析这个问题。

首先，正常情况下，贵的产品通常成本会比便宜的高，这个成本包含了研发成本、时间成本、生产成本等，并且贵的产品一般对原料和萃取过程的要求比较严格，因此可选择的原料较为稀少。

其次，贵的产品通常会包含一些比较独特的技术和专利，有的商家还拥有某些原料的独家生产权。

还有，生产贵的产品的商家会将很多经费用于产品的宣传和包装，而对于价格较低的产品，商家可能不会花那么大的力气进行宣传。

最后，在选择销售地点时，针对贵的产品，商家一般选择将其摆放在一些大商场或者街口的最佳位置，而这些位置的铺面租金也会比其他地方的贵很多。

同学们在挑选护肤品和彩妆品时，可以关注产品的成分表，看看贵的产品是否物有所值。

上粉底后，皮肤的纹路更明显了，怎么办？

有同学说，涂完粉底后，会觉得皮肤闷闷的，而且纹路更加明显了，为什么会这样呢？

俗话说，功夫在妆外。出现这种情况，可能不是因为你用的产品或手法有问题，而是因为皮肤没有保养好。如果觉得上妆后皮肤闷，一般是角质层出了问题。

所以，老师一直在提醒大家，要把皮肤保养好，补充好水分，还要定期地去角质、敷面膜。皮肤状态好了，上粉底就会很服帖，不会脱妆，不会有纹路，也不会有闷住的感觉。皮肤保养得好，粉底用量也会减少，上完粉底的皮肤也会很水润。所以说，把皮肤保养好是解决一切粉底问题的关键，否则不仅要花费很大的功夫做“表面功夫”，还可能会事倍功半。

注意：上粉底时，眼睛周围的粉底量越少越好，或者是用湿润、保湿一点的粉底液涂眼周，也可以尝试眼周专用的粉底液。

如果同学们是在很干燥的地方生活，那么老师建议大家一定要选择比较滋润的粉底。选购粉底时，一定要去专柜试用，不要嫌麻烦，就算住所的附近没有专柜，也要在节假日去专柜试用。这是因为一种粉底起码能用一两年，如果买错了，就浪费了。

千万要记住，试用很重要！

为什么我化完底妆总是容易浮粉或脱妆？

浮粉或脱妆的原因有很多，包括温度太高、运动、熬夜、日晒、化妆品的品牌不同造成彼此不兼容、护肤品还没被皮肤吸收、护肤品用量过多等。了解原因后才能对症下药，改善浮粉或脱妆的状况。针对上述原因，老师整理了以下改善方法：

温度太高、运动：如果是由温度和运动的因素造成浮粉或脱妆，用假卸妆法就能解决，然后重新上妆即可。

熬夜、日晒：若是因为这两种原因，那么只要做两件事就可以改善这种情况，一是保证充足的休息和足够的睡眠时间；二是做好补水和保湿工作，也就是敷面膜，敷面膜就是强迫皮肤休息的最好方法。

化妆品的品牌不同造成彼此不兼容：如果选用的化妆品都是由正规厂家生产的合格品，那么一般不会出现这种情况，但有些产品可能含有某些特殊成分（如玻尿酸、硅胶、紧致胶或二氧化钛），就可能因摩擦造成浮粉或搓泥，所以需要一个一个试用才能找出“元凶”。

护肤品吸收不充分或用量太多：化妆前，先用面巾纸按压一下面部就能改善这种状况，如果还是不行，就要换更容易被吸收的护肤品了。

note.

親愛的女孩們：

無論你現在是正值青春的少女，是剛步入社會的職場菜鳥，還是有小孩的"鋼鐵媽媽"，老師都希望你知道：

每個女人都應該是獨立的個体，不屬于任何人，都有權過自己的人生。但獨立不能只是想想或是嘴上說說，為了實現這個目標，我們必須具備以下五种能力。

1. 管理身材的能力

女人在一生中，或許可以擁有幾千套衣服，但身体只有一副，請好好愛護它。

雖然"只有掌控了自己的身材才能掌控未來"這句話有些絕對，但在某种程度上，身材確實可以成為衡量自控力的標準。現在請試着回想一下，身邊的熟人生活走樣是不是都是從身材走樣開始的。人年輕時，身体的新陳代謝快，

note.

維持好身材不需要付出太多努力，但年紀大了就要付出更多的努力，而且年紀越大，就越容易放低對自己的要求，所以四十多歲還擁有好身材的女性就少了很多。幸運的是，如果真的開始運動、管理身材，你收穫的就絕不僅僅是好身材，還有那與年齡不符的健康和活力。

2. 觀察世界的能力。

認識世界的方法有很多，但讀書和旅行絕對是最重要的。

一個人如果一直待在一個相對封閉的環境中，每天做相同的事情，價值觀就容易變得單一，甚至稍有不順就會憤怒。但如果你看過夠多的風景，見識過精彩的世界，就能更設身處地地去理解當下的人和事，也更能找到自己和外界相處的方式。

千萬別試圖改變世界，先試著改變自己，改變自己看世界的方式，再身體力行

note.

也影響周圍的人就好。

3. 經濟獨立的能力.

世間99%的煩惱,究其根源都是沒錢和閑閑的。

如果沒有獨立的經濟來源,就只能把食衣住行的开銷寄託在他人身上。時間久了,難免会战战兢兢、疑神疑鬼。但如果能有自己喜歡的工作,有充實的生活,那么就算是林妹妹,也会忙得沒時間掉眼淚。

如果一定要哭,我也希望你是在自己升職加薪、夢想實現時,為自己喝彩而哭,而不是在离家三千米之外的超市,因為沒搶到特價菜而哭。我們都不会想过这樣的生活.

4. 持續学習的能力

若有才華藏於心,歲月從不敗美人。很多女孩在选擇另一半時都希望对方有進取心,却忘了自己的進取心一樣重要。愛情中的双方就像兩棵比肩而

note.

生的樹，如果只有一棵生長得过快，另一棵就会被遮住，因缺乏陽光的滋潤而逐漸枯萎。只有兩个人同時成長，才能始終并肩站在一起。

所以，無論何時何地，都一定要擁有自己的夢想，不要成爲任何人的附屬品。畢竟我們生活在一個瞬息萬變的世界，一個"只見新人笑，不見舊人哭"的世界。

5、審美的能力

審美之心，人皆有之。沒有誰有義務通过你邋遢的外表去發現你內在的美。

因爲文化差異，有些地方的人会覺得，女人内心善良最重要，完全不需要漂亮的外表，甚至还会覺得長得漂亮、打扮得漂亮是一种罪过。其實，内心善良又打扮得体也是生活品質高的一种表現。實際生活中，長得漂亮的人更容易得到好的工作机会，找到好的

note.

伴侣，甚至連坐飛机，都要容易被升
艙，可見人們往往說一套做一套。

愛美其實就是一個接受自己，發現
自己优点的过程，但也千萬不要因
微盲目地追求愛美而失去理性。你
與別人不同的地方，恰恰就是屬於
你的美。

相信自己，只要肯拼盡全力，

就一定能收穫美麗的人生！

李慧伦 Ellen

2019年1月8日.

红色是悲伤的终极良药。

——美国时装设计师　比尔·布拉斯